全国高等院校新能源专业规划教材

全国普通高等教育新能源类"十三五"精品规划教材

能源与环境

Energy and Environment

主　编　田艳丰

副主编　陈东雨

U0291444

中国水利水电出版社

www.waterpub.com.cn

·北京·

内 容 提 要

　　能源与环境是当今世界发展的两大主题，是关系到可持续发展的重大问题。能源是人类存在与社会发展的物质基础，环境是影响人类安全健康和社会可持续发展的关键要素。能源短缺、环境污染是当今社会面临的主要难题，利用清洁能源、保护地球环境成为21世纪科学发展的一大课题。进入21世纪以来，解决能源、环境与可持续发展等问题无法孤立地开展研究和应用，需要借助多学科的理论和方法，能源与环境学科之间的交叉、渗透和融合越来越密切，本书着重体现能源与环境科学的交叉、集成与综合的特色。

　　本书可作为新能源科学与工程专业及电气工程相关专业本科生教材，也可作为对新能源和环境感兴趣的相关专业学生的教学参考书。

图书在版编目（ＣＩＰ）数据

能源与环境 / 田艳丰主编. -- 北京 ： 中国水利水
电出版社，2019.9(2024.8重印).
全国高等院校新能源专业规划教材　全国普通高等教
育新能源类"十三五"精品规划教材
ISBN 978-7-5170-8078-7

Ⅰ．①能… Ⅱ．①田… Ⅲ．①能源-关系-环境-高
等学校-教材 Ⅳ．①X24

中国版本图书馆CIP数据核字(2019)第215937号

书　　名	全国高等院校新能源专业规划教材 全国普通高等教育新能源类"十三五"精品规划教材 **能源与环境** NENGYUAN YU HUANJING
作　　者	主　编　田艳丰 副主编　陈东雨
出版发行	中国水利水电出版社 （北京市海淀区玉渊潭南路1号D座　100038） 网址：www.waterpub.com.cn E-mail：sales@mwr.gov.cn 电话：(010) 68545888（营销中心）
经　　售	北京科水图书销售有限公司 电话：(010) 68545874、63202643 全国各地新华书店和相关出版物销售网点
排　　版	中国水利水电出版社微机排版中心
印　　刷	清淞永业（天津）印刷有限公司
规　　格	184mm×260mm　16开本　15.25印张　371千字
版　　次	2019年9月第1版　2024年8月第3次印刷
印　　数	3001—4500册
定　　价	**52.00元**

凡购买我社图书，如有缺页、倒页、脱页的，本社营销中心负责调换

丛 书 编 委 会

本 书 编 委 会

丛 书 前 言

总算不负大家几年来的辛苦付出，终于到了该为这套教材写篇短序的时候了。

这套全国高等院校新能源专业规划教材、全国普通高等教育新能源类"十三五"精品规划教材建设的缘起，要追溯到 2009 年我国启动的国家战略性新兴产业发展计划，当时国家提出了要大力发展包括新能源在内的七大战略性新兴产业。经过不到十年的发展，我国新能源产业实现了重大跨越，成为全球新能源产业的领跑者。2017 年国务院印发的《"十三五"国家战略性新兴产业发展规划》，提出要把战略性新兴产业摆在经济社会发展更加突出的位置，强调要大幅提升新能源的应用比例，推动新能源成为支柱产业。

产业的飞速发展导致人才需求量的急剧增加。根据联合国环境规划署 2008 年发布的《绿色工作：在低碳、可持续发展的世界实现体面劳动》，2006 年全球新能源产业提供的工作岗位超过 230 万个，而根据国际可再生能源署发布的报告，2017 年仅我国可再生能源产业提供的就业岗位就达到了 388 万个。

为配合国家战略，2010 年教育部首次在高校设置国家战略性新兴产业相关专业，并批准华北电力大学、华中科技大学和中南大学等 11 所高校开设"新能源科学与工程"专业，截至 2017 年，全国开设该专业的高校已超过 100 所。

上述背景决定了新能源专业的建设无法复制传统的专业建设模式，在专业建设初期，面临着既缺乏参照又缺少支撑的局面。面对这种挑战，2013 年华北电力大学力邀多所开设该专业的高校，召开了一次专业建设研讨会，共商如何推进专业建设。以此次会议为契机，40 余所高校联合成立了"全国新能源科学与工程专业联盟"（简称联盟），联盟成立后发展迅速，目前已有近百所高校加入。

联盟成立后将教材建设列为头等大事，2015 年联盟在华北电力大学召开了首次教材建设研讨会。会议确定了教材建设总的指导思想：全面贯彻党的教育方针和科教兴国战略，广泛吸收新能源科学研究和教学改革的最新成果，认真对标中国工程教育专业认证标准，使人才培养更好地适应国家战略性新兴产业的发展需要。同时，提出了"专业共性课＋方向特色课"的新能源专业课程体系建设思路，并由此确定了教材建设两步走的计划：第一步以建设新能源各个专业方向通用的共性课程教材为核心；第二步以建设专业方向特色课程教材为重点。此次会议还确定了第一批拟建设的教材及主编。同时，通过专家投票的方式，选定中国水利水电出版社作为教材建设的合作出版机构。在这次会议的基础上，联盟又于 2016 年在北京工业大学召开了教材建设推进会，讨论和审定了各部教材的编写大纲，确定了编写任务分工，由此教材正式进入编写阶段。

按照上述指导思想和建设思路，首批组织出版 9 部教材：面向大一学生编写了《新能源科学与工程专业导论》，以帮助学生建立对专业的整体认知，并激发他们的专业学习兴趣；围绕太阳能、风能和生物质能 3 大新能源产业，以能量转换为核心，分别编写了《太阳能转换原理与技术》《风能转换原理与技术》《生物质能转化原理与技术》；鉴于储能技术在新能源发展过程中的重要作用，编写了《储能原理与技术》；按照工程专业认证标准对本科毕业生提出的"理解并掌握工程管理原理与经济决策方法"以及"能够理解和评价针对复杂工程问题的工程实践对环境、社会可持续发展的影响"两项要求，分别编写了《新能源技术经济学》《能源与环境》；根据实践能力培养需要，编写了《光伏发电实验实训教程》《智能微电网技术与实验系统》。

首批 9 部教材的出版，只是这套系列教材建设迈出的第一步。在教育信息化和"新工科"建设背景下，教材建设必须突破单纯依赖纸媒教材的局面，所以，联盟将在这套纸媒教材建设的基础上，充分利用互联网，继续实施数字化教学资源建设，并为此搭建了两个数字教学资源平台：新能源教学资源网（http：//www.creeu.org）和新能源发电内容服务平台（http：//www.yn931.com）。

在我国高等教育进入新时代的大背景下，联盟将紧跟国家能源战略需求，坚持立德树人的根本使命，继续探索多学科交叉融合支撑教材建设的途径，力争打造出精品教材，为创造有利于新能源卓越人才成长的环境、更好地培养高素质的新能源专业人才奠定更加坚实的基础。有鉴于此，新能源专业教材建设永远在路上！

丛书编委会

2018 年 1 月

本 书 前 言

能源与环境是当今世界发展的两大主题，更是关系到人类可持续发展的重大问题。能源与环境不是能源科学与环境科学简单的叠加，而应是两者的有机结合。能源是人类生存与社会发展的物质基础，是经济持续稳定发展和人民生活质量提高的重要保障。环境是人类社会赖以生存的大气、水、土壤等诸多因素的总和，是影响人类安全、健康和社会可持续发展的关键要素。能源短缺、环境污染是当今社会面临的主要难题，利用新能源、保护地球环境成为21世纪科学发展的一大课题。

能源科学与环境科学，既自成体系，又相互交叉。能源科学是研究能源在勘探、开采、运输、转化、存储和利用过程中的基本规律及其应用的科学。环境科学是研究人类社会发展活动与环境演化规律之间相互作用关系，寻求人类社会与环境协同演化、持续发展途径与方法的科学。进入21世纪以来，能源科学与环境科学之间的交叉、渗透和融合愈来愈密切，解决能源、环境与可持续发展等问题无法孤立地开展研究和应用，需要借助多学科的理论和方法。本书着重体现能源科学与环境科学的交叉、集成与综合的特色。

随着全球能源需求的持续增长，化石能源日渐枯竭，能源价格不断上涨，生产成本和生活成本正在不断上升；同时，环境问题也日益突出，因此节能减排已受到世界各国的普遍重视，可持续发展理念日渐深入人心，低碳经济模式正在以前所未有的态势迅猛发展。本教材的出版也符合我国节能减排和低碳经济发展的要求。能为此尽绵薄之力，作者深感欣慰！

本教材由田艳丰任主编，陈东雨任副主编，井艳军、侯琼、孙清、赵玲、崔嘉、郭海宇参与编写了部分章节。全书由邢作霞教授主审，提出了许多宝贵的意见。沈阳工业大学的李宏阳、李伟峰对全书进行了大量的深入细致的修改、整理等工作。此外，书中引用了许多作者的著述，很多资料引自网络资源，在此一并表示感谢！

本书可供高等院校能源动力、环境工程和电气等相关专业的本科生、研究生使用，同时也可为从事能源与环境问题研究及相关政策制定的人士提供参考。

由于编者水平有限，教材中疏漏之处在所难免，恳请广大读者批评指正。

田艳丰

2019 年 7 月

目　　录

第1章 概述

人类的生存和发展，既需要充足的能源，又需要良好的环境。能源是发展国民经济和提高人民生活水平的重要物质基础，环境则是人类社会可持续发展的基本保障。能源的开发、转换、加工、储运、利用等过程中都对环境产生污染，因此，能源与环境有重要关系。本章介绍了能源的概念与分类、能源资源与消耗，讲述了环境污染、全球环境标准体系及评价，最后讨论能源利用与环境保护的相关问题。

1.1 能源的概念与分类

所谓能源，是指可从中直接获取或经过转换而得到能量的自然资源。世界能源委员会（WEC）推荐的能源分类为固体燃料、液体燃料、气体燃料、水能、核能、电能、太阳能、生物质能、风能、海洋能、地热能、波浪能、潮汐能等。根据不同的研究目的，能源有着不同的分类方法。常见的分类方法包括按获取来源、获取条件、获取技术、获取频度等分类。

（1）按获取来源分类。第一类是由太阳辐射到地球的太阳能，包括直接的太阳辐射和间接的太阳能，如煤炭、石油、天然气和生物质能、水能、风能、海洋能等；第二类是直接从地球本身获取的能量，包括储藏于地球内部的地下热水、地下蒸汽、干热岩体的地热能和地壳中的铀、钍等核燃料所具有的能量，即核能；第三类则是来源于月球和太阳等天体对地球的引力，如以月球引力为主所产生的潮汐能。

（2）按获取条件分类。一次能源是可直接取自于自然而不需要改变其基本形态的能源，如煤炭、石油、天然气、水能、生物质能、地热能、风能、太阳能等；二次能源是将一次能源加工或转换得到的人工能源，如电能、蒸汽、焦炭、煤气、烟气、余热余压流体及各种石油制品等。一次能源无论经过几次转换，其所得到的另一种能源均称为二次能源。

（3）按获取技术分类。当前已广泛投入应用的一次能源称为常规能源，煤炭、石油、天然气、水能和核裂变能称为世界五大常规能源；常规能源之外的一些能源，如太阳能、生物质能、地热能、风能、海洋能、氢能等，称为新能源。

（4）按可获取频度分类。自然界中可以在短时间内不断产生并有规律地得到补充的能源，称为可再生能源，如水能、太阳能、生物质能、风能、海洋能、地热能等；需较长时间形成且获取后短期内无法恢复的能源，称为不可再生能源，如煤炭、石油、天然气、核燃料等化石能源。

能源（能量）的国际单位（International System of Units，SI）有焦耳（J）、千焦（kJ），有时用千瓦・时（kW・h）、卡（cal）及英热单位（Btu）等。

各单位间的换算关系如下：

$$1J=2.778\times10^{-7}kW\cdot h=2.389\times10^{-1}cal=9.48\times10^{-4}Btu$$

$$1kW\cdot h=3.6\times10^{6}J$$

$$1cal=4.1868J$$

$$1Btu=1055.06J$$

1.2　能源资源与消耗

1.2.1　概述

能源是重要的战略资源，影响各国经济、国家发展，乃至大国兴衰。当前不断震荡的能源价格使得全球能源格局出现结构性变化，影响能源的地缘政治、供需结构和产业技术都在发生大调整。这些变化不仅对当前全球能源走势产生直接作用，而且对全球地缘经济和地缘政治都将产生多重影响。

自 19 世纪开始工业化进程以来，人类社会已经经历了两次能源结构的转型。第一次转型开始于 19 世纪，由蒸汽机的发明和推广应用促成能源由薪柴为主向煤转化。第二次是在进入 20 世纪以后，能源由煤向石油转化。

第二次世界大战后，石油和天然气的生产与消费持续上升，石油于 20 世纪 60 年代首次超过煤炭，占据一次能源的主导地位。20 世纪 70 年代以来，全球经历了三次石油危机，但石油消费量却没有丝毫减少的趋势。到 2003 年年底，化石能源仍是全球的主要能源，在一次能源供应中约占 87.7%，其中，石油占 37.3%，煤炭占 26.5%，天然气占 23.9%。可再生能源虽然增长很快，但仍保持较低的比例，约为 12.3%。全球石油等能源分布不均匀，如 2015 年石油探明储量分布（图 1.1）所示。

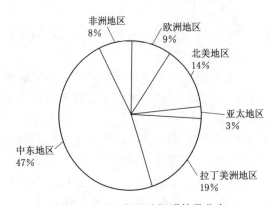

图 1.1　2015 年石油探明储量分布

由于中东地区石油、天然气资源最为丰富，开采成本较低，故中东地区能源消费的 97% 左右为石油和天然气，该比例明显高于世界平均水平，居世界之首。在亚太地区，中国、印度等国家煤炭资源丰富，煤炭在能源消费结构中所占比例相对较高，石油和天然气的比例明显低于世界平均水平。除亚太地区以外，其他地区石油、天然气所占比例均高于 60%。

当前，由于环境问题日益突出，全球进入能源低碳变革新时期。全球能源低碳变革主要体现在以下方面：首先是全球新能源对石油等化石能源的替代正在加速进行。以风能、光伏和地热技术为代表的新能源技术得到较大发展，全球新能源产业开始进入加速起飞阶段；其次是全球的供需结构继续出现深刻变化，发达国家的能源需求已出现结构性减少趋势，部分发达国家已经在与低碳、环保相关的税费、排放权交易等机制方面开展了研究与实践。

全球一次能源构成的变化轨迹及发展趋势如图 1.2 所示。

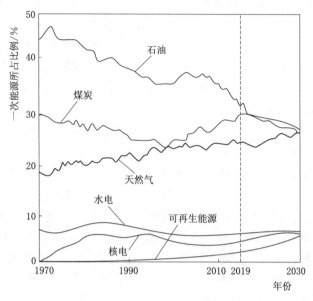

图 1.2　全球一次能源构成

1.2.2　全球能源资源及现状

1. 煤炭

全球煤炭的储藏量十分丰富，根据世界能源委员会的评估，全球煤炭可采资源达48400 亿 t 标准煤，占世界化石燃料可采资源量的 66.8%。全球探明煤炭储量足够满足153 年的全球产量，大约是石油和天然气储量比的三倍。分地区而言，亚太地区拥有最多的煤炭探明储量（48.5%），分国家而言，美国仍拥有最大探明储量（全球的 22.8%）。截至 2016 年年底，世界煤炭可采储量为 11393 亿 t。2016 年，全球煤炭产量 72.53 亿 t（37.26 亿 t 油当量），其中，产量超亿吨的国家有中国、美国、印度、澳大利亚、俄罗斯、印度尼西亚、南非、德国、波兰、哈萨克斯坦，这十国产量共占全球煤炭总产量的 89.7%。

2016 年，全球煤炭消费量为 69.79 亿 t（35.8 亿 t 油当量），下滑 1.7%。煤炭在一次能源产量中的占比滑落至 28.1%，是 2004 年以来的最低占比。2016 年，全球煤炭消费量排前十名国家分别是中国、美国、印度、日本、南非、俄罗斯、德国、韩国、波兰、澳大利亚。其中中国、美国、印度煤炭消费量占全球消费量的比例分别为 53.8%、10.5%、9.8%。

2. 石油

石油不仅是优质燃料，而且是良好的化工原料。石油的诸多优点使其在所有燃料中占据统治地位。截至 2016 年年底，全球石油探明储量为 2407 亿 t，中东地区储量占据半壁江山（45.7%），除中东地区外，其余地区石油探明储量占比排序为：中南美地区（21.1%）、北美地区（14.3%）、欧洲及俄罗斯亚洲部分（9.1%）、非洲（7.0%）、亚太地区（2.7%）。全球石油（包括原油、页岩油、油砂和天然气凝液）产量缓慢上升，2012—2016 年年均复合增长率为 1.58%。2016 年石油产量为 43.82 亿 t。

与此同时，全球石油消费量逐年上升，2012—2016 年年均复合增长率为 1.42%。2016 年，世界石油消费达到 44.18 亿 t，不同地区石油消费的增长情况各有差异。美国和中国是全球两大石油消费国家：2016 年，美国的石油消费量为 8.63 亿 t，占全球石油消费总量的 19.53%；中国的石油消费量为 5.79 亿 t，占全球石油消费总量的 13.11%。其他主要的石油消费国家包括印度、日本、沙特阿拉伯、俄罗斯和巴西，石油消费量分别为 2.13 亿 t、1.84 亿 t、1.68 亿 t、1.48 亿 t 和 1.39 亿 t，分别占全球石油消费总量的 4.82%、4.16%、3.80%、3.35% 和 3.15%。从全球范围看，石油消耗已经超过煤炭，近 10 年来石油消耗量相当于过去一个世纪消耗总量的两倍还多，预计 2018—2022 年全球石油消费量年均复合增长率约为 1.22%，到 2022 年，全球石油消费量将增长至 47.61 亿 t。

3. 天然气

近年来，各国十分重视天然气的开发和利用，以替代储量日趋减少的石油，并可改善环境。由于天然气具有热值高、易于开发、极富经济价值等特点，其消费量逐年增加。2016 年天然气消费量占全球一次能源比例达 24.1%，并仍保持强势增长。

2016 年年底全球天然气储量为 186.6 万亿 m^3，其中大部分集中于中东地区和欧洲，占比分别为 42.6% 和 30.4%。从国家来看，伊朗、俄罗斯、卡塔尔、土库曼斯坦、美国储量最多，合计占比 64%。从历史数据来看，中东地区天然气储备相对稳定，美国受益页岩气革命，储量增长明显。

2016 年全球天然气消费量为 35429 亿 m^3，同比增长 1.8%，2005—2015 年复合增长率为 2.3%。2016 年北美地区天然气消费量为 9680 亿 m^3，同比增长 0.5%，2005—2015 年复合增长率为 2.1%，略低于世界平均水平。2016 年中南美地区天然气消费量为 1719 亿 m^3，同比下降 2.2%，2005—2015 年复合增长率为 3.6%，高于世界平均水平 1.3 个百分点。2016 年欧洲及俄罗斯亚洲部分天然气消费量为 10299 亿 m^3，同比增长 2.0%，2005—2015 年复合增长率为 −0.8%。2016 年中东地区天然气消费量为 5123 亿 m^3，同比增长 3.8%，2005—2015 年复合增长率为 5.9%。2016 年非洲地区天然气消费量为 1382 亿 m^3，同比增长 1.7%，2005—2015 年复合增长率为 4.8%。2016 年亚太地区天然气消费量为 7225 亿 m^3，同比增长 3.0%，2005—2015 年复合增长率为 5.6%。

4. 新能源

2016 年新能源消费继续保持较高的增长速度，增长了 12%（包括风电、地热、太阳能、生物质能、垃圾发电和生物燃料，不包括水电），增加 5500 万 t 石油当量，超出煤炭消耗量的减少量。

新能源增长一半以上来自风电。2016 年，风电增长 16%，太阳能增长 30%。虽然太阳能仅占新能源产出的 18%，但太阳能的增长量占新能源全部增长量的约 1/3。

2016 年，我国超越美国成为世界最大的新能源生产国，而亚太地区则超越欧洲及俄罗斯亚洲部分成为新能源最大的生产地区。核能产量在 2016 年增长 1.3%，即 930 万 t 石油当量。我国核能产量年增长 24.5%，核电所有净增长均来自我国。我国的增量达到 960 万 t 石油当量，是 2004 年以来（相比于任一国家）的最大增量。水电在 2016 年增长 2.8%，增长量为 2710 万 t 石油当量。最大的增量仍来自于我国，美国紧随其后。2015 各种新能源消费情况如图 1.3～图 1.6 所示。

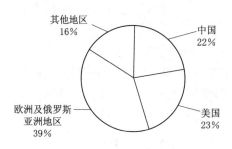

图 1.3　2015 年风能消费情况

（总产量：190.3 万 t 石油当量）

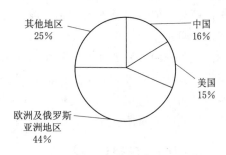

图 1.4　2015 年太阳能消费情况

（总产量：57.3 万 t 石油当量）

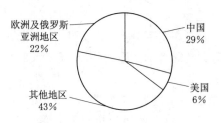

图 1.5　2015 年水电消费情况

（总产量：892.9 万 t 石油当量）

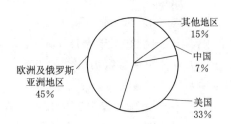

图 1.6　2015 年核电消费情况

（总产量：583.1 万 t 石油当量）

1.2.3　我国的能源资源特征

（1）能源储量充足，人均资源拥有量水平较低。我国煤炭资源探明总储量 11450 亿 t，位居世界第三；天然气和石油储量相对较小，分别占世界探明总储量的 2.1% 和 1.1%；水力资源的蕴藏量、可开发装机容量和年发电量分别是 67.6 万 MW，37.8 万 MW 和 5.92 万亿 kW·h 时，位居世界首位。但我国人口基数较大，人均资源拥有量远低于全球平均水平，其中人均天然气和石油拥有量仅为全球平均水平的 10.70% 和 5.74%。随着我国工业化和城市化进程的不断深化，能源供需两端缺口越来越大，可能对我国能源安全产生威胁，甚至制约经济增长。

根据《2016 年 BP 世界能源统计年鉴》，我国能源人均探明储量和全球平均水平之间的对比见表 1.1。

表 1.1　　　　　　　我国能源人均探明储量和全球平均水平之间的对比

类别	人口/亿人	石油/亿桶	天然气/亿 m³	煤炭/亿 t
全球	72	236.13	25986.11	123.82
我国	13.68	13.52	2558.48	83.70
我国/全球	19%	5.74%	10.70%	67.60%

（2）能源资源分布不均衡。我国 60％的煤炭资源分布在华北地区，南方大部分地区煤炭资源短缺；75％的石油储量分布于松辽、渤海湾盆地；天然气主要集中于新疆、陕西、四川等中西部地区；80％的水力资源分布在西南部地区，其中 64％集中在四川、贵州、云南、重庆与西藏五个省（自治区、直辖市）。从我国能源空间分布可以看出，经济落后地区能源储量高，但需求量不大，而经济较为发达地区能源储量低，但需求量巨大，能源供需矛盾愈发明显。

（3）能源资源开发难度大。我国煤炭资源的地质开采条件较差，大部分需要井工开采，可供露天开采的煤矿非常少；天然气、石油等的分布地区大多具有埋藏程度深、地质条件恶劣等问题，勘探开采难度较大，以天然气为例，大多分布于我国西部偏远山区，地理环境恶劣，勘探对象埋藏深、储层复杂，开发利用时需要解决许多技术难题。

1.2.4　我国的能源资源现状

2017 年，我国能源生产总量为 35.9 亿 t 标准煤，居世界首位，但已保持了 3 年连续降低。其中，原煤产量 34.1 亿 t，居世界首位，比 2015 年下降 9.0％；原油产量 19969 万 t，比 2015 年下降 6.9％；天然气产量 1369 亿 m³，比 2015 年增长 1.7％；发电量 61425 亿 kW·h，比 2015 年增长 5.6％，增速加快 5.3 个百分点。但是由于我国人口基数庞大，所以人均能源消费量很低。2016 年，人均商品能源消费量约为 2.17t 标准煤，远低于世界平均水平。

2018 年我国着力化解煤电产能过剩，在煤电装机增速整体放缓、利用小时数下降趋势得到缓解的形势下，利好存量大机组，而 60 万 kW 以上的燃煤机组主要集中在大型发电集团，因此，化解煤电产能过剩政策将对大型发电企业上市公司形成利好，此外，清洁能源消纳问题基本解决的时间表已定，中长期来看，随着风电、光伏发电逐渐实现平价上网和海上风电的快速发展，以及市场化交易规模的扩张，行业的增量将主要集中于海上风电和分布式能源市场。

1. 煤炭

"富煤贫油少气"的能源结构特点决定了煤炭是我国能源消费的主导燃料，1992 年，我国原煤产量到达 13.73 亿 t 的高峰，此后，原煤产量一直持续减少，2000 年不足 10 亿 t，之后又快速上升，2006 年达 23.6 亿 t，2010 年达到 32.4 亿 t。原煤占一次能源生产总量的比例则由 1990 年的 74.2％下降为 2000 年的 73.2％，2006 年回升到 77.8％，2010 年又降为 76.5％；占消费总量的比例由 1990 年的 76.2％下降为 2000 年的 69.2％，2007 年回升到 71.1％，到 2016 年又降为 69％。1978 年至今，煤炭消费比例一直维持在 70％左右，这一比例与发达国家 20％的水平相比仍有一定距离。

2. 石油

1997 年，我国原油产量达到 1.6 亿 t，原油占能源生产总量的比例从 1980 年的 23.8％下降为 1990 年的 19.0％，2000 年下降为 17.2％，2006 年下降为 11.3％，2010 年下降为 9.8％。而我国原油消费量在 1995 年为 1.18 亿 t，2006 年为 3.2 亿 t，2010 年增加到 4.5 亿 t，2016 年达 5.4 亿 t，20 年的平均增长率达 8.6％。1995 年，我国原油生产量与消费量基本持平，后由于消费量持续增长，2000 年低于消费量 6139 万 t，2010 年低于消费量近 2.4 亿 t，2016 年低于消费量达 3 亿 t。

3. 天然气

近年来，我国天然气市场发展迅速。随着天然气勘探开发的不断深入和产业利用政策的不断完善，天然气在我国能源安全中的重要作用日益彰显。据我国国土资源部数据显示，我国天然气储量继续快速增长，连续 14 年新增探明地质储量超过 5000 亿 m³，尤其是 2014 年我国天然气、页岩气和煤层气等新增探明地质储量创出历史新高，合计首次突破万亿 m³，达到 1.11 万亿 m³，新增探明技术可采储量增至 5321.75 亿 m³，同比增长 73.6%。2016 年全国天然气新增探明地质储量 7265.6 亿 m³，我国在天然气勘探方面不断取得新成果，尤其是四川普光气田、新疆塔里木气田等大型气田的天然气储量有了较大幅度的增长，但是值得注意的是，我国的天然气资源依旧存在较大的缺口。天然气比例从 1978 年的 3.2% 上升至 2015 年的 5.9%，2016 年消费量为 2058 亿 m³，比 2015 年增长 6.6%，但与煤炭、石油相比，这类能源消费比例仍然较小。

4. 新能源

改革开放以后，我国经济快速增长，能源消费量大幅提升。化石能源的大量使用导致环境污染日趋严重，影响了经济增长与日常生活，为此我国积极采取措施调整能源消费结构，改变能源投入，积极引导创新驱动；淘汰高耗能产业，大量投入新能源研发；以产业升级为契机，也使能源结构发生了很大的改观。

我国能源生产总量及构成见表 1.2，各一次能源所占比例变化趋势如图 1.7 所示。

表 1.2　　　　　　　　　　　我国能源生产总量及构成

年份	能源生产总量/万 t 标准煤	所占比例/%			
		煤炭	石油	天然气	可再生能源
2004	196648	77.1	12.8	2.8	7.3
2005	216219	77.6	12.0	3.0	7.4
2006	232167	77.8	11.3	3.4	7.5
2007	247279	77.7	10.8	3.7	7.8
2008	260552	76.8	10.5	4.1	8.6
2009	274619	77.3	9.9	4.1	8.7
2010	312125	76.2	9.3	4.1	10.4
2011	340178	77.8	8.5	4.1	9.6
2012	351041	76.2	8.5	4.1	11.2
2013	358784	75.4	8.4	4.4	11.8
2014	361866	72.8	8.4	4.8	14
2015	362000	72.1	8.5	4.9	14.5
2016	362487	69.6	8.2	5.2	17

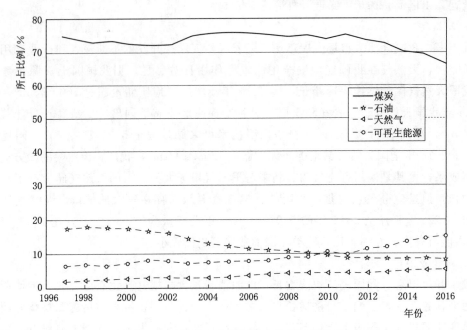

图 1.7　我国各一次能源所占比例变化趋势

1.2.5　能源形势及预测

1. 全球能源形势及预测

未来全球能源供应和消费将向多元化、清洁化、高效化、全球化、市场化、电力化和共享化方向发展。

（1）多元化。全球能源结构先后经历了以薪柴为主、以煤炭为主和以石油为主的时代，现在正在向以天然气为主转变，同时水能、核能、风能、太阳能也正得到更广泛的利用。可持续发展、环境保护、能源供应成本和可供应能源的结构变化决定了全球能源多元化发展的格局。天然气消费量将稳步增加，在某些地区，燃气电站有取代燃煤电站的趋势。未来在发展常规能源的同时，可再生能源将受到重视。在欧盟可再生能源发展规划中，2020 年可再生能源比例要达到 20%，2030 年要达到 27%。我国"十三五"规划也明确提出 2020 年和 2030 年分别达到非化石能源占一次能源消费比例 15% 和 20% 的目标。

（2）清洁化。随着全球能源新技术的进步及环保标准的日益严格，未来全球能源将进一步向清洁化的方向发展。不仅能源的生产过程要实现清洁化，而且能源工业要不断生产出更多、更好的清洁能源，清洁能源在能源消费中的比例也将逐步增大。例如，以煤炭为代表的传统能源将向清洁化方向发展，洁净煤技术（如煤液化技术、煤气化技术、煤脱硫脱尘技术）、沼气技术、生物柴油技术等将取得突破并得到广泛应用。法国、奥地利、比利时、荷兰等国家已经关闭其国内的所有煤矿而发展核电，并大力推广核电等高效、清洁的能源，以解决温室气体排放等环境问题。

（3）高效化。全球能源加工和消费的效率差别较大，能源利用效率提高的潜力巨大。随着全球能源新技术的进步，未来全球能源利用效率将日趋提高。如以 1997 年美元不变价计，1990 年全球的能源强度为 0.3541t 油当量/千美元，2001 年已降低到 0.3121t 油当量/千美元，预计 2025 年为 0.2375t 油当量/千美元。但是，全球各地区能源强度差异较大，2001 年全球发达国家的能源强度仅为 0.2109t 油当量/千美元，而 2001—2025 年发展中国家的平均能源强度预计是发达国家的 2.3~3.2 倍，可见全球节能潜力巨大。

（4）全球化。由于全球能源资源分布及需求分布的不均衡性，全球各个国家和地区已经越来越难以仅依靠本国的资源来满足其国内的能源需求，越来越需要依靠其他国家或地区的资源供应，全球贸易量将越来越大，贸易额呈逐渐增加的趋势。以石油贸易为例，全球石油贸易量由 1985 年的 12.2 亿 t 增加到 2002 年的 21.8 亿 t，年均增长率约为 3.46%，超过同期全球石油消费 1.82% 的年均增长率。在可预见的未来，全球石油净进口量将逐渐增加，年均增长率达到 2.96%，预计 2020 年将达到 4080 万桶/日，2025 年达到 4850 万桶/日，全球能源供应与消费的全球化进程将加快，全球主要能源生产国和能源消费国将积极加入到能源供需市场的全球化进程中。

（5）市场化。市场化是实现国际能源资源优化配置和利用的最佳手段，随着全球经济的发展，特别是全球各国市场化改革进程的加快，全球能源利用的市场化程度越来越高，各国政府直接干涉能源利用的行为将越来越少，而政府为能源市场服务的作用则相应增大，特别是在完善各国、各地区的能源法律法规并提供良好的能源市场环境方面，政府将更好地发挥作用。当前，俄罗斯、哈萨克斯坦等能源资源丰富的国家正在不断完善其国家能源投资政策和行政管理措施，这些国家能源生产的市场化程度和规范化程度将得到提高，从而有利于境外投资者进行投资。

（6）电力化。能源是经济社会的"血液"，但化石能源的大量使用已经对生态环境造成严重污染和破坏。当前，全球主要经济体持续谈判，但这条路举步维艰。要实现全球温升控制在 2℃ 以内的目标，根本出路是加快清洁发展、能源消费实施电能替代，"电从远方来，来的是清洁发电"。清洁主导、电为中心是能源发展的必然趋势，有限且不可再生的化石能源将主要用于工业原料。在供应侧，清洁能源必将替代化石能源；在消费侧，电可以替代各种终端能源。能源网、交通网、通信（信息）网是全球最重要的三大基础网络设施。各类能源开发、转换、配置、使用的基本平台是电网，因此，能源网的本质是电网，能源互联网必然是互联电网。经过多年建设，全球交通网、通信（信息）网已实现跨国跨洲互联网，能源网必然向全球互联方向发展，即全球能源互联网。

构建全球能源互联网，将产生巨大的经济、社会、环境综合效益：①实现清洁发展，通过全球能源互联网，全球清洁能源只需保持 12.4% 的年均增速，到 2050 年清洁能源比例可提高到 80% 以上，彻底摆脱化石能源困局；②应对气候变化，到 2050 年，全球温升控制在 2℃ 以内；③拉动经济增长，构建全球能源互联网投资规模将有力带动高端装备制造、新能源、新材料、电动汽车等战略新兴产业发展；④促进和平发展，减少国际争端，缩小地区差异，促进人类命运共同体建设。

（7）共享化。共享能源，即该能源并不掌握在极少数国家手中，而是分布比较均匀。随着太阳能、风能等新能源的快速发展，共享能源的比例越来越大。由于石油这类典型垄断能源被少数国家或地区所控制，对其他国家来说则为稀缺资源。该矛盾往往会上升为政治问题，甚至会引起地区冲突动荡。相对于垄断能源，共享能源清洁、方便、经济、友好。

目前，全球有多家机构定期发布全球能源需求预测结果，其中比较权威和有代表性的包括国际能源署（IEA）和美国能源部（EIA），根据预测，2030 年全球一次能源的消费总量将比 2006 年增加 57.2%，年均增长率达到 1.9%，增长速度与过去 25 年基本持平；2006—2015 年全球能源消费年增速为 2.0%，2015—2030 年为 1.8%；预计 2006—2030 年全球人均能源消费量将从 1.8t 油当量以 1% 的年均增长率持续增加至 2.4t 油当量。未来 20 年，发展中国家能源消费总量年均增长率将达到 2.8%，而发达国家仅为 0.4%，预计 2030 年发展中国家能源消费总量占全球份额将从 2006 年的 56% 上升到近 70%。

依据各国经济发展水平、产业结构、城市化率以及基础设施建设情况等综合指标，可将发展中国家分为四类：第一类发展中国家人均 GDP 大于 7000 美元，城市化水平较高，基础设施较完备，经济结构接近发达国家，共 47 个国家，主要包括俄罗斯、沙特、墨西哥等；第二类发展中国家大多处于工业化中期，人均 GDP 为 4500～7000 美元，基础设施和城市化处于世界平均水平，共 36 个国家，包括中国、巴西、南非等；第三类发展中国家人均 GDP 为 1500～4500 美元，共 37 个国家，主要包括印度、印度尼西亚、古巴、埃及等国，这类国家处于工业化早期，城市化率较低，基础设施水平较低；第四类发展中国家人均 GDP 低于 1500 美元，共有 48 个国家，大部分为非洲国家和亚洲国家，这类国家大多数处于农业社会，经济和社会极不发达。2030 年全球一次能源需求预测见表 1.3。

表 1.3　　　　　　　　　　2030 年全球一次能源需求预测

国　家　类　型		能源消费量/亿 t 油当量		年均增长率/%
		2020 年	2030 年	2010—2030 年
发展中国家	第一类发展中国家	26.90	30.92	1.7
	第二类发展中国家	42.99	57.22	3.4
	第三类发展中国家	22.46	31.83	3.5
	第四类发展中国家	6.38	7.70	2.1
	合计	98.73	127.67	2.8
发达国家		57.45	56.94	0.4
全球合计		156.18	184.61	1.90

2. 我国能源形势及预测

在我国，煤炭在一次能源消费总量中所占的比例最大。中华人民共和国成立初期我国的煤炭消费量占一次能源消费量的 90% 以上，随着我国石油、天然气工业和水电事业的发展，煤炭消费比例有所下降，石油、天然气、和可再生能源的份额将不断提高。我国是能源生产大国，也是能源消费大国，从总量上看，我国的能源生产和消费基本上是平衡的。根据国家统计局 2005 年的《国民经济与社会发展统计公报》的相关数据，2005 年我国的一次能源自给率达到 95.8%，进口依赖度仅为 4.2%，但是由于我国的一次能源供需结构的不平衡，自 1993 年起，我国成为成品油净进口国，1996 年成为原油净进口国，2005 年原油和成品油净进口数量分别达到了 11875 万 t 和 1742 万 t，石油进口依赖度超过了 40%。

我国的能源生产、消费及供需差预测见表 1.4。预测结果表明，在未来的几十年中，我国的能源生产能力将得到不断提高，与此同时，对能源的需求也在逐年增长，能源生产与能源消费间的缺口也在逐年加大我国石油、天然气产量与需求量预测见表 1.5。预测结果表明，在未来的几年中，我国对石油与天然气的产量与需求量均有不同程度的增加，但对石油的需求量大于其产量，石油供应存在一定的缺口。

表 1.4	我国能源生产、消费及供需差预测	单位：亿 t 标准煤
年　　份	2020	2030
能源生产预测	30.90	45.58
能源消费预测	32.34	47.72
能源缺口预测	1.44	2.14

表 1.5	我国石油、天然气产量与需求预测	
年　　份		2020
需求预测	石油/亿 t	3.6
	天然气/亿 m³	1701
产量预测	石油/亿 t	2.0
	天然气/亿 m³	1800~2000

1.2.6　能源问题对策

1. 我国能源政策

　　目前，全球各国均在积极制定并采取一系列的政策与措施以应对日益突出的能源问题。在我国，自改革开放以来，为了缓解经济持续高速发展、能源需求大幅度增长与能源短缺的矛盾，我国政府制定了一系列能源政策。

　　（1）以增加能源供给为宗旨的能源开发投资政策。1978 年，《中共中央关于加快工业发展若干问题的决定》中提出把发展燃料、动力、原材料工业和交通运输放在突出位置。1988 年，《政府工作报告》提出加快以电力为中心的能源建设政策，电力工业的投资力度进一步加大，发展速度较快。1992 年 10 月，《加快改革开放和现代化建设步伐，夺取有中国特色社会主义事业的更大胜利》提出加快交通、通信、能源、重要原材料和水利等基础设施和基础工业的开发与建设。1994 年 3 月的政府工作报告指出，保持合理投资规模，优化投资结构，为了实现国民经济持续、快速、健康发展，各地区、各部门都要从全局出发，做出合理安排，把财力、物力首先用于在建的交通、通信、能源、重要原材料工业，以及大江大湖治理等方面的重点建设。2007 年，为解决可再生能源发展中存在的成本较高、风险较大、相关技术不成熟等问题，政府相关部门陆续出台了一系列政策，初步形成了一整套促进可再生能源发展的财税政策体系框架，有力促进了可再生能源发展。

　　（2）各种经济成分共同发展的能源政策。1988 年，财政部《关于沿海经济开放区鼓励外商投资减征、免征企业所得税和工商统一税的暂行规定》中指出，属于能源、交通、港口建设的项目可按减15％的税率征收企业所得税，以鼓励资本投向能源等基础工业设施建设。除了主要依靠国内企业投资之外，我国政府也鼓励外国公司以多种方式投资我国能源项目。在2004年修订的《外商投资产业指导目录》中将大型发电、油气田开发、煤炭开采、清洁煤炭和新能源项目等均列入"鼓励类"，享受税收等优惠政策。

（3）能源的价格政策。1991年，国家在提高平价原油价格水平的同时，每年将一定数量的平价油转为高价油，原油平均价格有所提高。1998年6月，我国对原油、成品油价格的形成机制进行了改革，实现国内原油价格与国际原油价格接轨，使我国的石油生产走向国际化。2006年1月，国家发展和改革委员会公布了《可再生能源发电价格和费用分摊管理试行办法》（发改价格〔2006〕7号），对可再生能源发电价格做出了相关的规定。2007年11月，国家发展和改革委员会对外发布了《煤炭产业政策》，提出建立健全煤炭交易市场体系，完善煤炭价格市场形成机制，鼓励煤炭供、运、需三方建立长期合作关系。

（4）调整结构、提高效益的能源政策。1994年以后，我国的能源政策从注重发展数量方面转向注重工业增长的效益方面，把提高经济的增长质量、优化经济结构放在了更重要的位置。1998年政府工作报告中指出，要继续加强和改善宏观调控，投资要重点用于加强农业水利建设、能源、交通、通信、环保等基础设施建设，要支持中西部地区的资源开发和重大基础设施建设，重点加快新能源产业的发展。2005年2月，我国正式颁布了《中华人民共和国可再生能源法》，为可再生能源的发展提供了法律保障。2007年8月，国家发展和改革委员会下发了《可再生能源中长期发展规划》，提出到2020年我国可再生能源发展的目标，即力争2020年使可再生能源消费量占到能源消费总量的15％。

2. 能源问题的技术对策

（1）实现煤炭高效利用。煤炭的现代化利用是提高煤炭利用效率的有效手段。煤炭的现代化利用是指先将煤炭气化，再用来做液体燃料和发电，即把化工过程和发电过程结合起来，以煤炭气化为龙头并实现煤、气、电联产。在这个过程中，煤炭气化以后去掉其内部的杂质，然后通过化学变化及燃烧实现燃气与蒸汽的联合循环，煤炭的这种循环利用被称为整体煤气化联合循环，即所谓的IGCC（Integrated Gasification Combined Cycle）。此种循环能极大地提高煤炭的利用效率，同时可在一定程度上降低煤炭燃烧对环境的污染。

（2）进一步扩大核电推广。我国在核能领域及核电站建设方面已经积累了相当多的技术和经验，具备了自主研发核电站的能力。与改革开放同步发展起来的我国核电工业，已经具备30万～60万kW压水堆核电站自主设计能力，而且基本具备了第二代百万千瓦级核电站设计能力和自主批量规模建设的工程设计能力。在核电设备制造方面，60万kW和100万kW核电站国产化率可达70％以上。我国最大、最早的核电站是大亚湾核电站，其发电容量为180万kW。2000年以后，我国对核工业的发展做出新的战略调整，并计划在2020年前我国的核电发电量要发展到约4000万kW容量，核电装机容量将占电力总装机容量的5％。目前，在核电的发展过程中仍存在部分问题，如核废料处理问题还没有得到彻底的解决。

（3）加快产业结构调整升级，改善能源结构。需求结构、技术进步、要素与配置等因素共同决定了产业结构，产业结构的变动会改变单位 GDP 能源消耗，进而影响能源消费。如果产业结构能实现轻型化，那么较小的能耗便能实现经济的高速增长。未来应该重点加强对第二产业内部结构进行调整，提高生产效率，尽可能少生产或者不生产能耗高、附加值低的产品。需要把市场、价格改革以及行政手段三者有机结合起来，通过一系列的政策措施确保能源价格可以真实地反映能源供需两端的关系。

（4）提升自身研发能力，从根本上改变我国能源消费结构。非化石能源产业属于新兴产业，发展该产业、提升该产业核心竞争力的关键在于加强我国关于非化石能源产业的基础性研究，提高该领域的技术研发能力。应积极推进非化石能源产业的基础性研究以及相关的技术研发，以便更好地指引整个国家非化石能源产业相关技术的前进方向。需要把推动非化石能源技术的发展作为一项长期工作，把非化石能源技术的研发、利用与我国能源发展战略紧密结合起来，做好长期的发展规划。

（5）加快可再生能源开发。从目前可再生能源的资源状况和技术发展水平看，今后发展较快的可再生能源除水能外，主要是生物质能、风能和太阳能。水能开发的技术已经相当成熟。生物质能利用方式包括发电、制气、供热和生产液体或固体燃料，将成为应用最广泛的可再生能源利用技术。风力发电技术已基本成熟，经济性已接近常规能源，并将在今后相当长时间内保持较快的发展速度。太阳能发展的主要方向是光伏发电和热利用，光伏发电的主要市场是发达国家的并网发电和发展中国家偏远地区的独立供电；太阳能热利用的发展方向是太阳能一体化建筑，并以常规能源为补充手段，实现全天候供热，提高太阳能供热的可靠性，在此基础上进一步向太阳能供暖和制冷的方向发展。

国际可再生能源机构发表的《2030 路线图评估报告》对全球可再生能源未来发展情况进行了评估，报告认为，由于科学技术的进步，可再生能源在全球能源结构中的比例可较原有目标进一步提高。《全球可再生能源 2030 路线图》提出，争取到 2030 年可再生能源在全球能源总量中所占比例从 2013 年的 16% 提高到 30%，而《2030 路线图评估报告》认为，由于科技进步，可再生能源比例可由 30% 提高至 36%。

关于如何提高可再生能源所占比例，国际可再生能源机构技术创新委员会主席多尔夫·吉伦说，各国可在制订切实的能源过渡计划、创造合适的商业环境、有效实施相关技术、确保可再生能源能融入现有基础设施、支持和鼓励创新 5 个方面采取行动。

总体来看，近 20 年来，全球特别是在发达国家，大多数的可再生能源技术发展迅速，其产业规模、经济性和市场化程度也正在逐年提高。预计在 2020 年以前，大多数可再生能源技术可具有市场竞争力，2020 年以后将会有更快的发展。

1.3　环　境　污　染

1.3.1　环境污染及其分类

环境污染是指人类活动使环境要素或其状态发生变化，环境质量恶化，扰乱和破坏了生态系统的稳定性及人类的正常生活条件的现象。简言之，环境因受人类活动影响而改变了原有性质或状态的现象称为环境污染。环境污染会给全球的生态系统造成直接的破坏以及影响，比如沙漠化、森林破坏，也会给人类社会造成间接的损害，有时这种间接环境效应的危害比当时造成的直接危害还要大，而且更难消除。

在全球范围内都同时地出现了环境污染问题，包括大气污染、水环境污染、土壤等。随着经济和贸易的全球化，环境污染也日益呈现国际化趋势，危险废物越境转移问题就是这方面的突出表现。

环境污染的实质是人类活动中将大量的污染物排入环境，影响其自净能力，降低了生态系统的功能。

1. 污染物的来源

环境污染物的来源主要如下：

（1）工厂排出的废水、废气、废渣和产生的噪声。

（2）人们生活中排出的废烟、废气、噪声、脏水、垃圾。

（3）交通工具排出的废气和噪声。

（4）大量使用化肥、杀虫剂、除草剂等化学物质的农田灌溉后流出的水。

（5）矿山废水、废渣。

环境污染物可分为气态、液态、固态及胶态四种状态，被污染的对象则为大气、水、土壤及生物（包括人类）。

2. 环境污染的分类

环境污染的分类见表1.6。

表1.6　　　　　　　　　　　　　　环境污染的分类

污染物性质	大气污染	水污染	土壤污染
化学性	硫氧化合物、氮氧化合物、碳氧化合物、碳氢化合物、氟、氯、硫化氢、硫醇、氨等；光化学烟雾、酸（硝酸、硫酸）雾等；致癌性物质、多环芳烃类	无机物：酸、碱、无机盐类；无机有毒物质：铅、镉、汞等；有机有毒物质：有机氯、有机磷、多氯联苯、多环芳烃、酚类；油类污染物：炼油石化废水；需氧物质：生活污染水、食品加工、造纸工业废水	有毒物质，镉、铅、有机氯等
物理化学性和物理性	颗粒悬浮物：降尘、飘尘、石棉、金属粉尘（镉、铍、铅、锡、铬、锰、汞、砷）等	热污染、电站冷却水	
放射性	^{90}锶、^{137}铯	镭、氡、铀	核爆炸、工、农、医用放射废弃物
生物性	过敏原：花粉		肠道致病菌、寄生虫、钩端螺旋体、炭疽杆菌、破伤风杆菌
生活性		生活污水、医院污水等	

1.3.2　环境污染问题

从1984年英国科学家发现、1985年美国科学家证实南极上空出现臭氧层空洞开始，人类环境问题发展到当代环境问题阶段，在全球范围内出现了不利于人类生存和发展的酸雨、臭氧层破坏和全球变暖等全球性大气环境问题。与此同时，发展中国家的城市环境问题和生态破坏，一些国家的贫困化愈演愈烈，水资源短缺在全球范围内普遍发生，其他资源（包括能源）也相继出现将要耗竭的信号。这一切表明，生物圈这一生命支持系统对人类社会的支撑已接近其极限。

大量事实表明，目前生态环境污染问题已相当严重，且有进一步恶化的趋势，而且是全球性的。大气污染、全球变暖、臭氧层破坏和酸雨等正在成为世界范围的生态环境灾难。

1. 大气污染

大气层是一个经过长期演变而具有较为固定组分（表 1.7）且成层状分布的系统，实际上也是一个易受破坏的脆弱平衡系统。大气污染是指大气中一些物质的含量达到有害的程度以致破坏生态系统和人类正常生存和发展的条件，对人或物造成危害的现象。

表 1.7　　　　　　　　　　　　近地表干燥空气的组分

组分	体积分数/$\times 10^{-6}$	组分	体积分数/$\times 10^{-6}$
N	780900	CH_4	1.2
O	209500	Kr	1.1
Ar	9340	H	0.5
CO_2	330	Xe	0.08
Ne	18	O_3	0.01～0.04
He	5.2		

大气污染物由人为源或者天然源进入大气（输入），参与大气的循环过程，经过一定的滞留时间之后，又通过大气中的化学反应、生物活动和物理沉降从大气中去除（输出）。如果输出的速率小于输入的速率，就会在大气中相对集聚，造成大气中某种物质的浓度升高。当浓度升高到一定程度时，就会直接或间接地对人、生物或材料等造成急性、慢性危害，便造成了大气污染。目前因受到了人类活动的强烈干扰，大气污染日益严重。2001—2015 年工业废气排放总量趋势如图 1.8 所示。

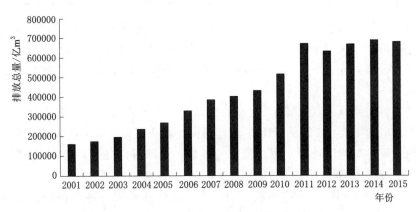

图 1.8　2001—2015 年工业废气排放总量趋势

2. 温室效应与全球变暖

温室效应，又称"花房效应"，是大气保温效应的俗称。大气能使太阳短波辐射到达地面，但地表受热后向外放出的大量长波热辐射线却被大气吸收，这样就使地表与低层大气的作用类似于栽培农作物的温室，故名温室效应，造成这一效应的气体称作温室气体。CO_2、CO、CH_4、O_3、水蒸气等都是温室气体，其中 CO_2 的作用占 70% 以上。燃煤、燃气、燃油都会排出大量 CO_2。详见表 1.8 和表 1.9。

表 1.8   大气中温室效应气体

气 体	大气中浓度/$\times 10^{-9}$	年平均增长率/%
CO_2	365000	0.4
CH_4	1650	0.2
N_2O	315	0.2
$C_2H_3Cl_3$	0.13	7.0
O_3	不定	
氯氟烃类 CFC-12	0.36	3.4
氯氟烃类 CFC-12	0.62	3.5
CCl_4	0.125	1.0
CO	不定	0.2

表 1.9   主要国家 CO_2 的排放量

国家	2010年总排放量/百万 t	2017年总排放量/百万 t	人均排放量/t
中国	5232.1	7320.2	4.6
美国	1022.3	6923.3	19.7
俄罗斯	1827.7	1967.7	13.7
德国	942.3	968.5	11.9
日本	1532.3	1322.6	10.5
英国	660.2	637.7	10.6
加拿大	737.2	732.5	19.6

对地球气候的科学诊断，要依赖一些数据指标，如全球平均温度、海平面高度、南极冰川、山地冰川等。从《中国气候变化蓝皮书（2019）》中的数据可以看出，2018 年全球气候系统变暖趋势进一步持续，我国是全球气候变化的敏感区之一，区域生态环境总体改善。

此前，世界气象组织（WMO）发布的全球气候状况声明，2018 年全球平均温度较工业化前水平高出约 1℃，2015—2018 年是有完整气象观测记录以来最暖的 4 个年份。2018 年成为有现代海洋观测记录以来海洋最暖的年份，全球海洋热含量打破了 2017 年刚刚创下的纪录；全球平均海平面继续加速上升，2018 年全球平均海平面比 2017 年上升约 3.7mm；全球山地冰川仍处于物质高亏损状态，北极和南极海冰范围均较常年同期明显偏小。

全球气候变化对自然生态系统和社会经济的影响正在加速。2018 年，全球天气气候相关灾害发生次数为 1980 年以来最多，所造成的损失超过全球自然灾害经济损失总量的 90％。2018 年洪水造成的受灾人数超过 3500 万人；高温、热浪和野火造成欧洲、东亚和北美等地区共 1600 多人死亡；超强台风"山竹"重创菲律宾；干旱、洪水和风暴导致数百万人流离失所。高温、干旱、强降水等极端天气气候事件对粮食安全、人体健康及自然生态系统服务功能带来重大威胁。

我国是全球气候变化的敏感区之一。2018 年是我国近百年来最暖的十个年份之一，春、夏两季全国平均气温均创历史新高；近 20 年是我国 20 世纪初以来的最暖时期。20 世纪 60 年代以来，我国极端天气气候事件趋多、趋强，气候风险水平呈上升趋势。需科学应对气候变化及极端天气气候事件对粮食安全、水资源、生态环境、能源、重大工程、社会经济发展等诸多领域带来的严峻挑战，全面提升社会—生态系统的气候恢复力，全社会共同行动、采取应对措施减少和防范气候风险。

有科学家指出，2025 年前，温室效应将造成全球气温中等程度的渐变，之后情况会更为激化，全球气温分布格局将严重扭曲，这不仅将大大增加风暴的猛烈程度，还将造成地表水、土壤、植被以及海洋生态的恶化，甚至现有的农业耕作制度也将变得无效。

3. 臭氧层破坏

在离地球表面 10～50km 的大气平流层中集中了地球上 90％的臭氧气体，在离地面 25km 处臭氧浓度最大，形成了厚度约为 3mm 的臭氧集中层，称为臭氧层。它能吸收太阳的紫外线，以保护地球上的生命免遭过量紫外线的伤害，并将能量储存在上层大气，起到调节气候的作用。但臭氧层是一个很脆弱的大气层，如果进入一些破坏臭氧的气体，它们就会和臭氧发生化学作用，使臭氧层遭到破坏。臭氧层被破坏，将使地面受到紫外线辐射的强度增加，给地球上的生命带来很大的危害。

研究表明，紫外线辐射能破坏生物蛋白质和基因物质脱氧核糖核酸，造成细胞死亡；使人类皮肤癌发病率增高；伤害眼睛，导致白内障，进而使眼睛失明；抑制植物如大豆、瓜类、蔬菜等的生长，并穿透 10m 深的水层，杀死浮游生物和微生物，从而危及水中生物的食物链和自由氧的来源，影响生态平衡和水体的自净能力。

臭氧层破坏是当前全球面临的环境问题之一，自 20 世纪 70 年代以来就开始受到世界各国的关注。从 1995 年起，每年的 9 月 16 日被定为"国际保护臭氧层日"。1985 年，英国科学家首次发现，南极上空在 9—10 月平均臭氧含量减少 50％左右，并周期性出现。北极臭氧层耗损也很明显。

臭氧层耗损对人类健康及其生存环境的主要危害是：大量的紫外线直接辐射地面，导致人类皮肤癌、白内障发病率增高，并抑制人体免疫系统功能；农作物受害减产，影响粮食生产和食品供应；破坏海洋生态系统的食物链，导致生态平衡破坏。

科学家认为，臭氧减少是由于人类活动向大气中排入氯氟烃（如氟利昂）和含溴卤化烷烃（哈龙）等气体引起的。氟利昂在自然界不会自己产生，而是人类在工业生产过程中制造、扩散出来的。它用于制冷装置的冷冻剂、气溶胶、有机溶剂和泡沫发泡；哈龙用于作灭火剂。目前，我国及世界各国正采取措施，逐步淘汰氟利昂和哈龙等破坏臭氧层的有害物质。一位美国的环境科学家曾预测：人类如果不采取措施，到 2075 年，全世界将有

1.5 亿人患皮肤癌，其中有 300 多万人死亡；将有 1800 多万人患白内障；农作物将减产 7.5%；水产品将减产 25%；材料损失将达 47 亿美元；光化学烟雾的发生率将增加 30%。

4. 酸雨

酸雨是指 pH 值低 5.6 的雨、雪或其他形式的降水。雨、雪等在形成和降落过程中，吸收并溶解了空气中的 SO_2、NO_x 等物质，形成了 pH 值低于 5.6 的酸性降水。人口激增、农业活动密集和化石燃料的过度使用，使硫和氮的氧化物以及各种气体大量排放，并经光化反应形成的酸雨。此外，各种机动车排放的尾气也是形成酸雨的重要原因。酸雨被称为空中死神，其潜在的危害主要表现在 4 个方面：对水生系统造成危害；对陆地生态系统造成危害；对人体产生影响；对建筑物、机械和市政设施腐蚀。

20 世纪 50 年代后期，酸雨首先在欧洲被察觉。如英国在 1952 年 12 月的伦敦烟雾事件，5 天内死亡 4000 人；又如英国利物浦下的酸雨，pH 值达到 4；斯堪的纳维亚半岛 pH 值超过 2.8，使瑞典的湖泊在 30 年中酸度增大 63 倍，鱼类减少 9 成，森林受到破坏，土壤被酸化。进入 20 世纪 80 年代以后，酸雨发生的频率更高，危害更大，并扩展到世界范围，其中欧洲、北美和东亚是酸雨危害严重的区域。从 1950 年到 1990 年，全球的 SO_2 排放量增加了约 1 倍，目前已超过 1.5 亿 t/a；全球 NO_x 的排放量也接近 1 亿 t/a。世界各国中，中国、美国的 SO_2 年排放量和 NO_x 排放量最多。

我国是燃煤大国，煤炭在能源消耗中占 70%，煤炭的平均含硫约为 1.1%（其中西南地区多使用高硫煤）。二氧化硫的年排放量达 1800 多万 t。二氧化硫排放引起的酸雨污染不断扩大，已从 20 世纪 80 年代初期的西南局部地区扩展到长江以南大部分城市和乡村，并向北方发展。

目前我国定义酸雨区的科学标准尚在讨论之中，但一般认为：年均降水 pH 值高于 5.65，酸雨率是 0~20%，为非酸雨区；年均降水 pH 值为 5.30~5.60，酸雨率是 10%~40%，为轻酸雨区；年均降水 pH 值为 5.00~5.30，酸雨率是 30%~60%，为中度酸雨区；年均降水 pH 值为 4.70~5.00，酸雨率是 50%~80%，为较重酸雨区；年均降水 pH 值小于 4.70，酸雨率是 70%~100%，为重酸雨区，即五级标准。其实，北京、拉萨、西宁、兰州和乌鲁木齐等市也出现到几场酸雨，但年均降水 pH 值和酸雨率都在非酸雨区标准内，故仍为非酸雨区。我国酸雨主要是硫酸型，我国三大酸雨区分别为：

(1) 西南酸雨区，是仅次于华中酸雨区的降水污染严重区域。

(2) 华中酸雨区，目前已成为全国酸雨污染范围最大、中心强度最高的酸雨污染区。

(3) 华东沿海酸雨区，污染强度低于华中、西南酸雨区。

1.3.3 能源开发利用与环境污染的关系

对环境污染危害最大、范围最广的是大气污染和水污染，它危害人的身体健康、动植物的生长，并且对器物腐蚀严重。而能源在开发利用过程中对大气和水的污染最为严重。

远古时代是一个闭式的自然循环系统。伴随着人类逐渐学习使用能源，便对整个生态系统和地球环境产生了各种影响。在现代化大工业出现以前，人类在漫长的发展过程中，只是从事规模较小的农牧业生产，对环境产生的污染微乎其微。

随着科学技术的进步和工业的发展，人类提高了改造自然的手段，同时也增强了改善和保护生存环境的能力。但是由于生产的发展，人口的增加，城市的高度集中，能源的开发和大量利用，环境污染也日益严重。近百年来，全球工业生产增加了 50 倍以上，其中 80% 的增长是 1950 年以后发生的。因此，20 世纪 50 年代以来，随着工业和交通事业等的迅速发展，煤炭和石油消费量的急剧增长，大量有害的工业"三废"（废气、废液、废渣）的排放，产生了大气、水和土壤的严重污染，导致了生态平衡的破坏，直接威胁人类生存并制约了经济的发展。

1. 能源污染形式

生态环境的污染与破坏，都直接或间接与能源利用有关。煤炭开采造成地面塌陷，矿井水、洗煤水造成水污染，煤炭燃烧产生的烟尘、硫化物造成大气污染；石油开发造成油、水污染，海上采油和运油造成对海域的污染，石油加工造成水、大气和土壤污染；水力资源开发有库区淹没、库坝安全等问题；矿物燃料和发电产生大气污染、热水污染和灰渣排放；生物质能的利用造成森林破坏、水土流失、土地肥力减退、生态平衡的破坏；核能利用则产生放射性污染……

煤的开采、运输和转化过程中对环境的污染如图 1.9 所示。

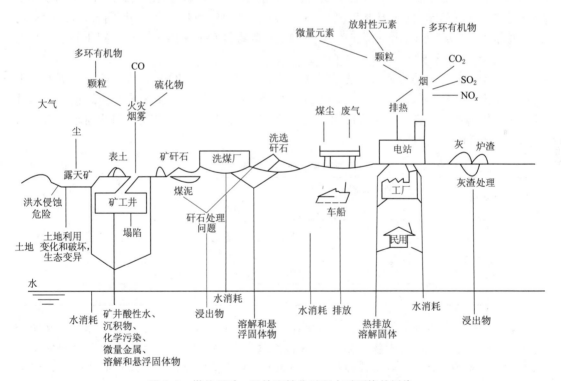

图 1.9　煤的开采、运输和转化过程中对环境的污染

2. 能源污染物的排放量

从世界各国能源使用情况来看，石油、煤炭、天然气是主要能源。而这些能源在燃烧过程中排出大量的废气和粉尘，是大气污染的主要来源。据统计，世界每年排入大气中的有害气体达 6.14 亿 t，见表 1.10。

表 1.10	世界每年排入大气的有害气体总量	
污染物	污　染　物　来　源	排放量/亿 t
煤粉尘	烧煤设备	1.00
SO_2	烧油、烧煤设备	1.46
CO_2	汽车、工厂设备不完全燃烧产生的废气	2.20
NO_2	汽车、工厂设备在高温燃烧时产生的废气	0.53
C_xH_y	汽车、烧煤、烧油设备和化工设备产生的废气	0.83
H_2S	化工设备废气	0.03
NH_3	化工厂废气	0.04
其他		0.05

现代工业社会的劳动生产率主要取决于能源供应的情况，因而对能源的需求量越来越大。世界上一次能源的用量，1900 年为 13.4 亿 t 标准煤，1970 年为 72 亿 t，1987 年为 116 亿 t，到 2011 年达到 174 亿 t。以动力消耗为例，世界人口每年平均增长 2%，能源年平均消耗 2.9t/人。2014 年，全国 COD 排放总量 2294.6 万 t，同比下降 2.47%；NH_3 - N 排放总量 238.5 万 t，同比下降 2.9%；SO_2 排放总量 1974.4 万 t，同比下降 3.4%；NO_x 排放总量 2078 万 t，同比下降 6.7%。四项污染物排放量较 2010 年分别下降 10.1%、9.8%、12.9% 和 8.6%。

交通运输业排出的污染物主要是尾气中的 CO、C_xH_y、NO_x 和 SO_2 等。一辆汽车平均每天排出 CO 3kg，C_xH_y 0.2~0.4kg，NO_x 0.05~0.15kg。由于汽车内燃机的结构及其使用的燃料不同，各类汽车排出的尾气中的污染物含量各异。汽油车和柴油车排出的污染物见表 1.11。

表 1.11	汽油车和柴油车排出的污染物		单位：g/L
污染物名称	以汽油为燃料的小汽车	以 柴 油 为 原 料	
		载重汽车	机车
CO	169	27.0	8.4
NO_x	21.1	44.4	9.0
C_xH_y	33.3	4.44	6.0
SO_2	0.295	3.24	7.8

矿物燃烧时产生的二氧化硫、氮氧化物、烃类、烟尘等，它们之间互相作用，又能产生比其本身危害更大的污染物。如 SO_2 在以金属氧化物活性炭成分为主的烟尘的催化作用下，会生成 SO_3，遇水则形成硫酸雾（即酸雨），又能与金属氧化物生成硫酸盐。综上所述，能源物质（煤和石油）在加工和燃烧过程中排放出来的污染物，其数量之多、危害之大，是水质污染和大气污染的主要祸根，能源的开发利用是最大的污染源。因此，防止能源污染，做好环境保护，意义重大。

1.3.4　环境污染的综合防治

环境保护事关人民群众根本利益，事关经济持续健康发展，事关全面建成小康社会，事关实现中华民族伟大复兴中国梦。

1. 大气污染防治措施

当前，我国环境污染形势严峻，以可吸入颗粒物（PM10）、细颗粒物（PM2.5）为特征污染物的区域性大气环境问题日益突出，损害人民群众身体健康，影响社会和谐稳定。随着我国工业化、城镇化的深入推进，能源资源消耗持续增加，大气污染防治压力继续加大。为切实改善空气质量，采用以下防治措施。

（1）加快调整能源结构。实施跨区送电项目，合理控制煤炭消费总量，推广使用洁净煤。促进车用成品油质量升级。推行供热计量改革，开展建筑节能，促进城镇污染减排。加快淘汰老旧低效锅炉，提升燃煤锅炉节能环保水平。

（2）发挥价格、税收、补贴等的激励和导向作用。对煤层气发电等给予税收政策支持。中央财政设立专项资金，对重点区域大气污染防治实行"以奖代补"。制定重点行业能效、排污强度"领跑者"标准，对达标企业予以激励。完善购买新能源汽车的补贴政策，加大力度淘汰黄标车和老旧汽车。大力支持节能环保核心技术攻关和相关产业发展。

（3）落实各方责任。实施污染防治责任考核。健全国家监察、地方监管、单位负责的环境监管体制。完善水泥、锅炉、有色等行业污染物排放标准。规范环境信息发布。做好环境污染监测和环境质量评价的研究工作，对于新建工厂企业和工程项目，在其兴建之前应进行环境影响评价。

2. 水污染防治措施

（1）狠抓工业污染防治。取缔"十小"企业。全面排查装备水平低、环保设施差的小型工业企业。按照水污染防治法律法规要求，全部取缔不符合国家产业政策的小型造纸、制革、印染、染料、炼焦、炼硫、炼砷、炼油、电镀、农药等严重污染水环境的生产项目。

（2）强化城镇生活污染治理。加快城镇污水处理设施建设与改造，对现有城镇污水处理设施因地制宜地进行改造，达到相应排放标准或再生利用要求。

（3）推进农业农村污染防治，防治畜禽养殖污染。科学划定畜禽养殖禁养区，依法关闭或搬迁禁养区内的畜禽养殖场（小区）和养殖专业户，京津冀、长三角、珠三角等区域提前一年完成。现有规模化畜禽养殖场（小区）要根据污染防治需要，配套建设粪便污水储存、处理、利用设施。散养密集区要实行畜禽粪便污水分户收集、集中处理利用。新建、改建、扩建规模化畜禽养殖场（小区）要实施雨污分流、粪便污水资源化利用。

（4）加强船舶港口污染控制，积极治理船舶污染。依法强制报废超过使用年限的船舶。分类分级修订船舶及其设施、设备的相关环保标准。航行于我国水域的国际航线船舶，要实施压载水交换或安装压载水灭活处理系统。规范拆船行为，禁止冲滩拆解。

（5）调整产业结构，依法淘汰落后产能。各地要依据部分工业行业淘汰落后生产工艺装备和产品指导目录、产业结构调整指导目录及相关行业污染物排放标准，结合水质改善要求及产业发展情况，制定并实施分年度的落后产能淘汰方案，报工业和信息化部、环境保护部备案。未完成淘汰任务的地区，暂停审批和核准其相关行业新建项目。

（6）优化空间布局。合理确定发展布局、结构和规模。充分考虑水资源、水环境承载能力，以水定城、以水定地、以水定人、以水定产。重大项目原则上布局在优化开发区和重点开发区，并符合城乡规划和土地利用总体规划。鼓励发展节水高效现代农业、低耗水高新技术产业以及生态保护型旅游业，严格控制缺水地区、水污染严重地区和敏感区域高耗水、高污染行业发展，新建、改建、扩建重点行业建设项目实行主要污染物排放减量置换。七大重点流域干流沿岸，要严格控制石油加工、化学原料和化学制品制造、医药制造、化学纤维制造、有色金属冶炼、纺织印染等项目环境风险，合理布局生产装置及危险化学品仓储等设施。

（7）推进循环发展，加强工业水循环利用。推进矿井水综合利用，煤炭矿区的补充用水、周边地区生产和生态用水应优先使用矿井水，加强洗煤废水循环利用。鼓励钢铁、纺织印染、造纸、石油石化、化工、制革等高耗水企业废水深度处理回用。

（8）控制用水总量，实施最严格水资源管理。健全取用水总量控制指标体系。加强相关规划和项目建设布局水资源论证工作，国民经济和社会发展规划以及城市总体规划的编制、重大建设项目的布局，应充分考虑当地水资源条件和防洪要求。对取用水总量已达到或超过控制指标的地区，暂停审批其建设项目新增取水许可。对纳入取水许可管理的单位和其他用水大户实行计划用水管理。新建、改建、扩建项目用水要达到行业先进水平，节水设施应与主体工程同时设计、同时施工、同时投运。

（9）提高用水效率。建立万元国内生产总值水耗指标等用水效率评估体系，把节水目标任务完成情况纳入地方政府政绩考核。将再生水、雨水和微咸水等非常规水源纳入水资源统一配置。

（10）科学保护水资源，完善水资源保护考核评价体系。加强水功能区监督管理，从严核定水域纳污能力。

3. 土壤污染的防治措施

（1）深入开展土壤环境质量调查。在现有相关调查基础上，以农用地和重点行业企业用地为重点，开展土壤污染状况详查，查明农用地土壤污染的面积、分布及其对农产品质量的影响；掌握重点行业企业用地中的污染地块分布及其环境风险情况。制定详查总体方案和技术规定，开展技术指导、监督检查和成果审核。建立土壤环境质量状况定期调查制度，每 10 年开展 1 次。

（2）建设土壤环境质量监测网络。统一规划、整合优化土壤环境质量监测点位，完成土壤环境质量国控监测点位设置，建成国家土壤环境质量监测网络，充分发挥行业监测网作用，基本形成土壤环境监测能力。各省（自治区、直辖市）每年至少开展 1 次土壤环境监测技术人员培训。各地可根据工作需要，补充设置监测点位，增加特征污染物监测项目，提高监测频次。实现土壤环境质量监测点位所有县（市、区）全覆盖。

（3）提升土壤环境信息化管理水平。利用环境保护、国土资源、农业等部门相关数据，建立土壤环境基础数据库，构建全国土壤环境信息化管理平台。借助移动互联网、物联网等技术，拓宽数据获取渠道，实现数据动态更新。加强数据共享，编制资源共享目录，明确共享权限和方式，发挥土壤环境大数据在污染防治、城乡规划、土地利用、农业生产中的作用。

（4）加快推进立法进程。配合完成土壤污染防治法起草工作，适时修订污染防治、城乡规划、土地管理、农产品质量安全相关法律法规，增加土壤污染防治有关内容。完成农药管理条例修订工作，发布污染地块土壤环境管理办法、农用地土壤环境管理办法。出台农药包装废弃物回收处理、工矿用地土壤环境管理、废弃农膜回收利用等部门规章。

（5）系统构建体系标准。健全土壤污染防治相关标准和技术规范，发布农用地、建设用地土壤环境标准；完成土壤环境检测、调查评估、风险管控、治理与修复等技术规范以及环境影响评价技术导则制修订工作；修订肥料、饲料、灌溉用水中有毒有害物质限量和农用污泥中污染物控制等标准，进一步严格污染物控制要求；修订农膜标准，提高厚度要求，研究制定可降解农膜标准；修订农药包装标准，增加防止农药包装废弃物污染土壤的要求。适时修订污染物排放标准，进一步明确污染物特别排放限值要求。

（6）全面强化监管执法。明确监管重点，重点监测土壤中镉、汞、砷、铅、铬等重金属和多环芳烃、石油烃等有机污染物，重点监管有色金属矿采选、有色金属冶炼、石油开采、石油加工、化工、焦化、电镀、制革等行业，以及产粮（油）大县、地级以上城市建成区等区域。

1.4　全球环境标准体系及评价

环境标准是为了保护人群健康、社会财物和促进生态良性循环，对环境中的污染物（或有害因素）水平及其排放源所规定的限量阈值或技术规范。环境标准的建立和发展，从国际上看是与环境立法相结合而发展的，是从污染严重的工业密集地区制定条例、法律和排放标准开始的，逐渐发展到国家规模；标准的种类和性质经历了由少到多，由简单控制污染物的排放发展到全面控制环境质量的过程；标准的形式也由单一的浓度控制发展到包括总量控制标准在内的多种形式。

随着近代工业的大发展，排放污染物不断增加，环境污染日益加剧，世界各国都开始运用立法来控制污染。因此，环境标准就随着环境污染控制条例和法律的建立而发展起来。一般来说，环境标准的制定首先与工业密集的局部地区发生高浓度污染相适应，从局部地区制定控制性的排放标准开始，随着相关环境污染问题蔓延至全国范围，上升为国家法律，相应地制定了全局性环境标准，并用日益完善的排放标准保证其实现。

1.4.1　国际环境标准体系概述

国际标准化组织（International Organization for Standardization，ISO）从 1972 年开始制定基础标准和方法标准，将各国环境保护工作中的名词、术语、单位计量、取样方法和监测方法等统一。ISO14000 环境管理系列标准是国际标准化组织继 ISO9000 标准之后推出的又一个管理标准，由 ISO/TC207 的环境管理技术委员会制定，有 14001～14100 共100 个号，统称为 ISO14000 系列标准。该系列标准融合了世界上许多发达国家在环境管理方面的经验，是一种完整的、操作性很强的体系标准，包括为制定、实施、实现、评审和保持环境方针所需的组织结构、策划活动、职责、惯例、程序过程和资源。其中ISO14001 是环境管理系列标准的主干标准，它是企业建立和实施环境管理体系并通过认证的依据。ISO14000 环境管理系列标准通过规范企业和社会团体等所有组织的环境行为以达到节省资源、减少环境污染、改善环境质量、促进经济持续和健康发展的目的，与ISO9000系列标准一样，对消除非关税贸易壁垒即"绿色壁垒"、促进世界贸易具有重大作用。

多标准组合系统 ISO14000 可按不同的标准进行分类。按标准性质分为：基础标准——术语标准；基础标准——环境管理体系、规范、原则、应用指南；支持技术类标准（工具），包括环境审核、环境标志、环境行为评价和生命周期评估。按标准的功能分为：评价组织，包括环境管理体系、环境行为评价和环境审核；评价产品，包括生命周期评估、环境标志和产品标准中的环境指标。

ISO14000 系统包含 5 大部分、17 个要素。其中 5 大部分包括环境方针、规划、实施与运行、检查与纠正措施、管理评审，这 5 大部分包含了环境标准体系的建立过程和建立后有计划地评审及持续改进的循环，以保证组织内部环境标准体系的不断完善和提高。17个要素包括环境方针，环境因素，法律与其他要求，目标和指标，环境管理方案，机构和职责，培训、意识与能力，信息交流，环境管理体系文件，文件管理，运行控制，应急准备和响应，监测，不符合、纠正与预防措施，记录，环境管理体系审核，管理评审。1996年 9 月，ISO 正式颁布 ISO14001《环境管理体系　要求使用指南》，是组织规划、实施、检查、评审环境管理运作系统的规范性标准。

1.4.2　欧盟环境标准体系

欧盟环境标准体系包括水、大气、环境噪声、固体废物、化学品及转基因制品、核安全与放射性废物、野生动植物保护及基础标准等方面，每一方面都是由一系列的指令和（或）条例组成。水、大气、环境噪声的环境标准包括环境质量标准和环境污染物排放标准，而废物、有害化学品、核安全与放射性废物、野生动植物保护和基础标准基本上只涉及环境基本政策方面的内容，环境标准监测方法要求和环境标准实施方案多数包含在环境质量标准指令和（或）条例中。

1.4.2.1　水环境标准体系

欧盟水环境标准体系包括水环境质量标准、包括水污染物排放标准和监测方法标准。水环境质量标准包括饮用水源地地表水指令、游泳水水质标准指令、渔业淡水指令、贝类养殖水质标准指令，和饮用水水质指令；水污染物排放标准包括某些危险物排入水体指令、保护地下水免受特殊危险物污染指令、城镇污水处理厂废水处理指令和农业硝酸盐污染控制指令；监测方法标准仅地表水及饮用水监测方法指令一项。

另外，水环境标准体系中还有水框架指令，它是制订其他水环境标准的基础指令。水环境标准体系主要内容见表 1.12 和表 1.13。

表 1.12　　　　　　　　　　　水 环 境 质 量 标 准

类　型	内　　容
饮用水源地地表水指令	经 79/869/EEC 指令和 91/892/EEC 指令修订，要求各成员国家将地表水分为 3 类（第 3 类不能作为饮用水源地）。并确定所有的采样点位置及达到的限值和指导值
游泳水水质标准指令	规定海岸和淡水游泳区的水质要求，包括 9 种污染物的浓度标准，同时也规定了取缔次数、检测方法和达到这些水质标准的措施和条件

类　型	内　容
渔业淡水指令	目的在于使淡水的水质适合于某些鱼类的养殖,规定淡水渔业养殖水的质量标准(包括限值和指导值)、抽样次数、检测方法、达标措施和条件
贝类养殖水质标准指令	目的在于保护和提高贝类养殖区海水的质量,进而提高贝类产品的可食用性。规定贝类用水的质量标准、抽样次数、检测和分析方法以及达标的措施和条件
饮用水质量标准指令	规定67种污染物的最大允许浓度,同时还规定了取样次数、检测方法和达到这些质量标准的措施条件。该指令后由98P83PEC指令代替

表1.13　　　　　　　　　　　　　水污染物排放标准

类　型	内　容
某些危险物排入水体指令	将排入内陆、海岸和领海的132种具有毒性、持久性和生物蓄积性的危险物质和其他污染物作为危险物的候选名单,其中危险物质中的18种污染物已经分别在各子指令中做出规定
保护地下水免受特殊危险物污染指令	该指令禁止具有毒性、持久性和生物蓄积性的污染物的直接排放,但可经过浸透间接排放;规定的可能对地下水有害的污染物也必须经过调查和授权后方可排放
城镇污水处理厂废水处理指令	规定城市污水的收集、处理、排放和某些工业部门可生物降解废水的处理和排放
农业硝酸盐污染控制指令	目的是减少和防治来自农业源的硝酸盐污染,要求成员国必须按指令中规定的标准识别出脆弱区(水中硝酸盐超过50mg/L或者水体为富营养化)并制订行动计划

1.4.2.2　大气环境标准体系

欧盟大气环境标准体系由环境空气质量标准和大气污染物排放标准组成。环境空气质量标准包括环境空气质量评价与管理指令,SO_2、NO_x 颗粒物和 Pb 限值指令,苯、CO限值指令,O_3 在空气中的标值的指令等。大气污染物排放标准可分为固定源大气污染物排放和移动源大气污染物排放标准。各自详细内容见表1.14～1.16。

表1.14　　　　　　　　　　　　　环境空气质量标准

类　型	内　容
环境空气质量评价与管理指令	运用共同的方法和标准评价空气质量,向公众提供关于空气质量方面的足够信息,保持清洁空气和改善质量较差的空气。指令囊括现有指令主要内容,并对制订其他污染物环境空气质量标准的时间进行了规定
SO_2、NO_x 颗粒物和 Pb 限值指令	指令除规定了5种污染物的年均限值外,还规定了 SO_2 在1h、24h和冬季,NO_x 在1h,颗粒在24h时的平均值
苯、CO 限值指令	指令分别规定了环境空气中苯的年均值和CO的每天8h平均值的最大值
O_3 在空气中目标值的指令	指令的目的在于避免、预防或者减少对人体健康和环境的伤害。该指令从中期和长期两个时期分别制定了为了保护人体健康和植被的目标值

表 1.15　　　　　　　　　　　　固定源大气污染物排放标准

类　型	内　容
大型焚烧厂空气污染物排放限值指令	规定了 15 个成员国各自现有的大型焚烧厂 SO_2 和 NO_x 的最高排放量和在 1980 年基础上的减少率,适用固、液、气三种燃料时各自 SO_2、NO_x、粉尘的排放浓度限值
废物燃烧指令	规定水泥窑废物燃烧总尘 HCl、HF、现源和新源 NO_x、SO_2、TOC、CO 等污染物的日均和半小时均值排放限值等;固体、植被和液体燃料分别在 4 种情况燃烧废物时 SO_2、NO_x 和粉尘的日均排放浓度等
VOC_8 排放限值指令	目的是预防加油站汽油储藏和加油时挥发性有机物对大气的污染,规定了采取浮顶和反射物等手段来减少储藏罐的蒸发损失,以及回收在装载和运输过程中产生的 VOC_8
其他大气污染物排放指令	其他大气污染源,如来自农业源或者其他的大气污染物排放控制要求,均包括在综合污染预测与控制指令中

表 1.16　　　　　　　　　　　　移动源大气污染物排放标准

类　型	内　容
道路车辆指令	确立轻型车辆 CO、C_xH_y、SO_2 的排放标准,规定了不同质量、不同燃料机动车每 1km 排放的 CO、C_xH_y、NO_x 等的排放标准
非道路可移动机器指令	规定了非道路可移动机器(指柴油开凿机、推土机、前置装货机、后置装货机、压缩机等)CO、HC、NO_x 和颗粒物的排放限值;规定了批准使用农用或林用拖拉机的条件、尾气排放限值等

1.4.2.3　环境噪声标准体系

欧盟有关环境噪声的标准可分为:①户外使用设备噪声指令,如压缩机、塔式起重机、电焊发电机、发电机等 57 种户外使用设备噪声限值;②交通工具噪声指令,如机动车(汽车、摩托车)及排气装置、民用亚音速喷气式飞机和铁路噪声管理;③其他噪声指令,如娱乐船、家用电等。

1.4.2.4　固体废物标准体系

欧盟固体废物方面的管理标准可分为:①废物框架标准,包括废物、危险废物、进出欧盟及在欧盟内进行废物装运指令;②废物经营管理指令,包括废物填埋、废物焚烧和船舶废物与货物残渣港口接收设施指令;③特殊废物指令,包括废油处置、电池和蓄电池、包装物及包装废物、多氯联苯处置、报废车辆、废电器和电子设备指令等。

1.4.2.5　欧盟环境标准的制定程序

欧盟基础标准涉及环境保护的方方面面,具有普遍的指导性和强制性,如污染综合防治指令、环境影响评价与评估指令、环境财政基金、生态标签奖励方案、环境信息获取自由等。到目前为止,欧盟已经发布了 200 余项环境标准。欧盟环境标准的制定程序如图 1.10 所示。

1.4.2.6　欧盟环境标准的特点

综上所述,欧盟环境标准体系有如下特点:

(1)受欧盟条约中从属原则的限制,欧盟环境保护指令只有当在欧共体层面上比单一成员国能更好地实现其环境保护目标时,欧盟才制定相应的环境指令,因此环境标准数量较少。

(2)欧盟环境标准体系中,保护人类健康是环境质量标准的主要目标,充分体现了以

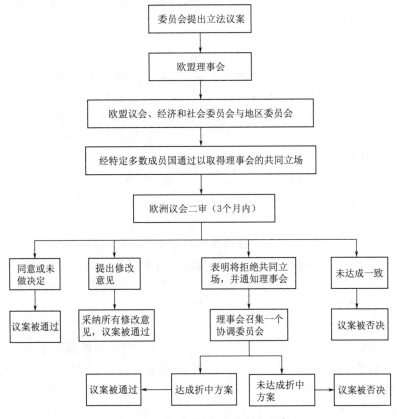

图 1.10　欧盟环境标准的制定程序

人为本和《欧洲联盟条约》保护人类健康的目标。

（3）在污染物排放标准中，水污染物排放标准主要针对具有毒性、持久性和生物蓄积性的危险物质，大气污染物排放标准主要针对对人体健康和动植物有严重影响的 SO_2、NO_x、粉尘、VOC 等污染物。噪声防治指令的主要目标是确保产品在欧盟内自由流通，并避免成员国不同噪声标准妨碍产品的自由流通。因此，欧盟有关环境噪声控制标准分户外使用设备噪声标准、交通工具噪声标准和其他噪声标准 3 类。关于废物、化学品及转基因制品、核安全与放射性废物方面的指令，其重点是针对危险废物、特殊废物、杀虫剂、危险品、装运放射性物质的环境管理做出规定。

（4）污染控制逐步转向综合控制，即由过去的保护单一环境介质转变为多项环境介质综合污染控制，并以最佳可得技术（BAT）为制定污染控制的主要依据。

1.4.2.7　欧盟环境指令的实施

环境指令只规定了欧盟总体上所要达到的环境目标，并未给出具体的实施方案，而成员国可以自由选择达到指令所规定目标的各种环保措施。在执行环境指令时可分为形式执行和实际执行两个阶段。形式执行是指在环境指令规定的期限（一般为 5 年）内，成员国参照执行或把指令转化为本国环境立法逐步实行，但如果成员国在规定期限仍未将环境指令转化为国内环境立法，环境指令将直接在成员国内强制执行。实际执行是指在环境指令得到形式执行后，成员国还必须保证真正达到环境指令规定的环境目标。

1.4.3 美国环境标准体系

美国环境标准的制定、颁布和实施以法律法规为治理环境的立足点。美国环境标准详细、复杂，不仅有技术数据，而且还规定了如何执行这些技术的条款及其他内容。例如未达到标准的地区，应限定达到配套控制技术，并能实现污染源的自我监测。美国《清洁空气法》《清洁水法》《资源保护回收法》和《宁静社会法》规定，对空气、水、噪声等污染物排放标准实施技术强制，而这种技术强制又直接与污染源控制技术挂钩。美国的联邦法律由联邦的部或机构制定，国会通过。美国环保局（USEPA）负责16部法律的执行，各州可以制定严于国家标准的州环境标准，并负责这些标准的实施，USEPA保留监督实施的权力。违反排放标准的污染源要受到法律处罚，处罚方式有：①行政处罚，主要针对轻微违法行为，分为责令改正和罚款（小额）；②民事执行，适用于法院，主要针对违法较重或过期不改正的，包括无限罚款和强制执行；③刑罚，针对严重违法行为，如坐牢和加倍罚款。由于美国各项环境保护的法律对环境标准的制定与实施的规定不尽相同，通过分析典型的《清洁空气法》《清洁水法》《资源保护回收法》和《宁静社会法》，可以了解美国关于环境标准运作的一般程序。

1. 大气环境标准

（1）美国大气环境标准制度。《清洁空气法》是美国第一部控制环境污染的主要法规，达到环境质量标准要求是其最终目标。1970年修正案中规定了美国空气污染控制的基本办法，由联邦政府制定国家空气质量标准和空气污染物排放标准，由各州政府按照法律的要求制订实施计划以使州的空气质量和空气中污染物的排放达到联邦标准。

（2）美国国家环境空气质量标准（NAAQS）。由美国环保局制定国家环境空气质量标准，各州制定本州执行和维持该标准的实施计划，并报环保局批准后作为法律强制执行，可分为一级标准和二级标准的制定。其中，一级标准是根据联邦环保局局长的判断，为保护公众健康而留有安全余地的环境要求水平；二级标准是根据联邦环保局局长的判断，使公共福利免遭已知或可预见的污染物不利影响而应要求的水平。国家环境空气质量标准包括对6项常见污染物的控制，每个标准值都与一定的取值时间相联系。美国国家环境空气质量标准对常见污染物标准值的规定见表1-17。

表1-17　　　　　　　　　　美国国家环境空气质量标准

污染物	一 级 标 准		二 级 标 准	
	标准值	平均时间	标准值	平均时间
CO	$10mg/m^3$	8h均值	无	
	$40mg/m^3$	1h均值		
铅	$0.15\mu g/m^3$	3个月均值	同一级标准	
	$1.5\mu g/m^3$	季平均值		
NO$_2$	$100\mu g/m^3$	年算术平均值	同一级标准	
颗粒(PM10)	$150\mu g/m^3$	24h均值	同一级标准	
颗粒物(PM2.5)	$15.0\mu g/m^3$	年算术平均值	同一级标准	
	$35\mu g/m^3$	24h均值		

污染物	一 级 标 准		二 级 标 准	
	标准值	平均时间	标准值	平均时间
O₃	0.075×10^{-6}（2008 年标准）	8h 均值	同一级标准	
	0.08×10^{-6}（1997 年标准）	8h 均值		
	0.12×10^{-6}	1h 均值（仅限于有限空间内）		
SO₂	0.03×10^{-6}	年算术平均值	0.5×10^{-6}（$1300\mu g/m^3$）	3h 均值

环境质量标准的实施过程中需要由 USEPA 设立空气质量控制区（air quality control region）。现已设立 247 个州内控制区和 263 个州际控制区，州内控制区由本州管理，州际控制区由有关州成立的联合委员会管理。

（3）大气污染物排放标准。根据美国《清洁空气法》规定，联邦环保局和州都可以制定排放标准。USEPA 在制定排放标准的同时，需要公布排放指南，其主要内容是达到排放标准所采用的最佳削减系统以及费用，并进行环境效益分析。美国在制定大气污染物排放标准时，是将常规污染物与有害大气污染物分开制定的。无论国家标准还是州的标准，排放标准均遵循"技术强制"原则，将排放标准建立在采用一定的先进技术所能达到的水平上，即强迫污染者采用先进工艺和污染控制技术来实现达标。

美国大气污染物排放标准颁布后，各州要向 USEPA 呈报标准的实施计划，批准之后该州就拥有标准实施的权利，但直接实施标准的权力仍由 USEPA 保留。这种双重执行机制的目的在于保证国家排放标准的有效实施。《清洁空气法》在 1990 年的修正案确定了一个在 USEPA 监督下实施大气污染物控制的许可证制度。通过许可证制度的推行，进一步保证了排放标准的实施。法律规定各州必须 3 年内向 USEPA 呈报州许可证计划，USEPA 在收到后 1 年内完成审批。获准的州就得到许可证管理执行权，可向污染源发放许可证。同时 USEPA 保留执行权和收授权的权力。

2. 水环境标准

美国在 1948 年制定了《联邦水污染控制法》，授权联邦公共卫生局对水污染状况进行调查，对公共污水处理厂提供贷款及咨询服务。1965 年通过《联邦水污染控制法》的修正案《水质法》，首次采用以州水质标准为依据的管理办法。1972 年，美国国会再次对《联邦水污染控制法》进行了大幅度修正，通过了修正案即《清洁水法》。《清洁水法》大大加强了联邦政府在控制水污染方面的权力，建立了由联邦制定基本政策和排放标准、由州政府实施的强制性管理体制。《清洁水法》采用了以污染控制技术为基础的排放限值和水质标准相结合的管理方法，改变了过去单纯以水质标准为依据的管理方法。这种改变使执法更有针对性、可行性和科学性，大大提高了在水污染控制方面的作用。《清洁水法》以基于污染控制技术的排放标准管理为主，以水质标准管理方法作为补充，基本确定了当代美国水环境和水污染排放标准体系。

（1）水环境标准体系。美国没有全国统一的水质标准，USEPA 只负责建立各类水质基准，各州根据 USEPA 提供的水质基准，并结合水体具体功能制定各州和流域的水质标准，即水环境质量标准。《清洁水法》要求各州根据水域现在和将来的用途，对州内水域进行分类并制定相应的环境水质标准，同时制定达到环境水质标准的计划。《水质法》规定水质标准由 3 个组成部分构成：①水域现在和将来的用途；②依水域用途建立的水质基准；③达到水质标准的计划，包括建设计划、预防措施、监督和监测等。

水环境标准制定的基准应能准确反映下列内容：①水体中存在的污染物对健康和福利所产生的可识别的影响的类型和程度；②污染物或其二次产物的迁移转化；③污染物对水生态系统的影响。州政府或州水污染控制机构每 3 年对环境水质标准审查一次。审查过程中举行公众听证会，审查结果通知 USEPA。

（2）美国水污染排放标准体系。美国水污染排放标准适用于所有向可通航水域排放污染物的点源。排放标准可分为直接排放源执行的排放限值、公共处理设施执行的排放限值和间接排放源（排入城市污水处理厂）执行的预处理标准。《清洁水法》将水污染物分为 3类，对不同类别的污染物采取不同的控制对策，制定不同的排放标准，从而形成排水标准体系，如图 1.11 所示。

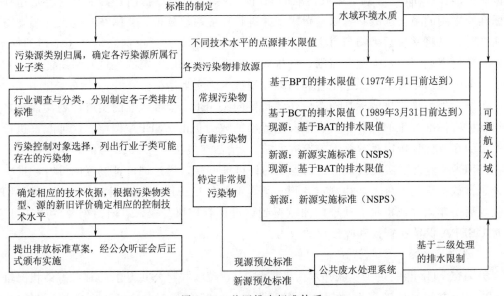

图 1.11　美国排水标准体系

BPT—最佳可行控制技术；BCT—最佳常规污染物控制技术；

BAT—最佳可获得技术；NSPS—新源绩效标准

3. 固体废物处置场规范

美国固体废物处置场规范在 1991 年 10 月 9 日由 USEPA 颁布，据统计 1990 年全美固体废物的产生量为 1.95 亿 t，2000 年为 2.2 亿 t。大部分固体废物采取填埋的方式处置，但可用于填埋的土地是有限的，且填埋废物可能污染地面水，填埋的选址十分困难。因此，必须采取有效的预防性措施减缓因填埋废物而产生的污染。为此 USEPA 对固体废物填埋场制定了技术规范，该规范包括选址限制、运行规范、设计标准、最终覆盖要求与关闭后的维护、监测要求。

4. 噪声污染控制法规与标准

美国的噪声污染控制是从控制飞机噪声污染开始的。1968 年，美国颁布了《飞机噪声削减法》，由联邦航空局（FAA）实施。为了协调联邦噪声削减活动，1970 年 USEPA 成立了噪声削减和控制办公室（ONAC），主要负责确定噪声源，控制噪声排放标准，推进州和地方噪声控制计划，促进教育和研究等工作，1972 年，《噪声控制法》标准体系将"改善环境使所有美国人从危害他们健康和福利的噪声中解脱出来"作为一项国家政策，这项法律在联邦和州、地方政府之间分配权利，联邦的首要职责是噪声源排放控制，州和其他行政部保留对噪声源的使用和对环境允许噪声水平进行控制的权利，根据上述法律授权，联邦政府负责主要噪声源排放标准的制定，由州或地方政府自行负责区域环境噪声标准。

（1）噪声污染标准体系。为了联邦噪声控制的需要，确保联邦对州和地方的协助和指导，在留有适当安全余量前提下，为保护公众健康和福利，针对特定区域和不同条件，《噪声控制法》要求美国环保局公布数据，说明可达到并保持的环境噪声水平。为完成此项要求，USEPA 于 1974 年 3 月发表了《在留有适当安全余量前提下为保护公众健康和福利所需的环境噪声水平》，该文通过大量的分析，确定了多种情况下保护公众健康和福利的噪声水平，但 USEPA 明确声明："本文被批准作为一般性应用，不构成标准、规范或法规。"

（2）噪声排放标准。美国有关法律要求联邦政府提供统一的噪声控制标准，以用来减少公众在有害噪声环境中的暴露，但建立和实施这些标准的职责却分配在多个联邦机构中，如 USEPA、FAA 以及职业安全和健康管理局（OSHA）等。噪声控制标准包括：飞机与机场、州际公路运输、铁路、工业生产活动、中重型货车、摩托车和机动脚踏两用车、可移动空气压缩机。同时联邦政府还资助在噪声暴露区开展住房计划。联邦政府对不同系统主要噪声源的管理采用了不同管制，详细标准规定如图 1.12 所示。

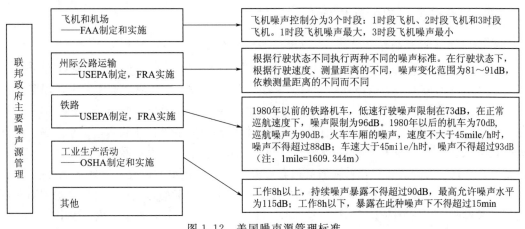

图 1.12 美国噪声源管理标准

FRA—联邦公路局

5. 美国环境标准体系的特点

美国环境标准体系的制定和实施过程具有以下特点：

（1）环境标准按照环境法规进行管理。美国环境标准根据专门的环境法律授权，由 USEPA 独立制定发布，而且环境标准制定决策人员是环保局工作人员。环境标准是各类环境管理业务制度的基本组成部分。USEPA 不是将环境标准集中到专门的标准机构进行管理，而是分散在各相关业务司进行研究和制定。在美国没有统一的环境标准，而是根据法律条款的不同规定，制定发布不同类型的环境标准。USEPA 制定标准与国家标准机构没有关系，体现了环境标准的法规属性。

（2）实行公众参与听证制度。进入 20 世纪 90 年代，USEPA 在编制排放限值和标准过程中，特别是提出排放限值和标准草案后，必须依法征求公众意见，包括举行各种听证会，乃至在各方意见无法取得一致时进行诉讼，由法院作出裁决。美国环保局最终颁布的排放限值和标准必须载入联邦法规登记才具有法律效力，否则只能是行政管理规定，在法律上无约束力。与此同时，USEPA 必须提出排放限值和标准的编制文件（相当于编制说明），说明法律依据、行业概况，确定排放限值和标准的技术依据、费用分析，以及其他非水质影响（如空气污染、污泥产生量、能源消耗等）。

（3）标准的实施以排污交易、许可证制度紧密结合。美国制定环境水质标准和废水排放标准时不是力求完美，而是着重其实用性，考虑其在职能上互为补充。同时在实施中水环境标准也不是孤立起作用，而是依赖法律制度（如许可证制度）和市场手段（如排放权交易）等，由此构成一个完整的制定和实施体系。

我国现行环境标准体系是由国家标准、国家行业标准和地方标准三级构成的。按照《中华人民共和国环境保护法标准管理办法》的规定，将国家环境标准分为环境质量标准、污染物排放标准、环境基础标准、方法标准和环境样品标准五类。

1.5　能源利用与环境保护

1.5.1　能源开发引起的环境问题

1. 煤炭开发引起的环境问题

（1）煤矿开采引起地面塌陷。岩层深处的煤采用地下开采方法。当煤层被开采挖空后，上覆岩层的应力平衡被破坏，导致上岩层的断裂塌陷，甚至地表整体下沉。塌陷下落的体积可达开采煤炭的 $60\%\sim70\%$。地表塌陷直接导致了地面建筑的损坏；影响居民的居住和生活，影响农田耕种，造成粮食减产；地表沉陷后，较浅处雨季积水、旱季泛碱，较深处则长期积水而形成湖泊；塌陷裂缝使地表和地下水流紊乱，地表水漏入矿井；还会使城镇的街道、建筑物遭到破坏。开采沉陷盆地会形成地表常年积水的情况，导致土地的盐碱化、荒漠化等。煤矿开采引起的地面塌陷是煤矿矿区一种极为普遍的地质灾害。地面塌陷对矿区的开发和农业生产环境的危害都是非常大的。随着采煤量的增加，塌陷面积将逐步扩大。

（2）煤矿开采引起工程地质损害。接近地表的煤层采用露天开采方法。露天采煤时，先挖去某一狭长地段的覆盖土层，采出裸露的煤炭，形成一道地沟。然后将紧邻狭长地段的覆盖土翻入这道地沟，开采出下一地段的煤炭，以此类推。其结果为，平原矿区采煤后地表形成一道道交错起伏的脊梁和洼地，形如"搓板"；丘陵矿区采煤后出现层层"梯田"。露天煤矿开采后使植被遭到破坏，地表丧失地力，地面被污染，水土流失严重，整个生态平衡被打破。煤矿开采中引起的工程地质损害主要是因为矿物被开采后，上覆岩层内部剧烈移动变形传递到地表，破坏地表斜坡的原始平衡导致的。常常表现为地表裂缝、塌陷坑、岩溶塌陷、山体滑坡、崩塌、冲击地压、矿震、煤与瓦斯突出等灾害。

（3）煤矿开采引起水环境破坏。煤炭开采除了造成采空塌陷外，还危及地下水资源，会引起水迁移运动所造成的各种水环境破坏（如渗漏、水土流失、冲刷、污染等），加剧缺水地区的供水紧张。随着煤炭开采强度和延伸速度的不断加大与提高，矿区地下水位大面积下降，使缺水矿区供水更为紧张，以致影响当地居民的生产和生活。同时，大量地下水资源因煤系地层破坏而渗漏到矿井并被排出，这些矿井水被净化利用的不足 20%，对矿区周边环境又造成了新的污染，严重影响了社会经济的可持续发展。地下水位的严重下降也使区域内的作物大面积减产，抗御自然灾害能力下降，严重危害农业生产。水环境的破坏又将造成地面植被破坏，水土流失加剧，大面积山体滑坡，影响矿区及周围的地下水与地表水水质，导致矿区周围生态环境恶化等。

煤炭开采过程中的矿井水、洗煤水和矸石淋溶水等未经完全净化就被直接排放，对四周水环境造成了严重污染。煤炭中通常含有黄铁矿（FeS_2），与进入矿井内的地下水、地表水和生产用水等生成稀酸，使矿井的排水呈酸性。此外，矿区洗煤过程中也排出含硫、酚等有害污染物的酸性水。大量的酸性废水排入河流，致使河水污染。

（4）煤矿开采引起大气污染。煤矿开采所引起的大气污染主要有大气烟尘污染和有害气体污染。大气烟尘主要来自于煤矿爆破、矿山矿物运输、燃煤过程中排放的煤烟、粉尘。烟尘中大量的炭黑聚集在一起，吸收太阳的热能，加热周围空气，形成降雨，从而改变区域大气环流和水循环。矿山有害气体主要是以 SO_2、NO_x、CO_2 为主的化合物以及矸石山自燃产生的各种有害气体，给矿区的空气质量及人们的身体健康带来极大的危害。

煤的开采、装卸、运输过程中，难免有大量细小的煤灰、粉尘飞扬，使矿区空气中的固体颗粒悬浮浓度增大，严重危害人体健康及矿区生态环境。开采出来的煤堆或地壳煤层经常会自动地缓慢燃烧。煤的自燃不仅浪费有价值的资源，而且会释放 CO、硫化物等有害气体，严重污染空气。

（5）噪声污染。煤矿区地面及井下各种噪声大、振动强烈的设备多，如空气压缩机、风机、凿岩机、风镐、采煤机等，据华北一些煤矿的调查测试，90dB 以上的设备占 70%，其中 90～100dB 的占 45%，100～130dB 的占 25%。因此，矿山机械噪声被认为是矿区声环境污染的首要原因；其次，伴随着煤矿的不断发展，煤矿与外界的联系日益密切，车流量不断增加，载货汽车的吨位不断提高，交通噪声逐渐成为矿区噪声污染的又一主要原因。这种污染不仅损害作业职工的身心健康，对附近的居民区也有严重的影响。

（6）煤矿开采产生固体废物。煤矿生产过程中伴有大量的煤矸石外排，其利用率低，大量堆积构成煤矿矿区特有的固体废物污染，给矿区的环境治理带来极大困难。

2. 石油和天然气勘探开采对环境的影响

（1）对土地的毁坏。采煤、采油都要占用和浪费大量的土地资源。采油的钻台占地是自身设备的几十倍，对土地的毁坏是不可逆的。气田开采过程中产生的底层水，含有硫、锂、钾、溴等元素，主要危害是使土壤盐渍化。地面下沉，致使山体滑坡，地震的可能性大大增加，地面建筑倒塌的危险大大增加。

（2）对地下水的破坏。油气加工利用过程中会产生一些炼油废水、废气（含 SO_2、H_2S、NO_x、烃类、CO 和颗粒物废渣）、催化剂、吸附剂反应后产物，油田勘探开采过程中往往出现井喷事件，产生大量的采油废水、钻井废水、洗井废水以及处理人工注水产生的污水，会造成地下水位降低，水质变差等污染。

（3）对空气的污染。油气开采过程中排放的有害气体会对空气造成污染。

1.5.2 能源利用过程中引起的环境问题

1. 城市大气污染

一次能源利用过程中产生大量的 CO、SO_2、NO_x、TSP 及多种芳烃化合物，已对一些国家的城市造成了十分严重的污染，不仅导致了对生态的破坏，而且损害人体健康。欧盟由于大气污染造成的材料破坏和农作物、森林与人体健康损失费用每年超出 100 亿美元。我国大气污染造成的损失每年达 120 亿元人民币，如果考虑一次能源开采、运输和加工过程中的不良影响，则造成的损失更为严重。以采煤而言，世界每开采 1×10^4 t 煤，受伤人数为 15～30 人，破坏土地 200hm^2（露天矿），排出矿坑废水达 1×10^5 t。

2. 温室效应增强

工业革命前，大气中的 CO_2 按体积计算是每 100 万大气单位中有 280 个单位的 CO_2。工业革命后，由于大量化石能源的燃烧，大气 CO_2 浓度不断增加，1988 年已达到 349 个单位，如果大气中 CO_2 浓度增加一倍，全球平均表面温度将上升 1.5～3℃，极地温度可能上升 6～8℃。这样的温度可能导致海平面上升 20～140cm，将对全球许多国家的社会生产、经济产生严重影响。

3. 酸雨

化石能源的燃烧产生的大量 SO_2 和 NO_x 等污染物通过大气传输，在一定条件下形成大面积酸雨，改变酸雨覆盖区的土壤性质，危害农作物和森林生态系统，改变湖泊水库的酸度，破坏水生生态系统，腐蚀材料，造成重大经济损失。酸雨还导致地区气候改变，造成难以估量的后果。

4. 核废料问题

核能技术尽管在反应堆方面已有了安全保障，但是，世界范围内的民用核能计划的实施，已产生了上千吨的核废料。这些核废料的最终处理问题并没有完全解决。这些废料在数百年里仍将保持着有危害的放射性。

1.5.3 能源与环境协调发展

能源的大量使用构成了能源环境问题。在能源与环境的关系中，能源对环境具有消极作用时，环境对能源也具有制约关系。能源与环境必须协调发展，其实质是要以环境保护作为制约条件促使能源的开发、加工、利用的不断合理化、最优化，达到既能满足社会经济发展对能源不断增长的需求，又能保证能源对环境的积极影响的最佳状态。

能源与环境关系的形成有以下原因：①能源消耗的全球性增长；②理想燃料的迅速减少；③能源的开发和利用所造成的环境破坏。

由于上述三个原因，预计能源问题在今后会有一个转折，各国在这一转折中都要做到两个适应：一是适应较高的能源代价，保证做到合理地、无浪费地使用不可再生能源；二是能源多样化，以适应环境所允许的能源构成，以此来解决能源的需求问题。环境问题将成为决定能源政策的主要支配因素之一。随着能源需求量的增大，两者的关系将更加密切，直到清洁能源充分满足人类需要为止。

环境对能源不但有制约的一面，更有促进能源开发的一面。从某种意义上说环境问题是由于能源和资源没有得到合理利用而造成的。在条件不变的情况下，能源利用率的提高程度与环境污染的减轻程度是成正比的，污染物作为资源回收的比率与环境污染减轻程度也是成正比的。因此，提高能源利用率和资源回收率就会使环境污染程度相应下降。

据 2016 年世界一次能源消耗占比排名，我国一次能源消费总量排名第一。但产品的能源和资源单耗高，废弃物排放多，每消耗 1t 标准煤所提供的社会产品仅为经济发达国家的 25%～50%。因此，提高能源利用率和资源回收率就显得更为重要。

思　考　题

1. 什么是能源？可供人类利用的能源有哪些？如何进行分类？
2. 简述全球能源资源的现状和发展趋势。
3. 简述我国能源利用现状及存在的问题。
4. 什么是环境问题？简述其分类和发展历程。
5. 论述能源开发利用对环境的影响。

第2章 常规能源

已被人类广泛利用并在人类生活和生产中起重要作用的能源，称为常规能源，传统能源通常是指煤炭、石油、天然气、水能和核（裂变）能。其中煤炭、石油、天然气和核（裂变）能等埋藏于地壳中的不可再生能源称为化石燃料，水能为可再生能源。

2.1 煤 炭

煤炭是古代的植物体由于地壳运动而埋没地下，在适宜的地质环境中经过漫长年代的演变而成的，这种复杂的演变过程称为成煤作用。煤炭是地球上探明储量最丰富的化石能源，是我国的基础能源和重要原料，广泛地应用于国民经济的各个领域，在我国的能源结构中，煤占70%以上，为经济发展和人民生活水平的改善提供了可靠的保证。

2.1.1 煤炭的形成

在地球的演变过程中，并不是每个地质时代、每个地区都可以形成煤炭。煤田的形成必须具备以下条件：

（1）繁茂的植物以及植物死亡后大量残骸的堆积。

（2）气候温暖潮湿以及为植物的繁茂生长创造的有利条件。

（3）适宜植物残骸堆积的地形，如广阔的滨海、湖泊、沼泽地、盆地和地堑等低洼地带，有利于植物群落的发展及植物残骸浸没水中受厌氧菌作用发生变化并保存下来。

（4）地壳运动，如地壳缓慢下降或海平面升高，使植物残骸容易积聚，并逐渐被泥沙等沉积物覆盖，从而发生一系列生物化学和地球化学作用，逐渐形成煤炭。

2.1.2 煤炭的分类

据成煤物质及成煤条件，可以把煤分成腐殖煤、腐泥煤和残殖煤三大类。腐殖煤是高等植物残体经过成煤作用形成的；腐泥煤是死亡的低等植物和浮游生物经过成煤作用形成的；残殖煤是由高等植物残体中最稳定的部分（如孢子、角质层、树脂、树皮等）所形成的。腐殖煤是自然界分布最广、蕴藏量最大、用途最多的煤，因此它是人们研究的主要对象。腐殖煤成煤作用分为泥炭化阶段和煤化作用阶段两个阶段。根据煤化程度不同，腐殖煤可分为泥煤、褐煤、烟煤和无烟煤四大类，泥煤煤化程度低，无烟煤煤化程度最高。

依据煤的工业用途、工艺性质和质量要求进行的分类称为工业分类法，工业分类是为了统一使用规格，合理地使用煤炭资源。根据煤的元素组成进行、分类，则称为科学分类法，最有实用意义的是将煤的成因与工业利用结合起来，以煤的变质程度和工艺性质为依据的技术分类法。

1956 年，联合国欧洲经济委员会（ECE）煤炭委员会在国际煤分类会议上提出了国际硬煤分类表，其分类方法是以挥发分为划分类别的标准，将硬煤（烟煤和无烟煤）分成 10 个级别，以黏结性指标（自由膨胀序数或罗加指数）将硬煤分成 4 个类别，又以结焦性指标（奥亚膨胀度或葛金焦型）将硬煤分成 6 个亚类型，每个煤种均以三位阿拉伯数字表示，将硬煤分为 62 个煤类。

国家标准局发布的《中国煤炭分类》（GB 5751—2009）将我国煤炭分为 14 类，见表 2.1。焦炭的黏结性与强度称为煤的胶结性，是煤的重要特性指标之一。根据煤的胶结性又可以把煤分为粉状、黏结、弱黏结、不熔融黏结、不膨胀熔融黏结、微膨胀熔融黏结、膨胀熔融黏结和强膨胀熔融黏结 8 类。

表 2.1   我 国 煤 的 分 类

序号	煤种	符号	挥发分 V_{daf}/%	黏结指标 G	发热量 Q_{net}/(MJ·kg^{-1})	着火温度/℃
1	无烟煤	WY	≤10.0		>20.9	>700
2	贫煤	PM	>10.0~20.0	≤5	>18.4	600~700
3	贫瘦煤	PS	>10.0~20.0	>5~20		
4	瘦煤	SM	>10.0~20.0	>20~65		
5	焦煤	JM	>20.0~28.0	>50~65		
6	肥煤	FM	≧10.0~37.0	>85		
7	1/3 焦煤	1/3 JM	>28.0~37.0	>65		
8	气肥煤	QF	>37	>85	>15.5	400~500
9	气煤	QM	>28.0~37.0	>50~60		
10	1/2 中黏煤	1/2 ZN	>20.0~37.0	>30~50		
11	弱黏煤	RN	>20.0~37.0	>5~30		
12	不黏煤	BN	>20.0~37.0	≤5		
13	长焰煤	CY	>37.0	≤35		
14	褐煤	HM	>37.0	≤30	>11.7	250~450

表 2.1 中，干燥无灰基挥发分 V_{daf} 和黏结性指标 G 为分类指标。事实上，对于 G＞85 的煤，还需要其他的辅助指标进行分类，对长焰煤与褐煤的划分也需要借助辅助指标。

化工领域，气煤、肥煤、焦煤、瘦煤主要用于炼焦，无烟煤也用于化工。对于动力用煤，一般根据 V_{daf} 的大小简单划分为无烟煤、贫煤烟煤和褐煤。

2.1.3　煤的工业分析和元素组成

2.1.3.1　煤的工业分析

为了正确地使用煤资源，对不同产地和矿井的煤都必须进行煤的工业分析。煤的工业分析是在规定条件下，测定煤中的水分、挥发分固定碳和灰分四种成分。从广义上说，煤的工业分析还包括全硫和发热量。

（1）水分。煤中的水分分为外在水分和内在水分，合称为全水分。外在水分又称表面水分，是指在开采、运输、洗选和储存期间，附着于颗粒表面或存在于直径大于 $5 \sim 10\mu m$ 的毛细孔中的外来水分。这部分水分变化很大，而且易于蒸发，可以通过自然干燥方法去除。一般规定：外在水分是指原煤试样在温度为 $(20\pm1)℃$、相对湿度为 $(65\pm1)\%$ 的空气中自然风干后失去的水分。

（2）挥发分。失去水分的干燥原煤试样在隔绝空气的条件下气态物质占原煤试样质量的百分数称为挥发分。挥发分主要由碳氢化合物、H_2、CO、H_2S 等可燃气体和少量 O_2、CO_2 和 N_2 组成；煤中挥发分溢出后，如与空气混合不良，在高温缺氧条件下易化合成难以燃烧的高分子复合烃，产生炭黑，冒出大量黑烟。

挥发分并不是以固有形态存在于煤中的，而是煤被加热分解后析出的产物。不同煤化程度的煤，挥发分析出的温度和数量不同。煤化程度浅的煤，挥发分开始析出的温度就低；在相同的加热时间内，挥发分析出的数量随煤的煤化程度的提高而减少。挥发分析出的数量除决定于煤的性质外，还受加热条件的影响，加热温度越高，时间越长，则析出的挥发分越多。因此，挥发分的测定必须按统一规定进行，即将失去水分的煤样在 $(900\pm10)℃$ 温度下隔绝空气加热 7min，试样所失去的质量占原煤试样质量的百分数，即为原煤试样挥发分含量。

（3）固定碳和灰分。原煤试样去除水分、挥发分之后剩余的部分称为焦炭，它由固定碳和灰分组成。焦炭在 $(850\pm10)℃$ 温度下灼烧 2h 后，固定碳基本烧尽，剩余的部分就是灰分，其所占原煤试样的质量分数，即为煤的灰分含量；在灼烧过程中失去的质量占原煤试样的质量分数，即固定碳的含量。

灰分是煤中以氧化物形态存在的矿物质，包括原生矿物质、次生矿物质和外来矿物质。原生矿物质是原始成煤植物含有的矿物质，它参与成煤，很难除去，一般不超过 $1\% \sim 2\%$；次生矿物质为成煤过程中由外界混入到煤层中的矿物质，通常这类矿物质在煤中的含量在 10% 以下，可用机械法部分脱除；外来矿物质为采煤过程中由外界掉入煤中的物质，它随煤层结构的复杂程度和采煤方法而异，一般为 $5\% \sim 10\%$，最高可达 20% 以上，可以用重力洗选法除去。除去全部水分和灰分的煤被称为干燥无灰基煤。

2.1.3.2　煤炭的元素分析成分及其特性

煤主要由有机质和无机矿物质的混合物组成，此外还有含量不同的水分。煤中有机质是由原始植物质演变而来，它是植物生长过程中吸入植物组织内部的溶于地下水中的矿物质，主要由 C、H、O 三种元素组成，此外还有少量的 N、S 及微量的 P、Cl 等元素。由于各种煤的 C、H、O、N、S 等主要元素的比例不同，导致煤的组成结构不同。通常所说的元素分析是指测定煤中 C、H、O、N、S、灰分（A）和水分（M）的测定。煤中 C、H、O、N、S 的含量是用直接法测出的，O 含量一般用差减法获得。

1. 煤的元素分析成分

（1）C。C 是煤中主要可燃成分，燃料中的 C 多以化合物形式存在，在煤中占 $50\% \sim 95\%$。碳完全燃烧时，生成 CO_2，纯 C 的发热量为 34.1MJ/kg；不完全燃烧时生成 CO，此时的发热量仅为 9.2MJ/kg。C 的着火与燃烧都比较困难，因此含碳量高的煤难以着火和燃尽。

（2）H。H 是煤中重要的可燃成分，煤中 H 的质量分数一般不超过 6%，但它的原子分数仅稍低于 C 的原子分数。完全燃烧时，H 的发热量为 120.3MJ/kg，是纯 C 的发热量的 4 倍。煤中氢含量一般随煤的变质程度加深而减少。因此变质程度最深的无烟煤的发热量还不如某些优质的烟煤。此外，煤中氢含量的多少还与原始成煤植物有很大的关系，一般由低等植物（如藻类等）形成的煤，其氢含量较高，有时可以超过 10%；而由高等植物形成的煤，其氢含量较低，一般小于 6%。H 十分容易着火，燃烧迅速。

（3）S。S 是煤中的有害成分，S 完全燃烧时的发热量为 9.0MJ/kg。煤中 S 有有机硫和无机硫之分。有机硫来源于成煤植物的蛋白质，主要由硫醇、硫化物及二硫化物组成，偶尔有单质存在，在煤中分布不均匀，难以用洗选方法脱除，无机硫则多以矿物杂质的形式存在于煤中，绝大部以黄铁矿的形式存在，可以用洗选方法脱除。按所属的化合物类型分为硫化物硫和硫酸盐硫。煤中 S 的含量与成煤时沉积环境有关，在各种煤中，S 的含量一般不超过 1%～2%，少数煤的硫含量可达 3%～10% 或更高。据统计，我国煤中的 S 有 60%～70% 为无机硫，30%～40% 为有机硫。

无机硫燃烧后的产物是 SO_2 和 SO_3，在与水蒸气相遇后会生成亚硫酸和硫酸，引起大气污染以及锅炉尾部受热面的低温腐蚀。此外，煤中的黄铁矿质地坚硬，在煤粉磨制过程中将加速磨煤部件的磨损，在炉膛高温下又容易造成炉内结渣。

（4）N。煤中 N 含量较少，仅为 0.5%～2%。煤中 N 主要来自成煤植物的蛋白质，煤化程度越高，氮含量越低。在燃料高温燃烧过程中会生成 NO_x，引起大气污染。在炼焦过程中，氮能转化成氨及其他含氮化合物。

（5）O。O 是煤中不可燃成分，煤中的 O 多以含氧官能团的形态存在，含氧量随煤化程度的提高而降低。燃烧中由于赋存状态的变化，起助燃作用，与煤中的 H 元素结合生成水，所以 O 不但不能产生热量，反而吸收热量。

2. 煤的元素分析成分基准

为了应用的方便，煤的元素分析成分分为多种基准表示，即元素成分的不同内容。

（1）收到基。以收到状态的煤为基准，计算煤中全部成分的组合称为收到基，即

$$C_{ar} + H_{ar} + O_{ar} + N_{ar} + S_{ar} + A_{ar} + M_{ar} = 100\% \tag{2-1}$$

式（2-1）中各项为元素分析成分。

（2）空气干燥基。自然干燥失去外在水分的成分组合称为空气干燥基，即

$$C_d + H_d + O_d + N_d + S_d + A_d = 100\% \tag{2-2}$$

（3）无水基。空气干燥基以无水状态的煤为基准的成分组合称为无水基，即

$$C_{daf} + H_{daf} + O_{daf} + N_{daf} + S_{daf} = 100\% \tag{2-3}$$

（4）干燥无灰基。以无水无灰状态的煤为基准的成分组合称为干燥无灰基，即

$$C_{zz} + H_{zz} + O_{zz} + N_{zz} + S_{zz} = 100\% \tag{2-4}$$

将煤中的收到基水分、硫分、灰分折算到其发热量称为相应的折算成分，即

$$W_{zs} = 41.9 \frac{W_{ar}}{Q_{net,ar}} \times 100\% \tag{2-5}$$

$$S_{zs}=41.9\frac{S_{ar}}{Q_{net,ar}}\times100\% \qquad (2-6)$$

$$A_{zs}=41.9\frac{A_{ar}}{Q_{net,ar}}\times100\% \qquad (2-7)$$

式中　W_{zs}——收到基水分发热量折算成分；

　　　　S_{zs}——硫分发热量折算成分；

　　　　A_{zs}——灰分发热量折算成分。

对于 $W_{zs}>8\%$、$S_{zs}>0.2\%$ 及 $A_{zs}>4\%$ 的煤分别称为高水分、高硫分及高灰分煤。

3. 煤的发热量

煤的发热量是指单位质量的煤完全燃烧时所放出的全部热量，以 kJ/kg 或 MJ/kg 表示。根据燃烧产物中水的状态不同，煤的发热量可分为高位发热量和低位发热量。

煤的高位发热量是指 1kg 煤完全燃烧时所产生的热量，其中包含煤燃烧时所产生的水蒸气的汽化潜热；在高位发热量中扣除全部水蒸气汽化潜热后的发热量，称为低位发热量。煤的发热量的大小因煤种不同而不同，C 是煤在燃烧过程中产生热量的重要元素，煤中含碳量随煤化程度的加深而增高，例如泥炭含碳量仅 60% 左右，而无烟煤含碳量则在 93% 以上。煤的发热量通常采用实验测定，测定装置被称为氧弹热量计，也可以通过元素分析或工业分析的结果估算。

煤的发热量与煤种有关，为了工业应用的方便，将低位发热量为 29310kJ/kg 的煤称为标准煤。

2.1.4　煤炭资源

根据 2017 年英国石油公司（BP）对世界能源统计报告资料，全球煤炭的探明可采储量为 1.598×10^{12} t，表 2.2 为 2016 年全球主要国家煤炭资源探明储量和所占比例。

表 2.2　　　　　　　　　　**2016 年全球主要国家煤炭资源探明储量和所占比例**

国　　家	煤炭储量/（$\times10^8$ t）	比例/%
美国	2516	15.7
中国	2440	15.3
澳大利亚	1448	9.1
俄罗斯	1604	10.0
印度	948	5.9
德国	362	2.3
哈萨克斯坦	256	1.6
波兰	241	1.5
印度尼西亚	256	1.6
上述合计	10071	63
全球总计	15980	100

我国煤炭资源绝对值数量十分可观。2015 年我国煤炭探明储量为 1.5663×10^{12} t，见表 2.3。

表 2.3　　　　　　　　　　　　2015 年我国煤炭资源总量分区统计

区　域	西南	华北	西北	华东	东北	中南	合计
资源总量/($\times 10^8$ t)	1410	7674	4699	940	470	470	15663
比例/%	9	49	30	6	3	3	100

其中，不同煤种的储量比例见表 2.4。

表 2.4　　　　　　　　　　　　我国不同煤种的储量比例　　　　　　　　　　　　%

炼　焦　用　煤					非　炼　焦　用　煤						合计
气煤	肥煤	焦煤	瘦煤	其他	贫煤	无烟煤	弱黏煤	不黏煤	长焰煤	褐煤	其他	
14	3.25	10	4	0.75	6	9	2	13	12	13	13	100

我国煤炭储量的平均硫分为 1.1%，硫分小于 1% 的低硫、特低硫煤占 63.5%，主要在华北、东北、西北和华东的部分区域；含硫量大于 2% 的占 16.4%，主要在南方、山东、山西、陕西和内蒙古西部的部分区域。

我国煤炭的灰分普遍偏高，一般为 15%～20%，灰分低于 10% 的特低灰煤占全国储量的 15%～20%，主要在大同、鄂尔多斯等区域。

2.1.5　煤炭对环境的影响及洁净煤技术

2.1.5.1　煤炭利用对环境的影响

1. 煤矿开采对水资源的影响

（1）对地表及地下水系的污染。煤矿开采涉及对地下水的疏干和排泄。由于地下水的不断疏干和排泄，必然导致地下水位大面积、大幅度下降，矿区主要供水水源枯竭，地表植被干枯，自然景观破坏，农业产量下降，严重时可引起地表土壤沙化。地表水系的污染往往是显而易见的，相对容易治理。而地下水的污染具有隐蔽性且难以恢复，影响较为深远。由于地下水的流动较为缓慢，仅靠含水层本身的自然净化，则需长达几十年甚至上百年的时间，且污染区域难以确定，容易造成意外污染事故。

（2）煤中通常含有黄铁矿稀酸，使矿井排水呈酸性。洗煤厂也排出含硫、酚等有害污染物的黑水，煤矿废水量常常是采煤量的数倍。大量酸性废水排入河流，致使河水污染。

2. 煤矿开采对土地资源的影响

引起矿区土地沉陷。煤层是层状沉积矿床，厚度相对较小，单位面积生产能力低，在矿山开采过程中，井下形成大量采空区，顶板冒落、岩层移动后，造成地面沉降，在地表形成低洼地。有的由于地表潜水位较浅，在低洼处形成沼泽地或积水池，有的表现为既深又宽的裂缝，形成严重的山体滑坡隐患。沼泽地或积水池、山体滑坡的形成，使矿区耕地减少或受到破坏，生态环境也受到严重影响。

3. 煤炭开采对大气环境的影响

煤炭开采导致废气排放，危害大气环境。因煤炭开采产生的废气主要指矿井气体和地面煤矸石山自燃释放的废气。矿井气体的主要成分甲烷是一种重要的温室气体，其温室效应是 CO_2 的 20 倍。据统计，我国煤矿开采排放的气体量每年高达 70 亿～90 亿 m^3，对环境的污染十分严重，危及大气层、森林、农作物和人类自身。同时，瓦斯井下爆炸事故频繁发生，造成严重的生命和财产损失。矿区地面矸石山自燃放出大量 SO_2、CO_2、CO 等有毒、有害气体，严重影响着大气环境并直接损害了周围居民的身体健康。煤矸石产出量很大，其排放量约占煤矿原煤产量的 15％～20％。据不完全统计，我国国有煤矿约有矸石山 1500 余座，历年积累量 30 亿 t。

4. 煤炭运输对环境的影响

在我国，由于煤炭生产基地远离消费用户，导致了"北煤南运、西煤东运"的长距离煤炭运输格局。运输中产生的煤尘飞扬，既损失大量煤炭，又污染沿线周围的生态环境。

2.1.5.2　洁净煤技术

煤炭是目前世界上主要的能源，煤炭开发利用严重地污染了人们赖以生存的环境，因此煤炭的清洁开发和利用是摆在全人类面前的紧迫问题。

洁净煤技术是旨在减少污染和提高效益的煤炭加工、燃烧、转换和污染控制新技术的总称。洁净煤技术于 20 世纪 80 年代中期兴起于美国，迄今为止，美国已投入了几十亿美元，已经完成或正在进行几个洁净煤技术的研究、开发与示范项目，并在先进的燃煤发电系统和液体燃料替代方面取得了重大进展。欧盟、日本、澳大利亚也各自进行洁净煤研究、开发，并相继推出实施计划。

洁净煤技术的构成有以下几个方面。

1. 燃烧前处理

(1) 选煤。包括常规选煤、高效物理选煤、化学选煤、微生物脱硫，其环境特性中等—较差，节能率达 10％，已实现商业化，属于优先发展的技术。

(2) 型煤。其环境特性中等—较差，属于优先发展的技术。包括工业型煤（节能率达 20％，处于示范过程）、民用型煤（节能率达 20％，已实现商业化）。

(3) 水煤浆。环境特性好，已实现商业化。

2. 燃烧中处理

(1) 低污染燃烧。采用先进燃烧器，其环境特性中等—较差，已实现商业化，应积极推广。

(2) 流化床燃烧。环境特性好，节能率达 10％，已实现商业化，应积极开发、应用。

3. 燃烧后处理

(1) 烟气净化。

(2) 灰渣处理。

4. 转换技术

(1) 煤气化联合循环发电。环境特性很好，节能率达 10％，正处于中试阶段。

(2) 城市煤气化。环境特性好，节能率为 10％～20％，已实现商业化，应积极开发应用。

(3) 地下煤气化。环境特性好，还不成熟，处于示范阶段。

(4) 煤液化。环境特性好，处于实验、中试阶段。

（5）燃料电池。环境特性很好，处于实验阶段。

（6）磁流体发电。处于实验阶段。

从燃烧前、中、后三阶段洁净煤技术看，越往后难度越大，投资及成本越高。因此，世界各国在分阶段发展各环节洁净煤技术的同时，也都分阶段进行技术经济效益优化。

我国煤炭消费量大，入洗比重低，能源利用率低，造成的环境污染十分严重，这些因素决定了发展洁净煤技术的紧迫性。针对我国煤炭的多终端用户，我国的洁净煤技术必须覆盖煤炭开发利用的全过程。发展洁净煤技术既是煤炭工业可持续发展的自身需要，也是实施可持续发展战略的必然选择。

我国洁净煤技术的基本框架是：煤炭加工（选煤、型煤、水煤浆等）；煤炭燃烧（流化床燃烧，高效低污染粉煤燃烧，燃煤联合循环发电等）；煤炭转化（气化、液化、燃料电池等）；污染控制（烟气脱硫、粉煤灰综合利用、煤矿区污染控制，煤矸石、煤层气、矿井水与煤泥水的治理等）。

洁净煤技术的开发和推广应用将显著减少环境污染，提高能源的利用效率，确保能源的可靠供应，提高煤炭在能源市场中的竞争力，促进能源和环境的和谐发展。

2.2 石　油

石油的利用使得人类社会进入异乎寻常的发展阶段，特别是自石油消费超过煤炭消费成为世界第一大能源以来，世界经济得到迅猛发展，科学技术也达到空前水平，人类从工业社会进入信息社会。

2.2.1 石油的形成

石油是一种黄色、褐色或黑色的，流动或半流动的，黏稠的可燃性液体。古代大量的生物死亡后与其他淤泥物沉积于水底，随着地壳的变迁，埋藏的深度不断增加，先后被好氧细菌和厌氧细菌改造，细菌活动停止后，有机质便开始了以低温为主导的地球化学转化阶段，并经历生物和化学转化过程。一般认为，有效的生油阶段从 $50\sim60℃$ 开始，到 $150\sim160℃$ 时结束。

近百年的大量生产实践和科学研究证实，石油中的绝大部分都是由保存在岩石中的有机质经过长期复杂的物理化学变化逐渐转化而成。有机质转变为石油的过程，既与含有机质的沉积物形成岩石的过程相联系，又与细菌、温度、时间及催化剂等促使有机质演化成油的过程相联系，具体如下：

（1）有机质沉积在被水体覆盖的海盆、湖盆中，水层起了隔绝空气的作用，形成无氧环境。虽然水中也有一定量的氧，但这些氧在氧化一部分有机质后就消耗光了，绝大部分有机质得以保存下来。

（2）陆地上经常往这些低洼地区输入大量的泥沙及其他矿物质，迅速地将其中的有机体埋藏起来，形成与空气隔绝的还原性环境，随着地壳的运动，边沉降边沉积。水生和陆生生物死亡后同大量的泥沙和其他物质一起沉积下来。

（3）沉积盆地不断地沉降，沉积物一层一层地加厚，使有机淤泥所承受的压力和温度不断地增大，同时在细菌、压力、温度和其他因素的作用下，处在还原环境中的有机淤泥经过压实和固结作用而变成沉积岩石，形成生油岩层。

（4）沉积物中的有机质在成岩阶段中经历了复杂的生物化学变化及化学变化，逐渐失去 CO_2、H_2O、NH_3 等，余下的有机质在缩合作用和聚合作用下通过腐泥化和腐殖化过程形成干酪根，即生成大量石油和天然气的前身。这就是现今普遍为人们所接受的石油有机成因晚期成油说（或称干酪根说）。

（5）干酪根分为腐泥型、腐殖型和腐泥—腐殖型。它们在成岩阶段中，由于温度的升高，有机质发生热催化作用，大量地转化成石油和天然气。

生成石油后还需要漫长的运移和聚集过程才能形成油田。集中储存油气的地方叫做"储油构造"，主要由以下部分组成：①有油气居住的空间，叫储油层；②覆盖在储油层之上的不渗透层，称为盖层；③封堵的条件，称为圈闭。

综上所述，储油构造的形成主要是地壳运动的结果，即生、储、盖、运、圈、保。

2.2.2 石油的分类

石油的主要成分是 C、H 组成的烃类，如烷烃、环烷烃、芳香烃等，占 95%～98%。此外，还有微量 Na、Pb、Fe、Ni、V 等金属元素，以及少量的 O、N、S 以化合物、胶质、沥青质等非烃类物质形态存在，其元素组成见表 2.5，其成分随产地的不同而变化很大。

表 2.5　　　　　　　　　　　　　　石油中的元素组成

元素	C/%	H/%	O/%	N/%	S/%	微量元素/($mg \cdot L^{-1}$)
含量	85～90	10～14	0～1.5	0.1～2	0.2～0.7	100

由于石油的组成极其复杂，通常在市场上有以下分类方法：

（1）按石油的密度分类，将石油分为轻质石油、中质石油、重质石油和特重质石油。

（2）按石油中的硫含量分类，硫含量小于 0.5% 称低硫石油，硫含量为 0.5%～2.0% 的称含硫石油，硫含量大于 2.0% 的称高硫石油。世界石油总产量中，含硫石油和高硫石油约占 75%。石油中的硫化物对石油产品的性质影响较大，加工含硫石油时应对设备采取防辐射措施。

（3）按石油中的蜡含量分类，蜡含量为 0.5%～2.5% 者称低蜡石油，蜡含量为 2.5%～10% 的称含蜡石油，含量大于 10% 的称高蜡石油。

2.2.3 石油的加工

1. 石油的加工工艺

开采出来的石油（原油）虽然可以直接作燃料用，而且价格便宜。但是，对于车辆、飞机的发动机来讲，必须把原油炼制成燃料油才能使用。根据最终产品的不同，炼油厂的加工流程大致分为以下类型：

（1）燃料型。以汽油、煤油、柴油等燃料油为主要产品。

（2）燃料—润滑油型。以燃料油、各种润滑油为主要产品。

（3）石油化工型。石脑油、轻油、渣油为主要产品，作为生产石油化工产品的原料。

石油炼制的方法可以归结为分离法和转化法两大类，具体如下：

（1）分离法，如溶剂法、固体吸附法、结晶法和分馏法等，其中最常用的是分馏法。分馏法的工艺是先将原油脱盐，以避免分馏设备腐蚀。然后把原油加热到 385℃ 左右，送至高于 30m 的长压分馏塔底。塔内设有许多层油盘，石油蒸气上升时，逐层通过这些油盘，并逐步冷却，不同沸点的成分便冷凝在不同高度的油盘上，并可按所需的成分用管子引出：塔底是不能蒸发的油渣、重油，中层为柴油等馏分，上层为汽油、石脑油等。常压分馏塔底的常压重油通常再送到减压塔，利用蒸汽喷射泵降低油气分压，使重油快速蒸发，与沥青分离。

（2）转化法，利用化学的方法对分馏的油品进行深加工。例如，可以把重油、沥青等分解成轻油，也可以把轻馏分气聚合成油类。常用的转化方法有热裂化、催化裂化、加氢裂化和焦化等。图 2.1 是燃料型炼油厂的流程，包括常压蒸馏、减压蒸馏、催化重整、催化裂化、加氢裂化、焦化等多道炼油工序。

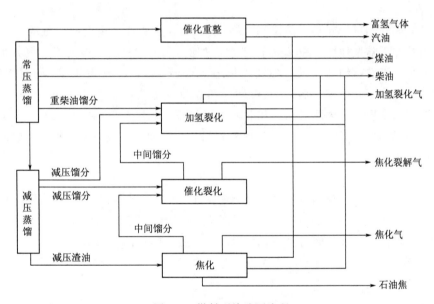

图 2.1　燃料型炼油厂流程

2. 石油的产品

石油由许多组分组成，每一组分都各有其沸点。通过炼制加工，可以把石油分成几种不同沸点范围的组分，即：

（1）40～205℃ 的组分作为汽油。

（2）180～300℃ 的组分作为煤油。

（3）250～350℃ 的组分作为柴油。

（4）350～520℃ 的组分作为润滑油（或重柴油）。

（5）高于 520℃ 的渣油作为重质燃料油。

根据应用目的不同，石油可以加工成的产品种类可分为：

（1）溶剂油。溶剂油包括石油醚、橡胶溶剂油、香花溶剂油等，主要用作橡胶、涂料、油脂、香料、药物等领域的溶剂、稀释剂、提取剂和洗涤剂。

（2）燃料油。燃料油包括石油气、汽油、煤油、柴油、重质燃料油。石油气用于制造合成氨、甲醇、乙烯和丙烯等，汽油用于汽车和螺旋桨式飞机等，煤油用于点灯、喷气式发动机和农药制造，柴油用于柴油发动机，重质燃料油用于锅炉燃料和船用燃料。汽油专用指标（抗爆性）是辛烷值，柴油的专用指标（着火性能）是十六烷值。

（3）润滑油。润滑油用于机械的润滑、冷却及绝缘等。

（4）润滑脂。润滑脂用于低速、重负荷或高温下工作的机械。

（5）石蜡和地蜡。石蜡和地蜡用于火柴、蜡烛、蜡纸、电绝缘材料、橡胶。

（6）沥青。沥青用于建筑工程防水、铺路、涂料、塑料、橡胶等工业。

（7）石油焦。石油焦用于制造电极、冶金过程的还原剂和燃料。

2.2.4 石油资源

1. 世界石油资源

目前世界已找到近 30000 个油田和 7500 个气田，这些油气田遍布于地壳上六大稳定板块及其周围的大陆架地区。在 156 个较大的盆地内几乎均有油气田发现，但分布极不平衡：从东西半球来看，约 3/4 的石油资源集中于东半球，西半球占 1/4；从南北半球看，石油资源主要集中于北半球；从纬度分布看，主要集中在北纬 20°～40°和 50°～70°两个纬度带内。波斯湾及墨西哥湾两大油区和北非油田均处于北纬 20°～40°内，该纬度带集中了 5.3% 的世界石油储量；50°～70°纬度带内有著名的北海油田、俄罗斯伏尔加及西伯利亚油田和阿拉斯加湾油区。

2. 我国石油资源

（1）我国石油储量。我国目前已发现储量大于 1 亿 t 的油气田 19 个，占我国目前探明石油储量的 70% 左右，主要分布在松辽、渤海湾、准噶尔等几个盆地。表 2.6 为我国产油省（自治区、直辖市）基础储量数据，可以看出，我国的石油储量分布也极不平衡，其中东北三省（黑龙江、吉林、辽宁）占全部储量的 34.7%；西部（陕西、甘肃、青海、宁夏和新疆）的储量占总储量的 27.2%。

表 2.6　　　　　　　　　我国产油省（自治区、直辖市）基础储量数据　　　　　　　单位：万 t

黑龙江	吉林	辽宁	陕西	甘肃	青海	宁夏	新疆
62197	16530	17010	19885	8727	4377	140	41883
天津	河北	内蒙古	四川	云南	广西	广东	海南
3075	16339	5526	345	12	175	140	41

（2）我国石油资源的特点。我国石油资源总量丰富，但是人均资源量为世界平均水平的 18.3%，属于贫油大国。石油资源品质相对较差，油田的规模比较小，没有世界级的大油田。在我国已发现的 500 多个油田中，除大庆、胜利等主要油田外，其他油田普遍存在原油品位低、埋藏深、类型复杂、工艺要求高等问题。剩余的可采储量中，低渗或特低渗油、稠油和埋藏深度大于 3500m 的超过 50%，资源的开采难度大。尽管我国石油资源总

量比较丰富，由于我国仍处于发展中国家，人口基数大，同时石油的风险勘探投入不足，使得我国后备可采储量相对不足。

2.2.5 石油对环境的影响

石油污染是指石油开采、运输、装卸、加工和使用过程中，由于泄漏和排放石油引起的污染。石油对环境的污染可分为两个方面：一是油气污染大气环境，表现为油气挥发物与其他有害气体被紫外线照射后，发生物理化学反应，生成光化学烟雾，产生致癌物和温室效应，破坏臭氧层等；二是地下油罐和输油管线腐蚀渗漏，污染土壤和地下水源，不仅造成土壤盐碱化、毒化，导致土壤破坏和废毁，而且其有毒物能通过农作物尤其是地下水进入食物链系统，最终直接危害人类。

石油污染最为典型的为海洋石油污染，世界上最大的原油泄漏事件是 1991 年海湾战争造成的石油倾泻，因油港油库破坏而流入海湾的原油多达 100 多万 t。石油漂浮在海面上，迅速扩散形成油膜，可通过扩散蒸发、溶解、乳化、光降解以及生物降解和吸收等进行迁移、转化。油类可黏附在鱼鳃上，使鱼窒息；抑制水鸟产卵和孵化，破坏其羽毛的不透水性；降低水产品质量；阻碍水体的复氧作用，影响海洋浮游生物生长，破坏海洋生态平衡；此外还破坏海滨风景，影响海滨美学价值。概括地讲，海洋石油污染可引发多方面的生态和社会危害。

1. 在生态危害方面

（1）影响海气交换。油膜覆盖于海面，阻断 O_2、CO_2 等气体的交换。O_2 的交换被阻碍，导致海洋中的 O_2 被消耗后无法由大气补充，CO_2 交换被阻首先破坏了海洋中 CO_2 平衡，妨碍海洋从大气中吸收 CO_2 形成 HCO_3^-、碳酸盐缓冲海洋 pH 值的功能，从而破坏了海洋中溶解气体的循环平衡。

（2）影响光合作用。油阻碍阳光射入海洋，使水温下降，破坏了海洋中 O_2、CO_2 的平衡，破坏了光合作用的客观条件。同时，分散和乳化油侵入海洋植物体内，破坏叶绿素，阻碍细胞正常分裂，堵塞植物呼吸孔道。进而破坏光合作用的主体。

（3）消耗海水中的溶解氧。石油的降解大量消耗水体中的氧，然而海水复氧的主要途径——大气溶氧又被油膜阻碍，直接导致海水的缺氧。

（4）毒化作用。石油中所含的稠环芳香烃对生物体有剧毒，且毒性明显与芳环的数目和烷基化程度有关。大分子化合物的绝对毒性很高，而在水中，低分子化合物由于具有很强的水溶性和后续很大的生物可利用率，也表现出剧烈毒性影响。烃类经过生物富集和食物链传递能进一步加剧危害。有证据表明，烃类有致癌作用，而慢性石油污染的生态学危害更加难以评估。

（5）全球温室效应。海上石油污染必将加剧温室效应，也可能促使厄尔尼诺现象的频繁发生，从而间接加重全球问题。

（6）破坏滨海湿地。石油开发等人为活动导致我国滨海湿地丧失严重。据初步估算，我国累计丧失滨海湿地面积约 219 万 hm^2，占滨海湿地总面积的 50%。

2. 在社会危害方面

（1）石油污染对渔业的危害。由于石油污染抑制光合作用，降低溶解氧含量，破坏生物生理机能，海洋渔业资源正逐步衰退。

（2）石油污染刺激赤潮的发生。据研究，在石油污染严重的海区，赤潮的发生概率增加，虽然赤潮发生机理尚无定论，但应考虑石油烃类在其中的影响作用。

（3）石油污染对工农业生产的影响。海洋中的石油易附着在渔船网具上，加大清洗难度，降低网具效率，增加捕捞成本，造成巨大的经济损失；而对海滩晒盐厂，受污海水无疑难以使用；对于海水淡化厂和其他需要以海水为原料的企业，受污海水必然大幅增加生产成本。

（4）石油污染对旅游业的影响。海洋石油极易贴岸，沾污海滩等极具吸引力的海滨娱乐场所，影响滨海城市形象。

2.3　天　然　气

天然气是除煤和石油之外的另一种重要的一次能源。它燃烧时有很高的发热值，对环境的污染也较小，而且还是一种重要的化工原料。天然气的生成过程同石油类似，但比石油更容易生成。

2.3.1　天然气的组成和特性

天然气主要由甲烷、乙烷、丙烷和丁烷等烃类组成，其中甲烷占 $80\%\sim90\%$，其他主要的有害杂质是 CO_2、H_2O、H_2S 和其他含硫化合物。天然气分为气田气和油田气，也包括可燃冰（天然气水合物），气体种类不同，成分略有差别，对于气田气，以甲烷为主，相对分子量为 16.55，低位发热量为 $36.4MJ/m^3$；对于油田气，则含有一定比例的乙烷、丙烷等，相对分子量为 23.33，低位发热量为 $48.38MJ/m^3$；可燃冰比较特殊，由水分子和燃气分子构成，外层是水分子构架，核心是燃气分子，燃气分子绝大多数是甲烷，所以天然气水合物也称为甲烷水合物，$1m^3$ 可燃冰（固体）可释放出 $168m^3$ 的甲烷和 $0.8m^3$ 的水蒸气，因此，可燃冰是一种高能量密度的能源。

2.3.2　天然气的用途

天然气可以直接作为燃料，燃烧时有很高的发热值，对环境的污染也较小，同时还是重要的化工原料。天然气市场非常广阔，主要用于以下方面：

（1）发电燃料。天然气作燃料，采用燃气轮机的联合循环发电具有造价低、建设周期短、启动迅速、热效率高、利于环保等特点。因此，天然气发电的成本低于燃煤发电和核电站。特别是在利用小时数较低的情况下，天然气发电具有电网调峰的特殊优势。天然气发电在国外已大量采用，我国天然气发电也将加快发展，预计到 2020 年将占总发电量的 $5.6\%\sim7.1\%$。

（2）民用及商用燃料。天然气是优质的民用及商业燃料，据预测。我国城镇人口到2020 年将达 7.3 亿，其中大、中型城市人口 3.5 亿，民用气化率将达 $85\%\sim95\%$；其他城镇人口 3.8 亿，气化率达 45%。

（3）化肥及化工原料。氮肥的主要原料包括合成气和天然气，其中天然气作为氮肥原料的比例约为 50％。同时天然气还可作为生产甲醇、炼油厂的制氢以及其他化工用气。

（4）工业燃料。天然气用作工业燃料主要用于石油及天然气的开采、非金属矿物制品、石油加工、黑色金属冶炼和压延加工以及燃气生产和供应等方面。

（5）交通运输。经过液化的天然气，可用于车辆，作为传统燃料油的替代品或混合燃料，从一定程度上可减轻对石油的依赖。

2.3.3 天然气资源

天然气是蕴藏量丰富、清洁而使用便利的优质能源。但由于天然气储运难、上市难、投资大、回收期长等特点，许多国家的天然气工业普遍比石油工业落后 30～40 年，并经历了先慢后快的发展过程。

与石油一样，世界天然气资源分布也很不均匀，主要集中在中东、俄罗斯和东欧地区，三者之和约占世界天然气总储量的 70％。

值得指出的是，随着天然气开发的发展，被探明的天然气储量也逐渐增加。按热值计算，天然气探明储量在 1970 年和 1985 年分别相当于石油探明储量的 50％和 80％，而到 1995 年则基本上与石油持平。目前天然气资源的探明率还很低，展望未来，世界天然气的发展前景是诱人的。

1. 世界天然气资源

2017 年全球天然气剩余可采储量为 1.936×10^{14} m^3，比 2016 年增加了 3.7％，储采比为 52.6 年，主要分布在俄罗斯、西亚、中东和美国，我国常规天然气深明储量世界排名第 11 位。表 2.7 为 2017 年世界部分国家天然气探明储量。

表 2.7　　　　　　　　　　2017 年世界部分国家天然气探明储量

排名	国家	探明储量/（$\times 10^{12}$ m^3）	占世界比例/％
1	俄罗斯	35.0	18.1
2	伊朗	33.3	17.2
3	卡塔尔	25.0	12.9
4	土库曼斯坦	19.6	10.1
5	美国	8.7	4.5
	总计	121.6	62.8

对于煤层气而言，当前全球埋深浅于 2000m 的煤层气资源量约为 2.4×10^{14} m^3，与常规天然气资源量相当。世界上有 74 个国家蕴藏煤层气资源，我国煤层气资源量为 3.68×10^{13} m^3，居世界第 3 位。

2. 我国天然气资源

我国天然气资源丰富，这些资源量集中分布于我国中部地区、西部地区和海域，但其中埋深超过 3500m 的天然气资源占 58％，自然地理环境恶劣的黄土壤、山地和沙漠区占 64％。与石油相同，对于常规天然气，与产油大国相比，我国也缺少世界级的大气田。根据 2015 年资料，全国天然气地质资源量为 9.03×10^{13} m^3，其中可采资源量为 5.01×10^{13} m^3。

我国天然气地质资源量和可采资源量的分布见表 2.8，中部地区、新疆和海洋大陆架是我国天然气的主要分布区域。

表 2.8　　　　　　　　　　　我国天然气地质资源量和可采资源量分布

区域	地质资源量/（$\times 10^{10} m^3$）	比例/%	可采资源量/（$\times 10^{10} m^3$）	比例/%
东北	1.3	2.8	0.2	2.1
华北	2.7	5.7	0.5	5.15
江淮	0.4	0.8	0.5	5.15
中部	11.5	24.4	2.7	27.8
新疆	11.9	25.2	2.6	26.8
甘肃	2.3	4.9	0.3	3.1
其他地区	3.3	7.0	0.3	3.1
大陆架	13.8	29.2	2.6	26.8
合计	47.2	100	9.7	100

在全国气田气剩余可采储量中，四川占 24.5%，鄂尔多斯占 17.8%，塔里木盆地占 15.7%，南海莺琼盆地占 18.0%；油田气剩余可采储量中，松辽平原占 21.8%，渤海湾占 40.3%，准噶尔盆地占 14.0%，吐哈占 9.6%。

我国 95% 的煤层气资源分布在晋陕、内蒙古、新疆、冀豫皖和云贵川渝 4 个含气区，据国土资源部数据，山西省煤层气探明储量达 $4.022 \times 10^{13} m^3$，可采储量为 $2.184 \times 10^{13} m^3$。其中，以沁水和河东煤田最为富集，占全省煤层气总量的 80%。沁水盆地煤层气资源量约为 $5.4 \times 10^{12} m^3$，该气田资源分布集中、埋深浅、可采性好，甲烷含量大于 95%，是全国第一个勘探程度高、煤层气储量稳定、开发潜力最好的煤层气气田。大力发展煤层气工业可以减轻我国石油和天然气的供应压力，同时能有效地改善煤矿安全生产条件。据统计，在我国煤矿事故中，安全事故最多，煤层气的开采将从根本上解除矿井瓦斯灾害的隐患。从环境保护的角度，甲烷是一种温室气体，温室效应为 CO_2 的 20 倍，因此，开发利用煤层气能有效地减少甲烷的影响，保护大气环境。

2.3.4　天然气对环境的影响

1. 影响气候变化

甲烷是大气中重要的气体组分，目前大气中的甲烷含量约为 6.9 万亿 m^3，仅为大气中 CO_2 总量的 0.5%。但是，甲烷的温室效应比 CO_2 要大得多，甲烷对温室效应的贡献占到 15%，因此甲烷的温室效应是全球气候变暖的重要原因之一。

在开采可燃冰的过程中，如果甲烷气体泄露至大气中，必然会进一步加剧全球的温室效应，极地温度、海水温度和地层温度也将随之升高，这会引起极地永久冻土带之下或海底的可燃冰的自动分解，产生连锁反应。如加拿大福特斯洛普可燃冰层正在融化就是一个例证。

2. 海底滑坡

海底滑坡通常认为是由地震、火山喷发、风暴波和沉积物快速堆积等事件或因坡体过度倾斜而引起的。然而近年来，研究者不断发现，因海底可燃冰分解而导致斜坡稳定性降低是海底滑坡产生的另一个重要原因。可燃冰以固态胶结物形式赋存于岩石孔隙中，一旦分解会使海底岩石强度降低并将释放岩石孔隙空间，使岩石中孔隙流体（主要是孔隙水）增加，岩石的内摩擦力降低，在地震波、风暴波或人为扰动下孔隙流体压力急剧增加，岩石强度降低，以至于在海底可燃冰稳定带内的岩层中形成统一的破裂面而引起海底滑坡或泥石流。

3. 海洋生态环境的破坏

如果在可燃冰开采过程中向海洋排放大量甲烷气体，将会破坏海洋中的生态平衡。甲烷气体在海水中常常发生下列化学反应：

$$CH_4 + 2O_2 =\!=\!= CO_2 + 2H_2O \tag{2-8}$$

$$CaCO_3 + CO_2 + H_2O =\!=\!= Ca(HCO_3)_2 \tag{2-9}$$

这些化学反应会使海水中 O_2 含量降低，一些喜氧生物群落会萎缩，甚至出现物种灭绝，同时海水中的 CO_2 含量增加，造成生物礁退化，海洋生态平衡遭到破坏。

相比较石油和煤而言，天然气是较为安全的燃气之一，它不含 CO，也比空气轻，一旦泄漏，会立即向上扩散，不易积聚形成爆炸性气体，安全性较高。采用天然气作为能源可减少煤和石油的用量，从而大大改善环境污染问题；天然气作为一种清洁能源，能减少 SO_2 和粉尘排放量近于 100%，减少 CO_2 排放量 60% 和氮氧化合物排放量 50%，并有助于减少酸雨形成，舒缓地球温室效应，有利于改善环境质量。

2.4 水　能

水能通常是指河川径流相对某一基准面具有的势能，是自然界广泛存在的一次能源。它可以通过水电站方便地转换为优质的二次能源——电能，所以通常所说的"水电"既是被广泛利用的常规能源，又是可再生能源，因此水能是世界上众多能源中永不枯竭的优质能源。

把天然的水流具有的水能聚集起来，去推动水轮机带动发电机，便可以产生电能。水流本身并不发生化学变化，所以水能是一种清洁能源。水能资源最显著的特点是可再生、无污染。开发水能对江河的综合治理和综合利用具有积极作用，对促进国民经济发展，改善能源消费结构，缓解由于消耗煤炭、石油资源所带来的环境污染有重要意义，因此世界各国都把开发水能放在发展战略的优先位置。

与火电和核电等常规能源发电的不同在于，水能可以直接转换成电能，不需要经过热能转换的中间环节。因此，对水电建设而言，其一次能源建设和二次能源建设是同时完成的。利用水能资源发电具有以下特点：

（1）水能资源可再生。

（2）水能资源可综合利用江河。

（3）水力发电成本低，效率高。

（4）水力发电不污染环境。

（5）水能可以储蓄和调节。

2.4.1 水力发电的基本原理

由于地球的引力作用，水总是从高处往低处流，挟带着泥沙冲刷着河床和岸坡，这说明水在流动的过程具有一定的能量。水位越高，水量越多，产生的能量也就越大。如同其他能量一样，可以用人工措施将其转变为电能。水力发电就是水流通过推动水轮机把水的势能和动能转化成机械能，进而转化成电能的发电方式，水力发电的基本原理如图 2.2 所示。

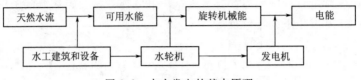

图 2.2　水力发电的基本原理

为了实现水力发电，需要构筑一系列的建筑物组成水力发电系统，水力发电系统的基本组成如下：

（1）水库。用以储存水和调节水的流量，提高水位，集中河道落差，取得最大发电效率。水库工程除拦河大坝外，还有溢洪道、泄水孔等安全设施。水库通过控制和调节径流，在时间上进行重新分配，以满足各用水部门的需要，提高水能的利用率。径流调节包括：日调节、周调节、年调节和多年调节。

（2）引水系统。用以平顺地传输发电所需要的水流至电厂，推动水轮机发电。

（3）水轮机室。使水流平顺地进入水轮机。

（4）水轮机。将水能转换成机械能的水力原动机，主要用于带动发电机发电，是水电站厂房中重要的动力设备。通常将它与发电机一起统称为水轮发电机组。

（5）尾水渠。将从水轮发电机组水管流出的水流顺畅地排至下游。尾水渠中水流的水势比较平缓，因为大部分水能已经转换成机械能。

（6）传动设备。水电站的水轮机转速较低，而发电机的转速较高，因此，需要皮带或凸轮传动增速。

（7）发电机。将机械能转化成电能的设备。

（8）控制和保护设备、输配电设备。包括开关、监测仪表、控制设备、保护设备以及变压器等，用以发电和向外供电。

（9）水电站厂房及水工建筑物。

2.4.2　水电站的分类

水力资源的开发方式是按照集中落差而选定，大致有即堤坝式、引水式和混合式 3 种基本方式。但这 3 种开发方式还要各适用一定的河段自然条件。

按照不同容量分类，电站容量范围 1001～12000kW 为小型水电站，101～1000kW 为小小型水电站，100kW 以下的为微型水电站。国家发展和改革委员会规定：电站装机容量大于 75×10^4 kW 为特大型水电站，（25～75）$\times 10^4$ kW 为大型水电站，（2.5～25）$\times$

10^4kW 为中型水电站，小于 $2.5×10^4$kW 为小型水电站，$(0.05～2.5)×10^4$kW 为小（1）型水电站，小于 $0.05×10^4$kW 为小（2）型水电站。

按不同的开发方式修建起来的水电站，其枢纽布置、建筑物组成等也截然不同。

（1）堤坝式水电站。在河道上修建拦河坝（或闸），抬高水位，形成落差，用输水管或隧洞把水库里的水引至厂房，通过水轮发电机组发电，这种水电站称为堤坝式水电站。根据水电站厂房的位置，又将其分为河床式（图 2.3）与坝后式（图 2.4）两种。

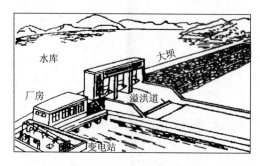

图 2.3 河床式水电站

图 2.4 坝后式水电站

河床式水电站的厂房直接建在河床或渠道上，与坝（或闸）布设在一条线上或呈一个角度，厂房作为坝体（或闸体）的一部分，与坝体一样承受水压力。这种形式多用于平原地区低水头的水电站。在有落差的引水渠道或灌溉渠道上，也常采用这种形式。

坝后式水电站的厂房位于坝的下游，厂房建筑与坝分开，不承受水压力。这种形式适合水头较高的电站。

（2）引水式水电站。引水式水电站（图 2.5）由引水建筑物集中水头。一般在河道上建引水堤坝或闸，将河流引入渠。引水渠道包括明渠、隧洞和管道。当电站水头较低时（6～10m），可以用渠道把水直接引至厂房；当水头较高时，水流经过压力水管进入水轮机。在渠道末端修建压力前池，使水流经过压水管进入水轮机。

（3）混合式水电站。混合式水电站（图 2.6）是堤坝式水电站与引水式水电站的组合。它的一部分落差由拦河坝集中，另一部分落差由引水渠道集中。当上游河段地形平缓、下游河段坡降较陡时，宜在上游筑坝，形成水库，调节水量；在下游修建引水渠道及设压力水管，以集中较大落差。多数混合式水电站都与防洪、灌溉设施相结合。

图 2.5 引水式水电站

图 2.6 混合式水电站

2.4.3 小水电的建站途径

（1）利用天然瀑布。一般在瀑布上游筑坝引水，在较短的距离内即可获得较高的水头。这种水电站一般工程量较小，投资少，有条件的地方应尽量利用。

（2）利用灌溉渠道上下游水位的落差修建水电站，可利用渠道上原有建筑物，只需修造一个厂房，工程比较简单。

（3）利用河流急滩或天然跌水修建电站。在山溪河流上，常有急滩或天然跌水，可就地修建水电站。如进水条件较好，可以不建坝或只建低堰，但需考虑防洪安全措施。

（4）利用河流的弯道修建电站。在山溪河流弯道陡坡处可以裁弯取直，以较短的引水渠道获得较大的水头，采用较短的隧洞引水修建电站。

（5）跨河引水修建电站。两条河道的局部河段接近，且水位差较大时，可以考虑从高水位河道向低水位河道引水发电。

（6）利用高山湖泊发电。将高山湖泊的水引入附近水面较低的河流修建水电站。

2.4.4 水能利用对环境的影响

水电站产生了巨大的防洪、发电、航运等经济效益。与此同时，在其施工期和运营期，也给电站周围的自然环境和社会环境带来一系列的危害：一方面水利工程对自然环境带来了影响，主要体现在对水文情势、水质、局地气候及空气质量、周边区域地质、土壤环境等方面；另一方面水电站的建设与运营也对生态系统和社会环境产生影响。

1. 自然环境方面

（1）对水文情势的影响。在河流上建坝，会使上游水流流速降低，下游受水库调节的影响：丰水期下泄流量减少，流速变缓，枯水期下泄流量增大，流速加快；水利工程库区水深增大，周边区域地下水位上升，下游则容易断流，地下水位降低。

同时，由于库区水流流速较小，会造成水流挟沙能力降低，造成库区泥沙淤积，给库区清淤工作带来巨大挑战。更严重者，会造成上游泥沙淤积，河床抬高，形成地上悬河，危害两岸人民生活。据统计，在 1960 年 7 月，三门峡水库投入运营后，仅一年时间，潼关至三门峡一段河道河床高程便暴涨了 4.5m，成了悬在渭河两岸人民头上的悬河。

（2）对水质的影响。水体经过长距离的输送和一定时间的储存，会使复氧过程更加充分，增加水体潜在的环境容量资源；同时由于库区内水位的抬高，水体流速明显缓慢，导致水体的自净能力降低，不利于污染物的扩散，容易导致污染物浓度上升。

（3）对局地气候及空气质量的影响。水利工程建设改变了水体的面积、形状以及体积等相关特征，水陆之气动力、水热交换状况发生明显变化，对水体上空的空气质量及周边区域的气温、湿度、降水、风速等产生影响，形成独特的局地气候特征。受水利工程水体的影响，库区周边区域蒸发量增大，气温变化幅度明显降低，水库周围区域特别是下风向地区降水量增加，小气候环境显著变化。

（4）对周边区域地质的影响。水库中聚集的大量水体使库区地壳结构的地应力产生明显变化，增大了产生地下震动的可能性，容易诱发地震等地质灾害。水库蓄水后，水体对库岸的浸泡和冲刷使库岸原有的稳定状态发生改变，容易引发滑坡、边坡崩塌等地质问题。

（5）对土壤环境的影响。水利工程对土壤环境的影响具有两面性：一方面，疏通水道以及筑堤建库等工程可以保护农田免受淹没、冲刷等灾害，补充土壤水分、改善土壤的养分状况；另一方面，工程的建设过程中如果水资源分配不当，将导致下游地区的淤泥肥源有所减少、地下水位下降，导致土壤肥力降低和土壤沙化现象。与此同时，输水渠道两岸的渗漏将抬高地下水水位，容易引发土壤的次生盐碱化和沼泽化。

2. 生态系统方面

（1）对水生生物的影响。水利工程的建设改变了水生生物的生活环境：一方面，库区水面宽阔，流速缓慢，透明度较好，促进浮游植物、藻类生长，为鱼类繁殖及人工放养提供了适宜的条件，利于渔业发展；另一方面，库区蓄水及泄水可能淹没或冲毁鱼类产卵场，水温及溶解氧的分层现象可能改变水生生物的垂直分布，甚至打破原有的水生态平衡，如不采取相应措施，会切断洄游性鱼类的洄游通道，严重时将导致某些物种的灭绝。

（2）对陆生植被的影响。水利工程对陆生植被的影响具有两面性：一方面水利工程的建设将不可避免地淹没一部分森林、草地以及农田，导致淹没区陆生植被数量明显减少；另一方面，水利工程的兴建使得库区周边空气的湿度明显增加，有利于植被的生长。

（3）对陆生动物的影响。水利工程对陆生动物的影响主要为淹没影响，水利工程施工作业破坏了当地原有的生态环境，改变了陆生动物的生活环境，陆生动物活动范围受限或被迫迁移栖息地、觅食地，这可能导致陆生生物物种数量的降低。

3. 社会环境方面

水利工程的修建，对社会环境也带来了巨大的影响和挑战，主要体现在移民安置、建设期间的疾病传播、自然景观及历史遗迹和环境污染等方面，主要体现以下一些领域。

（1）对劳动力迁移、土地利用的影响。移民安置是水利工程建设项目中的重大课题，对环境有着较为深远的影响。库区的建设淹没土地而引起大量移民搬迁、流动，导致了城乡区位变化以及产业结构的调整，加剧了人地关系矛盾，引发相应的社会问题和经济问题。因此，不仅要给予库区移民合理的补偿安置资金，还要保障移民日后的生产和生活稳定，以确保社会稳定和经济可持续发展。

（2）对人群健康的影响。水利工程建设期间扩大了水域的范围，同时施工人员主要活动区域范围在河流附近，加大了水中的病原体与周边居民和施工人员接触的机会。水域的扩大会导致杂草丛生，带来土壤潮湿等环境的改变，进而促使蚊蝇、虱等昆虫的孳生，导致疾病流行的频率明显增大。

（3）对自然景观和文物古迹的影响。水利工程的建设可能造成自然景观和文物古迹的淹没。文物古迹是一个特定时期社会制度、生产力状况、社会风情、科学技术水平、军事力量等众多方面的历史见证，对历史研究有深远意义，是我们中华民族的宝贵财富。因此，在水利工程的建设过程中对自然景观和文物古迹的防护迁移显得尤为重要。

（4）工程施工对环境的影响。水利工程项目在施工期所产生的废气、扬尘等可能造成大气污染，而施工产生的生产废水以及工程人员产生的生活污水可能会造成水环境污染，施工期的固定声源（机械设备等）和流动声源（交通运输车辆等）可能会造成噪声污染，施工的建筑垃圾及施工人员生活垃圾可能会造成固体废弃物污染。工程施工所可能引发的上述问题如不能妥善处理，都可能影响水利工程周边区域的居民的正常生产和生活。

2.5　核　　能

2.5.1　核能及核电的发展

2.5.1.1　核能的概念

核能又称原子能，是原子核发生变化时所释放的能量。

物质是由分子构成的，分子是由原子构成的，原子是由原子核和电子构成的，原子核是由质子和中子构成的，质子数量相同的原子具有相近的化学性质，质子数相同而中子数不同的元素称之为同位素。同位素虽然也具有相近的化学性质，但有些性质却截然不同，某些同位素带有强烈的放射性。

1896 年，法国科学家贝可勒尔发现铀元素可自动放射出穿透力极强的放射线。在此之后，居里夫人、卢瑟福等科学家又发现，处于高强度磁场中的镭、镁、钍、钋等元素，可以放射出波长不同的 α、β、γ 三种射线。这些可以放射出射线的元素被称为放射性同位素。放射性元素在释放射线后，会变成另一种元素，在某些放射性同位素中，原子核是不稳定的，当外来的中子进入原子核时，其携带的能量可以激发原子核发生结构变化，原子核的变化释放了大量的能量，这种能量被称之为原子能。因为这种能量产生于原子核的变化过程，原子能又被称之为核能。与机械能、电能、化学能不同，核能释放后，物质的质量发生了变化，质量转变为能量。核裂变能要比同等质量的物质参加化学反应时所释放的能量大几百万倍以上。

2.5.1.2　核能释放形式

核能通过转化其质量从原子核释放能量，其转化关系符合质能方程，即

$$E = mc^2 \tag{2-10}$$

核能释放能量的形式有以下几种。

1. 核裂变

核裂变是指一个原子核分裂成几个原子核的变化。只有一些质量非常大的原子核（像铀、钍等）才能发生核裂变。这些原子的原子核在吸收一个中子以后会分裂成两个或更多个质量较小的原子核，同时放出 2~3 个中子和很大的能量，这些中子又能使别的原子核接着发生核裂变，使过程持续进行下去，这种过程称作链式反应。原子核在发生核裂变时，释放出巨大的能量称为原子核能，俗称原子能。1g ^{235}U 完全发生核裂变后放出的能量相当于燃烧 2.5t 煤所产生的能量。核裂变示意图如图 2.7 所示，链式反应如图 2.8 所示。

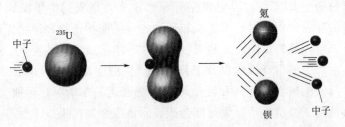

图 2.7　核裂变过程示意图

2. 核聚变

核聚变的过程与核裂变相反，是几个较轻原子核聚合成一个较重原子核的核反应过程。只有较轻的原子核才能发生核聚变，比如氢的同位素氘、氚等。核聚变也会放出巨大的能量，而且比核裂变放出的能量更大。太阳内部连续进行着氢聚变成氦过程，它的光和热就是由核聚变产生的。核聚变需要在几百万摄氏度的高温下才能发生，因此聚变又叫热核反应。核聚变过程示意图如图 2.9 所示。

3. 核衰变

核衰变指原子核由于放出某种粒子而转变为新核的变化过程。放出 α 粒子的衰变叫做 α 衰变；放出 β 粒子的衰变叫做 β 衰变。

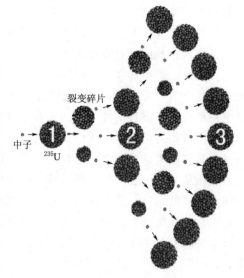

图 2.8　链式反应示意图

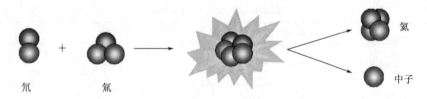

图 2.9　核聚变过程示意图

由质能方程可知，物体具有的能量跟它的质量之间存在着简单的正比关系，物体的质量和能量在一定条件下是可以相互转化的。如果原子核反应后的总质量小于反应前的总质量，则减小的质量将变为能量释放出来。在核的裂变、聚变和衰变中，由于有质量的损失，所以都有一定的能量放出。但是，在单位时间、单位质量的核裂变、核聚变和核衰变中放出的能量多少是不一样的。一般来说，核衰变放出的最少，核裂变放出的较多，而核聚变放出的最多。如：单位质量的氘核聚变是单位质量^{235}U 裂变所放出能量的 4 倍左右。

2.5.1.3　核电的发展

核能发电在当前的技术条件下还只有核裂变能够进入工业应用。世界核电的发展大致经历了 3 个阶段：1954—1960 年为试验性阶段，只有苏联、美国、英国、法国建成了 10 座试验性核电站，机组容量 3～210MW，总容量 859MW；1961—1968 年为使用阶段，除这四国外，德国、日本、加拿大、意大利、比利时、瑞士和瑞典也建成了核电站，总容量达到了 12230MW，最大机组容量 608MW；1969 年以后为迅速发展阶段，全世界已有 30 多个国家和地区共建成投产了 500 多座核电站，总容量已超过 420GW，规模最大的为 4697MW。在多数国家，核电站的经济性与火电相当，一些国家的核电成本已经低于火电，从而使发展核电更具吸引力。

我国能源资源虽然丰富，但分布极不平衡，在华东、华南等经济发达的地区，能源资源却很少，长期以来有"北煤南运，西电东输"之说，交通部门运力一半以上用于能源的长途运输。此外，上述经济发达地区又是电力缺口最严重的地区。解决这些矛盾的最好途径就是在这些地区优先发展核电。

我国核能资源丰富，是世界主要核资源国之一。我国核燃料工业从铀矿勘查、采冶到铀同位素分离，近年来均取得了长足进步，建成了满足 300MW、600MW、1 000MW 级核电站要求的核燃料组件生产线。我国对核技术的掌握居世界先进水平，长期以来，已培养出一支技术力量很强的队伍，大亚湾两台 600MW 进口核电机组也已成功运行 20 余年，为发展我国核电事业提供了良好的经验。这都是我国发展核电的有利条件。

我国从 20 世纪 70 年代开始筹建核电站，1991 年 12 月 15 日，我国第一座自行设计自主建设的核电站——秦山核电站并网发电成功。秦山核电站的建成使我国具备了独立设计建造小功率核电站的能力，并能出口核电站。目前，我国已经具备 300MW、600MW 压水堆核电站的自主设计能力，可以自主设计技术成熟、比较先进的百万千瓦级压水堆核电站。

表 2.9 列出了截至 2018 年 4 月我国投入商业运行的核电站。

表 2.9　　　　　　　　　　我国投入商业运行的核电站

序号	核电站	功率/MW	开工时间	商运时间	主要股东
1	秦山核电站	310	1985.3.20	1994.4.1	中国核工业集团公司（以下简称"中核集团"）
2	秦山二期核电站 1 号	650	1996.6.2	2002.4.15	中核集团
3	秦山二期核电站 2 号	650	1997.3.23	2004.5.3	中核集团
4	秦山二期核电站 3 号	650	2006.4.28	2010.10.21	中核集团
5	秦山二期核电站 4 号	650	2007.1.28	2012.4.8	中核集团
6	秦山三期核电站 1 号	728	1998.6.8	2002.12.31	中核集团
7	秦山三期核电站 2 号	728	1998.6.8	2003.7.24	中核集团
8	大亚湾核电站 1 号	984	1987.8.7	1994.2.1	中国广核集团有限公司（以下简称"中广核集团"）
9	大亚湾核电站 2 号	984	1987.8.7	1994.5.6	中广核集团
10	岭澳核电站 1 号	990	1997.5.15	2002.5.28	中广核集团
11	岭澳核电站 2 号	990	1997.5.15	2003.1.8	中广核集团
12	岭澳二期 1 号	1086	2005.12.15	2010.9.20	中广核集团
13	岭澳二期 2 号	1086	2006.6.15	2011.8.7	中广核集团
14	田湾核电站 1 号	1060	1999.10.20	2007.5.17	中核集团
15	田湾核电站 2 号	1060	1999.10.20	2007.8.16	中核集团
16	红沿河核电站 1 号	1118	2007.8.18	2013.6.6	中广核集团 国家电力投资集团有限公司（以下简称"国家电投"）
17	红沿河核电站 2 号	1118	2008.3.28	2014.5.13	中广核集团 国家电投

序号	核 电 站	功率/MW	开工时间	商运时间	主 要 股 东
18	宁德核电站 1 号	1089	2008.2.18	2013.4.18	中广核集团
19	宁德核电站 2 号	1089	2008.11.12	2014.5.4	中广核集团
20	阳江核电站 1 号	1089	2008.12.16	2014.3.26	中广核集团
21	福清核电站 1 号	1080	2008.11.22	2014.11.22	中核集团
22	方家山核电站 1 号	1080	2008.12.26	2014.11.4	中核集团
23	方家山核电站 2 号	1080	2009.7.17	2015.2.12	中核集团
24	阳江核电站 2 号	1089	2009.6.5	2015.6.7	中广核集团
25	宁德核电站 3 号	1089	2010.1.8	2015.6.12	中广核集团
26	红沿河核电站 3 号	1118	2009.3.7	2015.8.16	中广核集团 国家电投
27	福清核电站 2 号	1080	2009.6.17	2015.10.16	中核集团
28	昌江核电站一期 1 号	650	2010.4.25	2015.12.27	中核集团
29	阳江核电站 3 号	1089	2010.11.15	2016.1.1	中广核集团
30	防城港核电站 1 号	1089	2010.7.30	2016.1.1	中广核集团
31	宁德核电站 4 号	1089	2010.9.29	2016.7.21	中广核集团
32	昌江核电站二期 2 号	650	2010.11.21	2016.8.21	中核集团
33	红沿河核电站 4 号	1118	2009.8.18	2016.9.19	中广核集团 国家电投
34	防城港核电站 2 号	1089	2010.12.28	2016.10.1	中广核集团
35	福清核电站 3 号	1080	2010.12.31	2016.11.4	中核集团
36	阳江核电站 4 号	1089	2012.11.17	2017.3.15	中广核集团
37	福清核电站 4 号	1080	2012.11.17	2017.9.17	中核集团
38	田湾核电站二期 3 号	1060	2012.12.27	2018.2.15	中核集团
	商运机组共计	36808			

目前，全球核电站采用的堆型都是裂变堆，由于核电站的安全隐患终归不能根除，核废料的处理也是一个很难解决的全球性问题，因此核电发展的方向是在继续对现有核电技术改进的同时，转向取之不尽、用之不竭、对环境没有污染、没有危害的核聚变反应堆。

科学家指出，利用核能的最终目标是要实现受控核聚变。目前，美国、英国、俄罗斯、德国、法国、日本等国都在竞相开发核聚变发电厂，科学家们估计，到 2030 年以后，核聚变发电厂有可能投入商业运营，受控核聚变发电将广泛造福人类。

2.5.2 核能的特点及用途

1. 核能的特点

核裂变能是一种经济、清洁和安全的能源，目前的民用领域主要用于核能发电。同火电相比，应用核裂变发电有以下优点：

（1）核电较安全。随着核能技术的不断进步，从原始的石墨水冷反应堆，发展到以普通水、重水、沸水为慢化剂的轻水堆、重水堆、沸水堆等，其安全性大大提高。核电的事故率远远低于火电。自核电投入使用以来，全世界仅有三次重大事故。1986 年苏联切尔诺贝利核电站事故，造成人员伤亡和放射性污染，主要由于该电站是早期建造的石墨堆，没有保护装置，技术也不够成熟，且由操作人员违规操作造成。1979 年的美国三里岛核电站事故，仅仅导致电站停止运行，没有人员伤亡和放射性泄漏，原因是由于该电站是压水堆，技术较成熟。2011 年日本福岛核电站遭到地震和海啸的袭击而导致多台机组发生"氢爆"和放射性物质泄漏的重大事故，究其原因主要有两点：一是机组都是 20 世纪 60—70 年代建造的沸水堆，本身安全性能较差，而且已超期服役；二是厂方和日本政府初期应对失误。因此近年来，核电国家已采取了一系列更为严格的安全措施，签署了《国际核安全公约》，使核安全达到很高的水平。

（2）核电较经济。核反应可以产生惊人的能量，^{235}U 分裂时产生的热量是同等质量煤的 240 万倍，是石油的 160 万倍。一座 1000MW 的核电站，每年仅补充 30t 核材料，但同功率的火电站，每年需消耗 300 万 t 煤或 200 万 t 石油。核电虽然一次性投资大，建设周期长，但从长远看仍较为经济。在十几年中，美国 100 多座核电站使其减少原油进口 30 亿桶，仅此一项减少开支 1000 多亿美元。可见核电站的经济效益非常明显。此外，目前核电的建设成本比火电建设成本高 50%～80%，而核电的运行成本只相当于火电的 50%。随着科学技术的发展，建设成本和运行成本会逐渐下降，核能的利用将会显现出更大的优势。

（3）核电较清洁，对环境污染小。气象学家的计算表明，全球以煤为主要能源所释放的大量 CO_2，是产生温室效应、引起全球气候变暖的主要原因，温室效应给全球生态环境带来一系列灾难性后果。核电对环境的污染远比煤电小。据测算，全世界的核电站同燃煤电厂相比，每年可为地球大气层减少 1.5 亿 t CO_2、190 万 t NO_x 和 300 万 t SO_x。核电站不排放任何有害气体和其他金属废料，放射性物质对周围居民的影响也比煤电（尘烟中含有钍、镭）少。而且，核电站的建设只要合理规划布局，采取多层有效的防护就能减轻污染。如核发电最发达的法国，1980 年核电占全部能源的 20%，1986 年上升到 70%，在此期间发电总量增加了 40%，而排放的 SO_2 减少了 56%，NO_x 减少了 9%，尘埃减少了 36%。可见核能是目前条件下的清洁能源。

应用核聚变能有以下优点：

（1）核反应原料储量丰富。热核能源的主要原材料锂和重水取自海水，在地球上储量巨大，本身可以再生，海水中锂的可开采年限为 1600 万年，而重水的可采年限为 60 亿年，这相对地球生命年限来说，将成为人类取之不尽用之不竭的新能源，可以一劳永逸地解决世界能源问题。此外，燃料成本也比核裂变燃料低。如 1kg 氘的价格仅为 1kg 浓缩铀的 1/40。核聚变原料所释放出的能量比同质量的核裂变原料所释放的能量要大得多，如 1kg 氘和氚混合进行核聚变反应可释放相当于 9000t 汽油燃烧时的能量，是同质量铀裂变反应时释放能量的 4 倍。可以预见，一旦核聚变能得到广泛的工业应用，将会从根本上解决能源紧张的问题。

（2）使用过程安全，无环境污染。聚变反应产物是氦，不产生放射性废物；聚变堆中只有少量核燃料，例如初期的聚变堆中使用氚，氚是放射性的，但毒性小；聚变反应是靠高温维持的,一旦系统失灵,高温不能维持,聚变反应就自动停止。这些因素使聚变装置具有固有的安全性,也比裂变堆干净得多,即使产生的中子会使物质活化,产生放射性物质,但放射性水平也比裂变堆低得多。

(3)有可能实现能量的直接转换,热效率将可达到90%以上。

正是由于核能所具有的众多优点,使其在可替代能源中占据了很重要的地位,已经成为不可缺少的能量来源。

2. 核能的用途

目前,核能是世界能源中具有重要发展前途的能源之一,已被人类用之于军事、经济和科研等方面。重要的裂变材料有^{235}U、^{239}Pu、^{233}U等。核能能量密集,核电站地区适应性强,运转费用低,收益大。因此,世界各国尤其发达国家竞相发展核电站。

(1)核能用于军事。核能在军事领域的应用最为广泛,自人类发现核能以来,它的首次应用便是在军事方面。核能用于军事上,可作为核武器,并用作航空母舰、核潜艇、原子发动机等的动力源。

(2)核能用于供能。在经济领域,核能的最重要、最广泛的用途就是替代化石燃料用于发电,在其他方面核能也有广泛的应用,例如核能供热、核动力等。

核供热不仅可用于居民冬季采暖,也可用于工业供热;特别是高温气冷堆可以提供高温热源,能用于煤的气化、炼铁等大耗热行业。核供热的另一个潜在的用途是海水淡化,在各种海水淡化方案中,采用核供热是经济性最好的一种。在中东、北非地区,由于缺乏淡水,海水淡化的需求很大。

核能又是一种具有独特优越性的动力。因为它不需要空气助燃,可作为地下、水中和太空等缺乏空气的环境下的特殊动力;又由于它燃料消耗少、能量密度大,因而是一种一次装料后可以长时间供能的特殊动力。例如,它可作为火箭、宇宙飞船、人造卫星、潜艇、航空母舰等的特殊动力。

(3)核能用于其他领域。核能可作为放射源用于工业、农业、科研、医疗等领域。

核能技术在农业上的应用已形成了一门边缘学科,即核农学。常用的技术有核辐射育种,即采用核辐射诱发植物突变以改变植物的遗传特性,从而产生出优劣兼有的新品种,从中选择,可以获得粮、棉、油的优良品种。

在医学研究、临床诊断和治疗上,放射性核元素及射线的应用已十分广泛,形成了现代医学的一个分支——核医学。常见的核医学诊断方法有体内脏器显像,即以适当的同位素标记某些试剂,给病人口服或注射后,这些试剂就有选择性的聚集到人体的组织或器官,用适当的探测器就可从体外了解组织器官的形态和功能。核技术在治疗方面主要是用于治疗肿瘤,其方法是利用γ射线杀死癌细胞。据统计,世界上已有70%的癌症患者接受放射性治疗。另外在放射治疗中,快中子治癌也取得了较好疗效。

2.5.3 核能发电原理

核能发电的能量来自核反应堆中可裂变材料(核燃料)进行裂变反应所释放的裂变能。裂变反应指^{235}U、^{239}Pu、^{233}U等重元素在中子作用下分裂为两个碎片,同时放出中子和大量能量的过程。反应中,可裂变材料的原子核吸收一个中子后发生裂变并放出两三个中子。这些中子除去消耗，至少有一个中子能引起另一个原子核裂变，使裂变自持地进行，则这种反应为链式裂变反应。实现链式反应是核能发电的前提。

要用反应堆产生核能，需要解决以下问题：

（1）为核裂变链式反应提供必要的条件，使之得以进行。

（2）链式反应必须能由人通过一定装置进行控制。失去控制的裂变能不仅不能用于发电，还会酿成灾害。

（3）裂变反应产生的能量要能从反应堆中安全取出。

（4）裂变反应中产生的中子和放射性物质对人体危害很大，必须设法避免它们对核电站工作人员和附近居民的伤害。

核电类似于火电，只是以核反应堆及蒸汽发生器代替火力发电的锅炉，以核裂变能或核聚变能代替矿物燃料燃烧的化学能。受控核聚变还没有达到实际应用的阶段，所以目前的核能发电均利用核裂变能。

图 2.10 为压水堆核电站流程图。核电站的内部通常由一回路系统和二回路系统组成。反应堆是核电站的核心，反应堆工作时放出的热能由一回路系统的载热介质传送到堆外，用以产生蒸汽。载热介质通常采用空气、氦气、水、有机化合物或金属钠，其中水还可作为反应堆的慢化剂。整个一回路系统被称为"核供汽系统"，它相当于火电厂的锅炉系统。为了确保安全，整个一回路系统装在一个被称为安全壳的密闭厂房内，这样，无论在正常运行或发生事故时都不会影响安全。

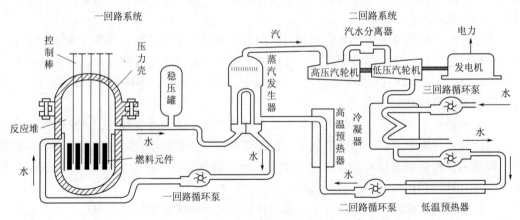

图 2.10　压水堆核电站流程图

载热介质在反应堆内获得热量后，通过设在堆外的蒸汽发生器把热量传给二回路系统中的传热介质。二回路系统的传热介质一般是水，接受传热后变成蒸汽或热水，就可以用于发电或供热。由蒸汽驱动汽轮发电机组进行发电的二回路系统与火电厂的汽轮发电机系统基本相同。

一般在高压条件下，二回路系统的水受热后产生高温高压蒸汽，高温高压蒸汽可先送入汽轮机组发电，发电后的较低参数蒸汽再用于供热，组成热电联供系统。这种联供系统可大幅度提高核燃料的利用率，满足各种供热参数的需求，但这种系统比较复杂，技术、工艺和材料的要求较高，投资也大。因此，一般核反应堆均不采用热电联供的运行方式。低温核供热系统是把二回路系统的水在接近常压的条件下加热成为低参数蒸汽和热水直接用于供热的系统。这种系统的核燃料利用率较低，但对技术、工艺和材料的要求相对较低，投资较低，适于分散建设，可用于有一定规模和比较稳定的热负荷地区，如北方城市冬季采暖供热和南方城市空调制冷等。在北方城市利用核供热、采暖，在经济性能上可与锅炉集中供热相竞争。

在裂变反应堆中，除沸水堆外，其他类型的动力堆都是一回路的冷却剂通过堆芯加热，在蒸汽发生器中将热量传给二回路的水，然后形成蒸汽，推动汽轮发电机。沸水堆则是一回路的冷却剂通过堆芯加热变成压力为7MPa左右的饱和蒸汽，经汽水分离并干燥后直接推动汽轮发电机。核供热系统在运行过程中基本不排放烟尘、SO_2、NO_x等有害气体，也不排放温室气体，因而具有较好的环境效益。反应堆正常运行时放射性废气和废液的排放量也很少。反应堆在事故情况下的放射性泄漏问题在设计和建设过程中均有充分的保障措施，使其不致对公众和环境造成危害。因此，核供热系统将成为安全清洁的供热系统。

2.5.4 核电站

1. 核电站的组成

核电站的系统和设备通常由两大部分组成：核的系统和设备，又称核岛；常规的系统和设备，又称常规岛。一座反应堆及相应的设施和它带动的汽轮机、发电机称为发电机组。从理论上讲，各种类型的核反应堆均可以进行发电，但从工程技术和经济运行的角度看，某些类型的核反应堆更适合于核能发电。

目前核电站中普遍使用的反应堆堆型是轻水堆、重水堆和石墨气冷堆，其中采用比例最高，最具有竞争力的是轻水堆，包括压水堆和沸水堆。轻水堆的堆芯紧凑，作为慢化剂和冷却剂的水具有优越的慢化性能、物理性能和热工性能，与堆芯和结构材料不发生化学作用，价格低廉，这种反应堆具有良好的安全性和经济性。

2. 轻水堆核电站

（1）压水堆核电站。图2.11是压水堆核电站系统示意图。压水堆核电站的最大特点是整个系统分成两大部分，即一回路系统和二回路系统。

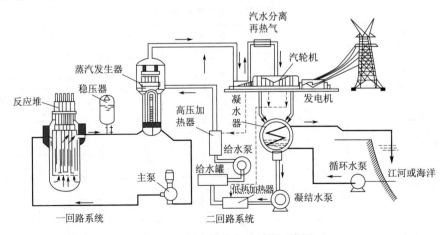

图2.11　压水堆核电站系统示意图

一回路系统中压力为 151MPa 的高压水被冷却剂泵送进反应堆，吸收燃料元件的释热后，进入蒸汽发生器下部的 U 形管内，将热传给二回路系统的水；然后再返回冷却剂泵入口，形成一个闭合回路。二回路系统的水在 U 形管外部流过，吸收一回路系统水的热量后沸腾，产生的蒸汽进入汽轮机的高压缸做功。高压缸的排汽经再热器再热提高温度后，再进入汽轮机的低压缸做功。膨胀做功后的蒸汽在凝汽器中被凝结成水，然后再送回蒸汽发生器形成另一个闭合回路。一回路系统和二回路系统是彼此隔绝的，万一燃料元件的包壳破损，只会使一回路系统水的放射性增加，而不致影响二回路系统水的品质，这样就大大增加了厂核电站的安全性。

　　压水反应堆堆芯放在压力壳中，由一系列正方形的燃料组件组成，大致排列成一个圆柱体堆芯。燃料一般采用富集度为 2%～4.4% 的烧结二氧化铀（UO_2）芯块。燃料棒全长为 2.5～3.8m。压力容器（压力壳）为锰-钼-镍（Mn‐Mo‐Ni）的低合金钢的圆筒形壳体，内壁堆焊奥氏体不锈钢，分为壳筒体和顶盖两部分，其内径为 2.8～4.5m，高为 10m 左右，壁厚为 15～20cm。蒸汽发生器内部装有几千根薄壁传热管，分为 U 形管束和直管束两种，材料为奥氏体不锈钢或因科镍合金。主泵采用分立式单级轴封式离心水泵，泵壳和叶轮为不锈钢铸件。稳压器为较小的立筒形压力容器，通常采用低合金钢锻造，内壁堆焊不锈钢。稳压器的作用是使一回路水的压力维持恒定。它是一个底部带钢电加热器、顶部有喷水装置的压力容器，其上部充满蒸汽，下部充满水。如果一回路系统的压力低于额定压力，则接通电加热器，增加稳压器内的蒸汽，使系统的压力提高。反之，如果一回路系统的压力高于额定压力，则喷水装置喷冷却水，使蒸汽冷凝，从而降低系统压力。通常一个压水堆有 2～4 个并联的一回路系统（又称环路），但只有一个稳压器。每一个环路都有一台蒸发器和 1～2 台冷却剂泵。压水堆核电站由于以轻水作慢化剂和冷却剂，反应堆体积小，建设周期短，造价较低；加之一回路系统和二回路系统分开，运行维护方便，需处理的放射性废气、废液、废物少，因此在核电站中占主导地位。我国压水堆核电站的主要参数见表 2.10。压水堆核电站一回路系统的压力约为 15.5MPa，压力壳冷却剂出口温度约为 325℃，进口温度约为 290℃。二回路系统蒸汽压力为 6～7MPa，蒸汽温度为 275～290℃，压水堆的发电效率为 33%～34%。

表 2.10　　　　　　　　　　我国压水堆核电站的主要参数

堆　　名	秦山	秦山二期 1 号	大亚湾 1 号	岭澳 1 号	田湾 1 号
设计年份	1985	1996	1986	1997	1996
核岛设计者	上海核工程设计院	中国核动力设计院	法马通公司	法马通公司	俄罗斯核设计院
热功率/MWt	966	1930	2905	2905	3000
毛电功率/MWe	300	642	985	990	1060
净电功率/MWe	280	610	930	935	1000
热效率/%	31	33.3	33.9	34.1	35.33
燃料装载量/tU	40.75	55.8	72.4	72.46	74.2
平均比功率/($kW\cdot kg^{-1}$)	23.7	34.6	40.1	40.0	40.5
平均功率密度/($kW\cdot L^{-1}$)	68.6	92.8	109	107.2	109

堆　　名	秦山	秦山二期1号	大亚湾1号	岭澳1号	田湾1号
平均线功率/(W·cm^{-1})	135	161	186	186	166.7
最大线功率/(W·cm^{-1})	407	362	418.5	418.5	430.8
燃料组件数	15×15	17×17	17×17	17×17	六边形
平均燃料U^{235}富集度/%	3.0	3.25	3.2	3.2	3.9
平均燃料耗燃/[MW·(d·tU)$^{-1}$]	24000	35000	33000	33000	43000
压力容器内径/m	3.73	3.85	3.99	3.99	4.13
安全壳设计压力/MPa	—	0.52	0.52	0.52	0.5
一回路系统压力/MPa	15.5	15.5	15.5	15.5	15.7
堆芯进口温度/℃	288.8	292.4	292.4	292.4	291
堆芯出口温度/℃	315.5	327.2	329.8	329.8	321
环路数目	2	2	3	3	4
主泵数目	2	2	3	3	4
蒸汽发生器数目	2个立式	2个立式	3个立式	3个立式	4个立式
蒸汽发生器管材	因科镍-800	因科镍-690	因科镍-690	因科镍-690	不锈钢
运行周期/月	12	12	12	12	12

（2）沸水堆核电站。图 2.12 是沸水堆核电站的示意图。在沸水堆核电站中，堆芯产生的饱和蒸汽经分离器和干燥器除去水分后直接送入汽轮机做功。与压水堆核电站相比，这种系统省去了既大又贵的蒸汽发生器，但有将放射性物质带入汽轮机的危险，另外对沸水堆而言，堆芯下部含汽量低，堆芯上部含汽量高，因此下部核裂变的反应性高于上部。为使堆芯功率沿轴向分布均匀，与压水堆不同，沸水堆的控制棒是从堆芯下部插入的。

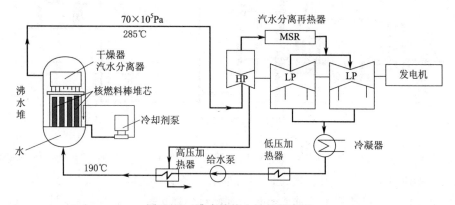

图 2.12　沸水堆核电站的示意图

在沸水堆核电站中，反应堆功率主要由堆芯的含汽量来控制，因此在沸水堆中配备有一组喷射泵。通过改变堆芯水的再循环率来控制反应堆的功率。当需要增加功率时，可增加通过芯的水的再循环率，将气泡从堆芯中扫除，从而提高反应堆的功率。另外，万一发生事故,如冷却循环泵突然断电时,堆芯的水还可以通过喷射泵的扩压段对堆芯进行自然循环冷却,保证堆芯的安全。

由于沸水堆中作为冷却剂的水在堆芯中会沸腾,因此设计沸水堆时一定要保证堆芯的最大热流密度低于沸腾的"临界热流密度",以防止燃料元件因传热恶化而烧毁。表2.11给出了德国主要沸水堆核电站的主要参数。

表 2.11   德国沸水堆核电站的主要参数

主 要 参 数 名 称	参数值	主 要 参 数 名 称	参数值
静热功率/MW	3840	控制棒数目/根	193
净电功率/MW	1310	一回路系统数目	4
净效率/%	34.1	压力容器内水的压力/MPa	7.06
燃料装载量/t	147	压力容积的直径/m	6.62
燃料元件尺寸(外径×长度)/(mm×mm)	12.5×3760	压力容器的总高/m	22.68
燃料元件的排列	8×8	压力容器的总重/t	785
燃料组件数	784		

3. 重水堆核电站

重水堆核电站(图2.13)反应堆以重水作为慢化剂,由于重水的热中子吸收截面比轻水热中子吸收截面小很多,因此,重水堆核电站最大的优越之处是可以使用天然铀作为核燃料。

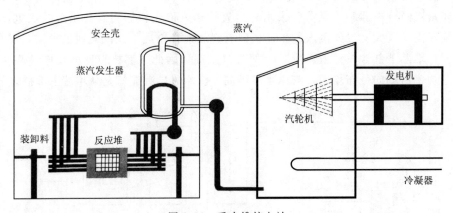

图 2.13   重水堆核电站

重水堆核电站反应堆按其结构可分为压力壳式和压力管式两种类型。压力壳式慢化剂及冷却剂均需使用重水,压力管式可以使用重水、轻水、气体、有机化合物作为冷却剂。重水堆核电站由于可以使用天然铀作燃料,且燃料燃烧比较透,故与轻水堆相比,天然铀消耗量小,可节约天然铀。除此之外,重水堆对燃料适应性较强,容易改换另一种核燃料,重水堆的缺点是体积大、造价高,由于重水造价高,运行经济性也低于轻水堆。

4. 石墨气冷堆核电站

石墨气冷堆核电站是以石墨作慢化剂,以 CO_2 或氦气作冷却剂的反应堆。这种堆型至今已经历了三个发展阶段，产生了天然铀石墨气冷堆、改进型气冷堆和高温气冷堆三种堆型。

第一代石墨气冷堆核电站以天然铀作核燃料，CO_2作冷却剂。冷却剂气体流过堆芯，吸收热量后在蒸汽发生器中将热能传递给二回路系统的水，产生蒸汽后驱动汽轮发电机发电。这种堆型的优点是可以使用天然铀；缺点是功率密度小、体积大、造价高，天然铀消耗量大，目前已基本停止建造。

第二代石墨气冷堆核电站是在第一代基础上设计出来的。主要改进是使用了$2\%\sim3\%$含量的低浓度铀，出口蒸汽温度可达670℃。

第三代石墨气冷堆核电站也称为高温气冷堆。以氦气作冷却剂，石墨作慢化剂。由于堆芯使用了陶瓷燃料及采用惰性气体作冷却剂，故冷却剂气体温度可高达750℃。高温 He 通过蒸汽发生器使二回路系统的水变为蒸汽，驱动汽轮发电机组发电。高温气冷堆的主要优点是因其采用惰性气体作冷却剂，故在高温下也不能活化，不会腐蚀设备和管道。其次石墨热容量高，堆芯发生事故不会引起迅速升温，加之以混凝土作压力壳，故安全性较好。高温气冷堆的热效率较高，可以达40%以上。

5. 核电站系统

核电站是一个复杂的系统工程，它集中了当代的许多高新技术。为了使核电站能稳定、经济地运行，以及一旦发生事故时能保证反应堆安全和防止放射性物质外泄，核电站设置有各种辅助系统、控制系统和安全设施。以压水堆核电站为例，有以下主要系统。

（1）核岛的核蒸汽供应系统。核蒸汽供应系统包括以下子系统：

1）一回路主系统。它包括压水堆、冷却剂泵、蒸汽发生器、稳压器和主管道等。

2）化学和容积控制系统。它的作用是实现对一回路冷却剂的容积控制和调节冷却剂中的硼浓度，以控制压水堆的反应性变化。

3）余热排出系统。又称停堆冷却系统，它的作用是在反应堆停堆、装加料或维修时，用以导出燃料元件发出的余热。

4）安全注射系统。又称紧急堆芯冷却系统，它的作用是在反应堆发生严重事故，如一回路主系统管道破裂而引起失水事故时为堆芯提供应急的和持续的冷却。

5）控制、保护和检测系统。它的作用是为其他系统提供检测数据，并对系统进行控制和保护。

（2）核岛的辅助系统。核岛的辅助系统包括以下主要的子系统：

1）设备冷却水系统。它的作用是冷却所有位于核岛内的放射性水。

2）硼回收系统。它的作用是对一回路系统的排水进行储存、处理和监测，将其分离成符合一回路水质要求的水及浓缩的硼酸溶液。

3）反应堆的安全壳及喷淋系统。核蒸汽供应系统都置于安全壳内，一旦发生事故，安全壳既可以防止放射性物质外泄，又能防止外来的袭击，如飞机坠毁等；安全壳喷淋系统则保证事故发生引起安全壳内的压力和温度升高时能对安全壳进行喷淋冷却。

4）核燃料的装换料及储存系统。它的作用是实现对燃料元件的装卸料和储存。

5）安全壳及核辅助厂房通风和过滤系统。它的作用是实现安全壳和辅助厂房的通风，同时防止放射性外泄。

6）柴油发电机组。它的作用是为核岛提供应急电源。

（3）常规岛系统。常规岛系统与火电站的系统相似，它通常包括以下子系统：

1）二回路系统。又称汽轮发电机系统，它由蒸汽系统、汽轮发电机组、凝汽器、蒸汽排放系统、给水加热系统及辅助给水系统等组成。

2）循环冷却水系统。

3）电气系统。

6. 核电站的运行

核电站运行的基本原则和火电站一样，都是根据电站的电负荷需要量来调节供给的热量。由于核电站是由反应堆供热，因此核电站的运行和火电站相比有以下一些新的特点：

（1）在火电厂中可以连续不断地向锅炉供应燃料，而核电站必须对反应堆堆芯一次装料，并定期停堆换料。因此在堆芯换新料后的初期，过剩反应性很大，为了补偿过剩的反应性，除采用控制棒外，还需在冷却剂中加入硼酸，通过硼浓度的变化来调节反应堆的反应性。这就给一回路主系统及其辅助系统的运行和控制带来一定的复杂性。

（2）反应堆的堆内构件和压力容器等因受中子的辐照而活化，所以反应堆不管是在运行中或停闭后都有很强的放射性，这就给电站的运行和维修带来一定的困难。

（3）反应堆停闭后，在运行过程中积累起来的裂变碎片和 β、γ 衰变将继续使堆芯产生余热（又称衰变热），因此堆停闭后不能立即停止冷却，还必须把这部分余热排出去。此外核电站还必须考虑在任何事故工况下都能对反应堆进行紧急冷却。

（4）核电站在运行过程中会产气态、液态和固态的放射性废物，对这些废物必须按照核安全的规定进行妥善处理，以确保工作人员和居民的健康，而火电站中不存在这一问题。

与火电站相比，核电站的建设费用高，但燃料所占的费用却较低。表 2.12 为核电和煤电发电费用的比较。因此为了提高经济性，核电站应在额定功率下作为带基本负荷电站连续运行，并尽可能缩短电站的停闭时间。

表 2.12　　　　　　　　　　　　核电和煤电发电费用的比较

项目	投资费/%	燃料费/%	运行、维修费/%
核电	70	20	10
煤电	30	60	10

2.5.5　核电对环境的影响

核电厂在建造阶段、正常运行或事故状态下以及退役期间可能对环境造成辐射或非辐射影响。核电厂辐射环境影响指核电厂在上述各阶段释放出的放射性气、液态流出物及固体废物对公众造成的辐射照射。核电厂辐射环境影响的大小主要用向环境排放的放射性核素造成的公众中最大个人有效剂量和群体的集体有效剂量来度量。核电厂的非辐射环境影响则指核电厂对周围环境造成的除辐射影响以外的其他影响。

1. 核电站对环境的影响

（1）正常情况下的环境影响。正常情况下的环境影响指核电厂正常运行状态下对环境造成的影响。核电厂正常运行时的辐射环境影响主要来源于气、液态流出物的排放和放射性固体废物的储存和处置。核电厂反应堆内的核燃料在裂变过程中会产生大量的裂变产物，堆内结构材料、腐蚀产物及反应堆冷却剂中的杂质也会因受中子辐照而形成活化产物。这样，在反应堆内会出现大量的各种放射性核素。这些放射性核素的绝大部分被严密地密封在燃料元件包壳和一回路冷却剂系统中；少量逸出的放射性核素经废物处理系统处理后，只有极少量或通过烟囱排入大气环境，或与冷却水混合后排入水环境中。核电厂运行和维修过程也要产生一定数量的放射性固体废物。

辐射照射分外照射和内照射两类。对公众的外照射主要来自含放射性物质的烟羽的外照射和沉积于地表的放射性物质的沉积外照射；内照射主要由吸入放射性核素或食入被放射性污染的食物所致。

核电厂排放的主要气载放射性核素有^{133}Ar、^{85}Kr 等惰性气体、各种碘同位素、^{3}H、^{14}C 以及其他颗粒物（主要有^{90}Sr、^{137}Cs、^{60}Co 等）。液态流出物中除^{3}H 外，主要有^{90}Sr、^{137}Cs 等。有关国家标准明确规定了每座核电厂放射性流出物排放的年控制量：气载流出物中，惰性气体，2.5×10Bq/a；I，7.5×10Bq/a；粒子，2×10Bq/a；液态流出物中，^{3}H，1.5×10Bq/a，除^{3}H 外的放射性核素，7.5×10Bq/a。中国的秦山核电厂和大亚湾核电厂自运行以来，气、液态流出物的实际年排放量仅为国家规定的年控制值的较小份额。

（2）非辐射环境影响。非辐射环境影响包括温排水排放和非放射性污染物排放以及诸如土地扰动、人口变迁、施工等的环境影响。

核电厂反应堆内裂变过程产生的热量，约有 2/3 排放到附近环境中，这就出现了余热排放的环境影响问题。核电厂一般采取水冷的办法。大量冷却水经散热器后，通常可能产生 10℃ 左右的温升，然后排入环境水体，导致排放口附近局部水域的水温升高。调查研究表明，温排水排放导致的水域水温升高仅限于有限范围，达到 4℃ 温升的区域更是十分有限，因此不会对水生生物产生明显的影响，而且在核电厂选址和工程设计中已充分考虑了这种影响。大量冷却水取水过程还可能对较小的水生生物产生卷吸效应，使它们受到热冲击或机械撞击。不过这种影响也是十分有限的。

核电厂运行过程也有少量非放射性污染物排入环境（例如生活污水及水处理过程的排水），但和其他能源工业相比，核电厂的污染物排放是极有限的。例如，一座电功率 1000MW 燃煤核电厂平均每年向大气排放约 44000t 硫氧化物、22000t 氮氧化物，以及约 32000t 烟尘，但核电厂基本没有这些污染物的排放；又如，化石燃料核电厂因向大气排放大量的 CO_2 而成为全球温室气体排放的最主要来源，而核电厂自身却没有温室气体排放，目前的核电生产已避免了全球电力生产中约 8% 的 CO_2 排放量。对土地、水资源、人口等的影响也是比较小的。

（3）事故时的环境影响。指核电厂处于偏离正常运行的事故工况或出现严重堆芯损坏的严重事故时的环境影响。核电站反应堆发生事故时，大量放射性物质会通过各种途径排入环境。反应堆排出的废液和废气中的放射性核素，通过各种途径，经过一系列复杂的物理、化学和生物的变化过程到达人体。

2. 环境保护措施

为了减少核电站排放放射性物质的量，核电站排放的"三废"都要经过严格的治理。

一般采用的方法如下：

（1）放射性废液，包括核电站运行时产生的工艺废液及洗涤废液，用蒸发、离子交换、凝聚沉淀、过滤等方法处理。达到排放标准后，排放至江、河、湖、海。浓缩液及高放射性废液，经浓缩后固化储存。

（2）放射性废气，包括来自一回路的除气过程的排气、废液蒸发、辅助系统的蒸汽以及其他除气过程的排气等，经过过滤、储存、衰减等过程，待其放射性水平达到允许值后，通过烟囱排入大气。

（3）固体废物，包括废液浓缩物、污染了的工具、衣物、净化系统用过的离子交换树脂等，通常按照它们的放射性水平高低分别装在金属桶或用水泥固化后放到废物库储存，并有严格的措施，防止它们受到水的浸蚀而造成对周围土地和水体的污染。核电站本身除有完整的"三废"治理措施外，还要实行严格的环境管理，如对排出物的排放管理、监测制度以及对放射性废物的储存和运输的管理等，目的是把核电站放射性对环境的影响尽量降低到合理的程度。

思 考 题

1. 请简述煤的形成和分类特点。
2. 请简述煤的工业分析。
3. 请简述我国煤炭资源的分布、开采特点。
4. 请简述煤炭的主要元素及特性。
5. 试述石油的形成及分类特点。
6. 请简述我国石油主要分布地区。
7. 请简述石油利用对环境的影响。
8. 请简述天然气的特性及用途。
9. 请简述核能释放能量的形式。

第3章 新能源

众所周知，人类的生存和发展离不开能源，能源问题与人类文明的演进息息相关。随着社会和经济的发展，能源的消耗在急骤增长。目前，煤、石油、天然气是人类社会的主要能源，这些化石能源都是不可再生的。人类大规模开发这些能源的历史不过二三百年，却已将地球亿万年来形成的极为有限的化石能源几乎快要消耗殆尽。另外，人类无限制地燃烧煤炭、石油、天然气等燃料发电，也是产生温室效应及污染物排放的主要因素，以致世界性的能源危机加剧和全球环境日趋恶化。

为了实现人类社会未来的可持续发展与解决化石能源带来的环境问题，必须大力发展新能源。新能源一般是指最近一二十年才为人们所重视，并开始开发利用的能源，技术上还不太成熟，在目前使用的能源中所占的比例还较小，但具有较大发展前途，将是解决化石燃料枯竭后世界能源问题的根本途径。它们一般包括风能、太阳能、地热能、生物质能、海洋能等。

在能源发电领域，我国目前主要以火力发电与水力发电为主，两者占到了总发电容量的 90% 以上，其中又有 3/4 的电能来自于煤炭，每年仅我国要烧掉超过 1.4Gt 煤用来发电。地球除了煤炭等化石能源，还有着丰富的风力、太阳能等可再生能源。随着人类科学技术的发展，大规模地开发使用风能与太阳能，以满足人们对电能的需求已经成为现实。以我国为例，2015 年的年用电总量是 55500 亿 kW·h 左右，而我国可开发利用的风力发电资源在 10 亿 kW 左右，考虑到风的间歇性，全部开发完成后的风力发电总量可以满足目前 50% 左右的电力需求。除此以外，其他新能源也正逐步扩大普及和应用。

3.1 风 能

由于风力发电具有良好的发展前景，开发利用风力资源对于缓解能源短缺、保护生态环境具有重要意义，因此受到了世界各国的广泛关注。我国地域辽阔，风力资源丰富，风力发电技术日趋成熟，具备了规模开发条件，因此，风力发电在我国有着很大的发展空间。

2005 年以前，我国的风力发电规模很小，风力发电主要用于远离电网的离散用户，如牧区、海岛、边防哨所等。风电机组的制造以中小型机组为主，并网发电的大型风电机组数量很少。自能源危机之后，尤其在 2006 年国家《可再生能源法》颁布后，将可再生能源（水能、风能、太阳能、地热能、生物质能、海洋能等非化石能源）开发利用的科学技术研究和产业化发展列为科技发展与高技术产业发展的优先领域。根据国家发展和改革委员会的《可再生能源中长期发展规划》，2020 年我国风电机组装机容量将达到 3000 万 kW，以风能为代表的清洁可再生能源发电在我国进入了快速发展时期。

3.1.1　风能利用及风力发电历史

人类利用风能的历史悠久，古代埃及、波斯和中国有资料记载的就有几千年的历史。在蒸汽机发明以前，风能曾作为重要的动力，最早的利用方式是"风帆行舟"。约在几千年前，古埃及人的风帆船就在尼罗河上航行。我国在商代出现了帆船，最辉煌的风帆时代是明朝。15 世纪中叶，航海家郑和七下西洋，庞大的船队就是用风帆作为动力的，当时我国的帆船制造技术已领先于世界。风车使用的起源最早可以追溯到 3000 年前，那时候风车的主要用途是提水、锯木和推磨等，欧洲一些国家现在仍然保留着许多风车，已成为人类文明史的见证（图 3.1）。随着化石燃料能源的开采及利用，尤其是火力发电技术的大规模应用，风能作为动力逐渐退出了历史的舞台。

图 3.1　人类早期风能利用示例

风力发电的历史始于 19 世纪晚期。1887 年底，美国人 Charles F Brush（1849—1929）研制出世界上第一台 12kW 直流风力发电机，用来给家里的蓄电池充电。该风电机组风轮直径 170m，安装了 144 个叶片，运行了将近 20 年，如图 3.2（a）所示。

丹麦物理学家 Poul La Cour（1846—1908）通过风洞试验发现，叶片数少、转速高的风轮具有更高的效率，提出了"快速风轮"的概念，即叶尖转速高于风速。根据研究结果，Poul La Cour 于 1891 年建造了一台 30kW 左右的具有现代意义的风电机组，如图 3.2（b）所示，发出直流电，用于制氢，供附近小学的汽灯照明，一直持续到 1902 年。

1926 年德国科学家 Albert Betz（1885—1968）对风轮空气动力学进行了深入研究，提出了"贝茨理论"，指出风能的最大利用率为 59.3%，为现代风电机组空气动力学设计奠定了基础。从 20 世纪 20 年代起，苏联、美国和一些欧洲国家纷纷开展了风力发电技术的研究。

1925 年发明了一种阻力型垂直轴风电机组类型，称为"Savonius 机组"，由于其空气动力学特性非常复杂，效率低，实际应用较少。1931 年法国人 Georges Darrieus 发明了另外一种升力型的垂直轴风电机组，称为"Darrieus 机组"。

美国工程师 Palmer Cosslett Putman（1910—1986）首先提出并网风电设想。他与 S Morgan Sminth 公司合作，于 1940 年将其设想变为现实，制造出风电发展历史上第一个 1250kW 超大型的 Smith - Putnam 风电机组，如图 3.2（c）所示，该风电机组的塔架高度 32.6m，风轮直径 53.3m，两叶片，每个叶片重量达到 8t。在当时的技术条件下，由于材料强度不能满足要求，这个风电机组只运行了 4 年时间，就发生了叶片折断事故。这也促使人们在叶片结构优化和轻质材料方面开始进行深入的研究。

（a）Brush的风电机组　　　　（b）Poul La Cour的风电机组　　　（c）Smith -Putnam的风电机组

图 3.2　早期的风电机组

德国人 Ulrich Huetter（1910—1989）一直致力于风电机组结构优化研究，于 1942 年提出"叶素动量理论"，1957 年建成容量 100kW 的风电机组，如图 3.3（a）所示，该风电机组风轮直径 34m，两叶片，叶片采用了优化的细长结构。丹麦人 Johannes Juul 于 1957 年建造了一台 200kW 风电机组，如图 3.3（b）所示，并实现并网发电。该风电机组

（a）Huetter的风电机组　　　　　　　（b）Johannes Juul的风电机组

图 3.3　现代风电机组的先驱

具有三个固定叶片，采用异步发电机，风轮定速旋转。这种结构型式的风电机组被称为"丹麦概念风电机组"。这两台风电机组的许多设计思想和试验数据对后来的现代大型风电机组设计产生了重要影响。

在半个多世纪里，人们对风力发电技术进行了持续不断的研究，但由于可以广泛使用化石能源提供的廉价电力，因而社会对风力发电的应用没有足够的兴趣，这种现象一直持续到 20 世纪 70 年代。发生于 1973 年的石油危机促进了西方各国政府对风力发电的重视，通过政策优惠及项目资助促进了风电技术的应用研究与发展，人们获得了许多重要的科学知识和工程实践经验，并开始建造了一系列示范试验机组。1981 年，美国建造并试验了新型的水平轴 3MW 风电机组，利用液压驱动进行偏航对风，整个机舱始终处于迎风方向。德国、英国、加拿大等国在同期也先后进行了兆瓦级风电机组的实验研究工作，然而，在一段时间里，单叶片、双叶片以及三叶片的大型风电机组始终处于并存状态。

进入 20 世纪 90 年代，环境污染和气候变化逐渐引起人们的注意，风力发电作为清洁可再生能源重新受到许多国家政府的重视，尤其在欧洲，风力发电开始了商业规模化并网运行。

大型风电机组处于无人值守的野外，运行过程中要受到恶劣气候的影响，在示范性试验中的样机经常出现问题，风电机组的可靠性也不高。因此，对于首先投入商业运行的风电机组，人们选择了容量偏小、三叶片、失速调节、交流感应发电机、恒速运行的参数配置，这一简单结构的风电机组被证明相当成功。目前，商业化运行的风电机组单机容量已经达到 20 世纪 80 年代示范机组的规模，实现了变桨距、变速方式调节运行，使得风电机组的效率得到了很大提高，出现了更先进的双馈式及直驱式新型风电机组，同时，风电机组也由陆地走向了近海。

我国现代风力发电技术的开发利用起源于 20 世纪 70 年代。当时根据牧区需要，从仿制国外风电机组到自行研究，设计了 30W～2kW 的多种小型风电机组。经过不断地学习国外先进研发及制造技术，我国 55kW 以下的小型风电机组逐渐形成系列化产品，解决了边远农村、牧区、海岛、边防哨所、通信基站等偏远用户的用电问题，成为离网型风电机组的主力。经过近 30 年的技术发展，我国自行研制开发的小型风电机组运行平稳、质量可靠，使用寿命在 15 年以上。这些风电机组经济性好、成本低、价格便宜，得到了广泛使用，生产能力居世界首位，并出口到世界很多国家和地区。

进入 20 世纪 80 年代后，我国开始研究并网型风电机组，1984 年研制出了 200kW 风电机组，同期，我国风电场建设也进入起步阶段，在新疆、内蒙古等地区安装了数台国外引进风电机组，开始了并网型风力发电技术的实验与示范阶段。经过了 10 年左右的发展，我国已基本掌握了 200～600kW 大型风电机组的制造技术。这期间，我国并没有将风力发电作为重要电力来源，直到进入 21 世纪，在世界范围内，能源和环境问题更加突出，我国风力发电才逐渐进入了高速发展时期。可以预期，风力发电必将很快成为我国电能的主要来源之一。

3.1.2 风能资源

1. 风能的特点

风是由太阳辐射热引起的。太阳照射地球表面，地球表面各处受热不同产生温差，从而形成大气的对流运动形成风，风所具有的能量就是风能。据估计，到达地球的太阳能中虽然只有大约 2% 转化为风能，但据世界气象组织估计，全球的风能总量约为 2.74×10^9 MW，其中可利用的风能约为 2×10^7 MW，比地球上可开发利用的水能总量还要大 10 倍，但已利用的极少。与其他能源形式相比，风能具有以下特点：

（1）风能蕴藏量大、分布广。我国约 20% 左右的国土面积具有比较丰富的风能资源，据推测，我国风能的经济可开发量在 10 亿 kW 左右。

（2）风能是可再生能源，同时又是一种过程性能源，不能直接储存，不加以利用就会消失。

（3）风能利用基本不对环境产生直接污染和影响。风电机组运行时，只降低了地球表面气流的速度，对大气环境的影响较小。风电机组噪声为 40～50dB，远小于汽车的噪声，在距风电机组 500m 外已基本不受影响。风电机组对鸟类的生存环境可能有一定影响。总体而言，风力发电属清洁能源，对环境的负面影响非常有限，对于保护地球环境、减少 CO_2 温室气体排放具有重要意义。

（4）风能的能量密度低。由于风能来源于空气的流动，而空气的密度是很小的，因此风力的能量密度也很小，只有水力的 1/816，这是风能的一个重要缺陷。因此，风电机组的单机容量一般较小。我国目前以 3～5MW 级风电机组为主，世界上最大的商业运行风电机组也只有 8MW。

（5）不同地区风能差异大。由于地形的影响，风力的地区差异非常明显。一个邻近的区域，有利地形下的风力往往是不利地形下的几倍甚至几十倍。

（6）风能具有不稳定性。风能随季节性影响较大，我国位于亚洲大陆东部，濒临太平洋，季风强盛。冬季我国北方受西伯利亚冷空气影响较大，夏季我国东南部受太平洋季风影响较大。由于气流瞬息万变，因此风的脉动、日变化、季变化以至年际的变化都十分明显，波动很大，极不稳定。

2. 我国风能资源分布特点及开发前景

风能是地球表面大量空气流动所产生的动能，风速 9～10m/s 的 5 级风吹到物体表面上的力，每平方米面积上约有 10kg；风速 20m/s 的 9 级风吹到物体表面上的力，每平方米面积可达 50kg 左右。台风的风速可达 50～60m/s，它对每平方米物体表面上的压力可高达 200kg 以上。

某个区域风能资源的大小取决于该区域的风能密度和可利用的风能年累积小时数。风能密度是单位迎风面积可获得的风的功率，与风速的三次方和空气密度成正比关系。

我国风力资源丰富，可开发量为 7 亿～12 亿 kW，其中陆地为 6 亿～10 亿 kW，海上为 1 亿～2 亿 kW，按 2016 年全年新增风电装机容量 1930 万 kW，累计并网装机容量达到 1.49 亿 kW，以风电发电量 2410kW·h 推算，未来每年可提供 1.2 万亿～2 万亿 kW·h 电量。

我国幅员辽阔，地形条件复杂，风能资源状况及分布特点随地形和地理位置的不同而相差较大。根据风资源类别划分标准，按年平均风速的大小，各地风力资源大体可划分为4个区域，见表3.1。

表 3.1 我国风力资源区域划分

区别	平均风速/(m·s⁻¹)	分 布 地 区
丰富区	>6.5	东南沿海、山东半岛和辽东半岛、三北地区(西北、华北、东北地区)、松花江下游
较丰富区	5.5～6.5	东南沿海内陆和渤海沿海、三北南部地区、青藏高原区
可利用区	3.0～5.5	两广沿海区、大小兴安岭地区、中部地区
贫乏区	<3.0	云贵川和南岭山地、雅鲁藏布江和昌都区、塔里木盆地西部区

我国风能资源丰富的地区主要分布如下：

（1）三北地区。在该区域内风能资源储量丰富，占全国陆地风能资源总储量的79%，风能功率密度在 $200\sim300W/m^2$ 以上，有的可达 $500W/m^2$ 以上；全年可利用的小时数在5000h 以上，有的可达 7000h 以上，具有建设大型风电基地的资源条件。这一风能丰富带的形成，主要是由于三北地区处于中高维度的地理位置，尤其是内蒙古和甘肃北部地区，高空终年在西风带的控制下。三北地区的风能分布范围较广，是中国陆地上连片区域最大、风能资源最丰富的地区，这些地区随着经济发展，电网将不断延伸和增强，风电的开发将与地区电力规划相协调发展。

（2）东南沿海及其附近岛屿地区。与大陆相比，海洋温度变化慢，具有明显的热惰性，所以冬季海洋地区较大陆地区温暖，夏季海洋地区较大陆地区凉爽。在这种海陆温差的影响下，在冬季每当冷空气到达海上时风速增大，再加上海洋表面平滑、摩擦阻力小，一般风速比大陆增大 2～4m/s。沿海近 10km 宽的地带，年风功率密度在 $200W/m^2$ 以上。在风能资源丰富的东南沿海及其附近岛屿地区，全年风速不小于 3m/s 的时数为 7000～8000h，不小于 6m/s 的时数为 4000h。沿海地区风能资源的另一个分布特点是南大北小，台风的影响地区也呈现由南向北递减的趋势。

我国有海岸线约 18000km，岛屿 7000 多个，东部沿海水深 2～15m 的海域面积辽阔，近海可利用的风能储量有 1 亿～2 亿 kW，是风能大有开发利用前景的地区。该地区也是我国经济发达地区，是电力负荷中心，有强大的高压输电网，风电与水电具有较好的季节互补性，适合建设海上风电场。海上风电具有风速高、风速稳定、不占用宝贵陆地资源的特点，加之该地区风电在电网中的比例相对较小，因此，对电网的影响较小。随着海上风电场技术的发展成熟将来必然会成为重要的电力来源。

但在我国海岸线的南端，由于靠近海岸的内陆多为丘陵地区，气流受到地形阻碍的影响，风能功率密度仅 $50W/m$ 左右，基本上是风能不能利用的地区。

（3）青藏高原北部。该区域风能资源也较为丰富，全年可利用的小时数可达 6500h，但青藏高原海拔高，空气密度小，所以有效风能密度也较低，仅为 $150\sim200W/m^2$。

另外，内陆个别地区由于湖泊和特殊地形的影响，风能也较丰富，如鄱阳湖、湖南衡山、湖北九宫山、河南嵩山、山西五台山、安徽黄山、云南太华山等也较平地风能大，但风能范围一般仅限制在较小区域内。

根据目前我国气象资料对风电资源做出的评估偏于宏观且误差较大，在具体风电场建设中，还要进行重新测风来做微观选址。对风能资源进行准确评估是制定风能利用规划、风电场选址、风电功率预测的重要基础。

　　风能资源评估方法有统计方法和数值方法两类：统计方法是根据多年观测的气象数据和资料对风能进行估计；数值方法则是在气象模型的基础上编制高分辨率的风能资源分布图，评估风能资源技术可开发量。其中数值方法的应用范围越来越广泛。在现有气象台站的观测数据基础上，按照近年来国际通用的规范进行资源总量评估进而采用数值模拟技术，更重要的是利用地理信息系统（GIS）技术将电网、道路、厂址可利用土地、环境影响、当地社会经济发展规划等因素综合考虑，进行经济可开发储量评估，将更具实际意义。

　　表3.2列出我国部分省（自治区）的风能资源量。目前我国主要开发的是陆地风能资源，近海风能资源的开发处于起步阶段。在我国内陆地区，从东北、内蒙古、甘肃河西走廊至新疆一带的广阔地区风能资源比较丰富，沿海内陆的辽东半岛、山东、江苏至海南，东南沿海及岛屿具有较好的风能资源，青藏高原及部分内陆地区也存在一定的开发潜力。

表3.2　　　　　　　　　　我国部分省区风能资源量

省（自治区）	风能资源/MW	省（自治区）	风能资源/MW
内蒙古	61780	山东	3940
新疆	34330	江西	2930
黑龙江	17230	江苏	2380
甘肃	11430	广东	1950
吉林	6380	浙江	1640
河北	6120	福建	1370
辽宁	6060	海南	640

3. 风电发展概况

　　全球风能理事会2017年4月25日在印度新德里发布的《全球风电报告：年度市场发展》表明，2016年全球风电新增装机容量超过54GW，其中9个国家的装机容量超过10GW，累计容量达到486.8GW，累计装机容量增长12.6%；2016年我国风电累计、新增装机容量均居全球第一。

　　全球风能理事会秘书长Steve Sawyer表示："风电目前在与全球接受严重补贴的化石能源在役机组的竞争中表现出色，风电建立新的产业，制造成千上万的就业机会，并且引领全球走向清洁能源的未来。""我们正在进入一个清洁能源会带来颠覆性变化的时期，电力系统正在转型，由少数的大型污染性的电厂主导的集中式系统转向由广泛分布的可再生能源为主流的体系。我们需要全球电力系统在2050年前尽早达到零排放，以确保实现防止气候变化和可持续发展的目标。"

　　风电在电力需求中所占的比例（渗透率）持续提高，丹麦达到了40%，紧随其后的是乌拉圭、葡萄牙和爱尔兰，它们都超过了 20％，西班牙和塞浦路斯都达到 20％，德国 16％。一些大的电力市场如中国、美国和加拿大的风电渗透率分别达到 4％、5.5％和 6％。全球风能理事会发布的《全球风电报告 2017》显示，2017 年全球风电新增装机容量保持 50GW 以上，欧洲、印度和离岸部门实现了历史性增长，预计到 2021 年，累计装机容量将超过 800GW。

这些增长主要由亚洲国家引领：中国将继续在全球市场处于领先地位；因为要完成政府雄心勃勃的风电发展目标，印度在过去一年也建立了一个新的装机容量记录，印度风电未来的发展潜力巨大。与此同时，亚洲还有很多具有显著发展潜力的新兴风电市场。

在北美洲，市场增长的基础非常强劲。欧洲发展稳健，欧洲海上风电的强大价格降幅如同给了欧洲风电发展注射一剂"强心针"，为欧洲迈向 2020 年可再生能源发展和温室气体减排的目标提供了一个强大推动力。欧洲将继续引领全球海上风电市场，而海上风电的低价将吸引全球特别是亚洲和北美的政策制定者关注。

在南美洲，尽管巴西的政治和经济处于困境，但该区域的其他国家正在填补风电市场的空白，特别是乌拉圭和智利，以及这一区域中最令人关注的阿根廷。非洲也将经历强劲增长，由肯尼亚、南非和摩洛哥引领，非洲大陆上的未来发展图景非常乐观。澳大利亚市场经历了一个短暂的沉寂后，也开始展现出恢复的迹象，特别是拥有可观的待建项目规模，将确保未来几年风电的增长。

全球风电发展报告图表如图 3.4～图 3.9 和表 3.3 所示。

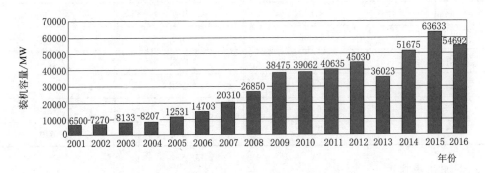

图 3.4　2001—2016 年全球风电年新增装机容量

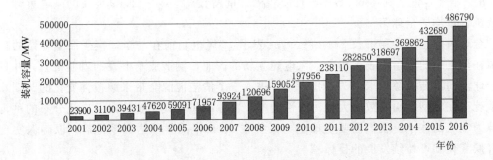

图 3.5　2001—2016 年全球风电累计装机容量

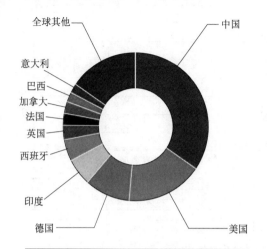

国家	装机容量/MW	百分比/%
中国	168732	34.7
美国	82184	16.9
德国	50018	10.3
印度	28700	5.9
西班牙	23074	4.7
英国	14543	3.0
法国	12066	2.5
加拿大	11900	2.4
巴西	10740	2.2
意大利	9257	1.9
全球其他	75576	15.5
全球前十	411214	84
全球总计	486790	100

图 3.6 2016 年累计装机容量排名前十

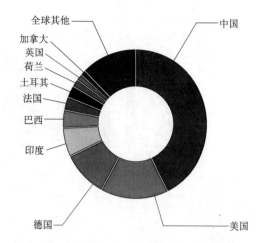

国家	装机容量/MW	百分比/%
中国	23370	42.8
美国	8203	15.0
德国	5443	10.0
印度	3612	6.6
巴西	2014	3.7
法国	1561	2.9
土耳其	1387	2.5
荷兰	887	1.6
英国	736	1.3
加拿大	702	1.3
全球其他	6727	12.3
全球前十	47915	88
全球总计	54642	100

图 3.7 2016 年新增装机容量排名前十

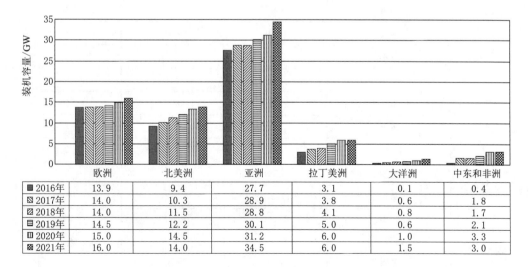

	欧洲	北美洲	亚洲	拉丁美洲	大洋洲	中东和非洲
2016年	13.9	9.4	27.7	3.1	0.1	0.4
2017年	14.0	10.3	28.9	3.8	0.6	1.8
2018年	14.0	11.5	28.8	4.1	0.8	1.7
2019年	14.5	12.2	30.1	5.0	0.6	2.1
2020年	15.0	14.5	31.2	6.0	1.0	3.3
2021年	16.0	14.0	34.5	6.0	1.5	3.0

图 3.8 2017—2021 年新增装机容量预测

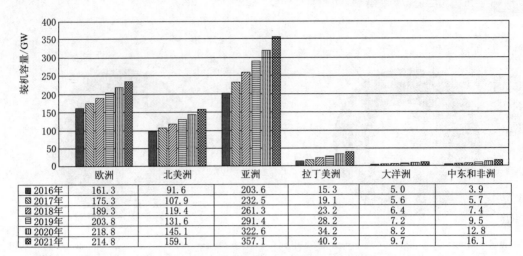

图 3.9 2017—2021 年累计装机容量预测

	欧洲	北美洲	亚洲	拉丁美洲	大洋洲	中东和非洲
2016年	161.3	91.6	203.6	15.3	5.0	3.9
2017年	175.3	107.9	232.5	19.1	5.6	5.7
2018年	189.3	119.4	261.3	23.2	6.4	7.4
2019年	203.8	131.6	291.4	28.2	7.2	9.5
2020年	218.8	145.1	322.6	34.2	8.2	12.8
2021年	214.8	159.1	357.1	40.2	9.7	16.1

表 3.3　　　　　　　　　　全球风电装机容量区域分布　　　　　　　　　单位：MW

区　　域		2015 年前	2016 年新装	2016 年累计
非洲和中东	南非	1053	418	1471
	埃及	810	—	810
	摩洛哥	787	—	787
	埃塞俄比亚	324	—	324
	突尼斯	245	—	245
	约旦	119	—	119
	其他	150	—	150
	总计	3488	418	3906
亚洲	中国	146009	23405	169414
	印度	25038	3612	28700
	日本	3038	196	3234
	韩国	835	201	1031
	巴基斯坦	308	282	591
	泰国	223	—	223
	菲律宾	216	—	216
	其他	253	25	276
	总计	175970	27721	203685
欧洲	德国	44941	5443	50018
	西班牙	23025	49	23074
	英国	13809	736	14543
	法国	10505	1561	12066

区　域		2015 年前	2016 年新装	2016 年累计
欧洲	意大利	8975	282	9257
	瑞典	6029	493	6520
	土耳其	4694	1387	6081
	波兰	5100	682	5782
	葡萄牙	5050	268	5316
	丹麦	5064	220	5228
	荷兰	3443	887	4328
	罗马尼亚	2976	52	3028
	爱尔兰	2446	384	2830
	奥地利	2404	228	2632
	比利时	2218	177	2386
	其他	7220	1077	8241
	总计	147899	13926	161330
	欧盟 28 国	141721	12491	153729
南美和加勒比地区	巴西	8726	2014	10740
	智利	911	513	1424
	乌拉圭	845	365	1210
	阿根廷	279	—	279
	哥斯达黎加	278	20	298
	巴拿马	270	—	270
	秘鲁	148	93	241
	洪都拉斯	176	—	176
	多米尼加	86	50	135
	加勒比地区	164	—	164
	其他	335	24	359
	总计	12218	3079	15296
北美	美国	73991	8203	82184
	加拿大	11219	702	11900
	墨西哥	3073	454	3527
	总计	88283	9359	97611
大洋洲	澳大利亚	4187	140	4327
	新西兰	623	—	623
	太平洋群岛	13	—	13
	总计	4823	140	4963
全球总计		432680	54642	486790

据中国可再生能源学会风能专业委员会（CWEA）的初步统计，2017 年，我国（除港、澳、台地区外）新增装机容量 19.66GW，同比下降 15.9%；累计装机容量 188GW，同比增长 11.7%，增速放缓。从占世界范围的比重上来说，2017 年，我国新增装机容量占全球比重 37.40%，较排名第二、新增装机容量为 7.017GW 的美国高出 12.643GW；累计装机容量占全球比重 34.88%，是排名第二的美国的 2.11 倍。

2011—2016 年我国风电新增和累计装机容量如图 3.10 所示。

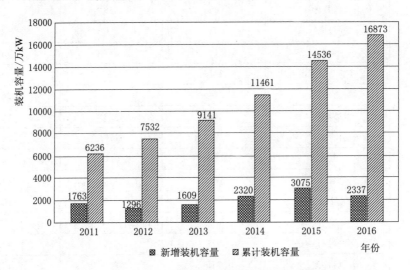

图 3.10　2011—2016 年我国风电新增和累计装机容量

发展风能是我国长期的战略任务，在国家可再生能源的中长期发展规划中，提出了我国风电发展目标。国际风电发展的经验和我国风电发展的过程表明，技术进步是风电持续发展的基础。为了实现我国风电发展的战略目标，根据我国国情，我国风电发展的基本路线是，重点发展陆地风电，积极推进海上风电。在主要发展并网风电的同时，还要发展离网风电和分布式发电系统。

3.1.3　风力发电基本原理

1. 风的形成

空气的流动现象称为风，风是空气由于受热或受冷而导致的从一个地方向另一个地方的移动。空气的运动遵循大气动力学和热力学变化的规律。

2. 风能的计算

风能密度是气流垂直通过单位截面积（风轮面积）的风能，空气在 1s 内以速度为 v 流过单位面积产生的动能称为风能密度，是表征一个地方风能潜力的最方便、最有价值的量。但是在实际中，风速每时每刻都在变化，不能使用某个瞬时风速值来计算风能密度，只有长期风速观测资料才能反映其规律，故引出了平均风能密度的概念。风能密度是决定风能潜力大小的重要因素。风能密度和空气的密度有直接关系，而空气的密度则取决于气压和温度。一般来说，海边地势低，气压高，空气密度大，风能密度也就高，若有适当的风速，风能潜力自然大；高山气压低，空气稀薄，风能密度就小些，但是如果高山风速大，气温低，仍然会有相当的风能潜力。所以说，风能密度大，风速又大，则风能潜力最好。

风能密度计算公式为

$$W=\frac{1}{2}\rho v^3 \tag{3-1}$$

式中　W——风能密度，W/m²；

　　　ρ——空气密度；

　　　v——风速。

由流体力学可知，气流的动能为

$$E=\frac{1}{2}mv^2 \tag{3-2}$$

式中　m——气体的质量；

　　　v——风速。

设单位时间内气流流过截面积为 S 的气体的体积为 V，则

$$V=Sv$$

则该体积的空气质量为

$$m=\rho V=\rho Sv$$

这时气流所具有的动能为

$$E=\frac{1}{2}\rho Sv^3 \tag{3-3}$$

式（3-3）即为风能公式。

从风能公式可以看出，风能的大小与气流密度和通过的面积成正比，与气流速度的立方成正比。其中 ρ 和 v 与地理位置、海拔、地形等因素有关。

3. 自由流场中的风轮

风力机的第一个气动理论是由德国的贝兹（Betz）于 1926 年建立的。Betz 假定风轮是理想的，即它没有轮毂，具有无限多的叶片，气流通过风轮时没有阻力；此外，假定气流经过整个风轮扫掠面时是均匀的，并且气流通过风轮前后的速度为轴向方向。

现研究理想风轮在流动的大气中的情况，如图 3.11 所示，并规定 v_1 为距离风力机一定距离的上游风速；v 通过风轮时的实际风速；v_2 为离风轮远处的下游风速；S_1 为通过风轮的上游气流的截面积；S 为风轮处截面积；S_2 为下游截面积。

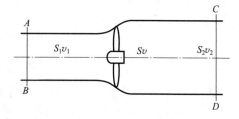

图 3.11　风轮的气流图

由于风轮的机械能量仅由空气的动能降低所致，因而 v_2 必然低于 v_1，所以通过风轮的气流截面积从上游到下游是增加的，即 S_2 大于 S_1。

如果假设空气是不可压缩的，由连续条件可得

$$S_1v_1=Sv=S_2v_2$$

风作用在风轮上的力可由 Euler 理论得

$$F=\rho S v(v_1-v_2) \tag{3-4}$$

故风轮吸收的功率为

$$P=Fv=\rho S v^2(v_1-v_2) \tag{3-5}$$

此功率是由动能转换而来的。从上游至下游动能的变化为

$$\Delta E=\frac{1}{2}\rho S v(v_1^2-v_2^2) \tag{3-6}$$

令式（3-5）与式（3-6）相等，得到

$$v=\frac{v_1+v_2}{2} \tag{3-7}$$

作用在风轮上的力和提供的功率可写为

$$F=\frac{1}{2}\rho S v(v_1^2-v_2^2) \tag{3-8}$$

$$P=\frac{1}{4}\rho S v(v_1^2-v_2^2)(v_1+v_2) \tag{3-9}$$

对于给定的上游速度 v_1，可写出以 v_2 为函数的功率变化关系，将式（3-9）微分得

$$\frac{\mathrm{d}P}{\mathrm{d}v_2}=\frac{1}{4}\rho S v(v_1^2-2v_1 v_2-3v_2^2) \tag{3-10}$$

$\frac{\mathrm{d}P}{\mathrm{d}v_2}=0$ 有两个解：① $v_2=-v_1$ 没有物理意义；② $v_2=v_1/3$ 对应于最大功率。以 $v_2=\frac{v_1}{3}$ 代入 P 的表达式，得到最大功率为

$$P_{\max}=\frac{8}{27}\rho S v_1^3 \tag{3-11}$$

将式（3-11）除以气流通过扫掠面 S 时风所具有的动能，可推得风力机的理论最大效率（或称理论风能利用系数）

$$\eta_{\max}=\frac{P_{\max}}{\frac{1}{2}\rho v_1^3}=\frac{\frac{8}{27}S\rho v_1^3}{\frac{1}{2}S\rho v_1^3}=\frac{16}{27}\approx0.593 \tag{3-12}$$

式（3-12）即为有名的贝兹理论的极限值。它说明，风力机从自然风中所能索取的能量是有限的，其功率损失部分可以解释为留在尾流中的旋转动能。

能量的转换将导致功率的下降，它随所采用的风力机和发电机的型式而异，因此，风力机的实际风能利用系数 $C_P<0.593$。风力机实际能得到的有用功率输出为

$$P_s=\frac{1}{2}\rho v_1^3 S C_P \tag{3-13}$$

对于每平方米扫风面积，则有

$$P=\frac{1}{2}\rho v_1^3 C_P \tag{3-14}$$

4. 风力发电的基本原理

风力发电机的实质是将风能转换为机械能的动力机械，又称风车。广义地说，它是一种以太阳为热源，以大气为工作介质的热能利用发电机。风力发电利用的是自然能源，相对柴油发电要好得多。但是若应急来用的话，还是不如柴油发电机。风力发电不可视为备用电源，但是却可以长期利用。

风力发电的基本原理是利用风力带动风车叶片旋转，再透过传动部件将旋转的速度提升，促使发电机发电。依据目前的风力发电技术，大约是 3m/s 的微风速度（微风的程度）便可以发电。风力发电机由机头、转体、尾翼、叶片组成，每一个部分都很重要，各部分的功能为：叶片用来接受风力并通过机头转为动能；尾翼使叶片始终对着风的方向从而获得最大的风能；转体能使机头灵活地转动以实现尾翼调整方向的功能；机头的转子是永磁体，定子绕组切割磁力线产生电能。风力发电机因风量不稳定，故其输出的是 $13\sim25V$ 的变化的交流电，须经过充电器整流，再对电瓶充电，使风力发电机产生的电量变成化学能，然后用有保护电路的逆变电源把电瓶里的化学能转变成 220V 交流才能保证稳定使用。

3.1.4 风电机组

无论何种风力发电形式，在风力发电系统中的主要设备是风电机组。早期一些专业资料中，将整个风电机组设备称为风力机，或者风轮机，现在逐渐通用的名称叫做风电机组。实际上从能量转换的角度，风电机组由风力机和发电机两个部分组成。风力机主要指风轮部分，其作用是将风能转换为旋转机械能；发电机则将旋转机械能转换为电能。在本书中，风电机组指整个风力发电设备，风力机专指风轮部分。

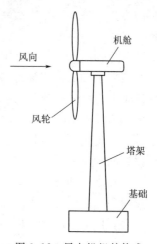

图 3.12　风电机组的构成

1. 风电机组的构成

从整体上看，风电机组可分为风轮、机舱、塔架和基础几个部分，如图 3.12 所示。风轮由叶片和轮毂组成。叶片具有空气动力外形，在气流作用下产生力矩驱动风轮转动，通过轮毂将转矩输入到主传动系统。机舱由底盘、整流罩和机舱罩组成，底盘上安装除主控制器以外的主要部件。机舱罩后部的上方装有风速和风向传感器，舱壁上有隔音和通风装置等，底部与风轮直径决定风电机组能够在多大的范围内获取风中蕴含的能量。额定功率是正常工作条件下风电机组设计达到的最大连续输出电功率。风轮直径应当根据不同的风况与额定功率匹配，以获得最大的年发电量和最低的发电成本。通常低风速区配置较大直径风轮，高风速区配置较小直径风轮。

图 3.13 所示为一种变桨（即叶片可以绕自身轴线旋转，又称变桨距）、变速型的风电机组内部结构。

它由以下基本部分构成：

（1）机舱。机舱包容着风电机组的关键设备，包括齿轮箱、发电机等。维护人员可以

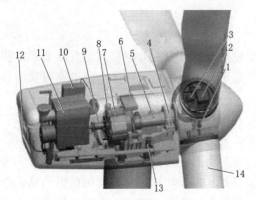

图 3.13　风电机组内部结构

1—风力发电机（变距电机）；2—变浆系统；3—电池盒；
4—主轴承；5—主轴；6—冷却系统；7—齿轮箱；
8—液压系统；9—高速轴；10—电子控制器；
11—发电机；12—机舱通风扇；
13—偏航装置；14—叶片

通过风电机组塔架进入机舱。机舱前端是风力机叶片和轴。

（2）叶片。叶片的作用是捕获风，并将风力传送到转子轴心。在 600kW 级别的风电机组上，每个叶片的测量长度大约为 20m；而在 5MW 级别的风电机组上，叶片长度可以达到近 60m。叶片的设计类似飞机的机翼，制造材料却大不相同，多采用纤维而不是轻型合金。大部分叶片用玻璃纤维强化塑料（GRP）制造，采用碳纤维或芳族聚酰胺作为强化材料是另外一种选择，但这种叶片对大型风电电机组是不经济的。木材、环氧木材、或环氧木纤维合成物目前还没有在叶片市场出现，尽管目前在这一领域已经有了发展。钢及铝合金分别存在重量及金属疲劳等问题，目前只用在小型风电机组上。实际上，叶片设计师通常将叶片最远端部分的横切面设计得类似于正统飞机的机翼。但是叶片内端的厚轮廓通常是专门为风电机组设计的。为叶片选择轮廓涉及很多折中的方面，诸如可靠的运转与延时特性。叶片的轮廓设计保证了即使在表面有污垢时，叶片也可以运转良好。

（3）轴心。转子轴心附着在风电机组的主轴上。

（4）主轴（低速轴）。风电机组的主轴将轴心与变速齿轮箱连接在一起。在一般的风电机组上，转子转速相当慢，大约为 19~30r/min。轴中有用于液压系统的导管，来激发空气动力闸的运行。

（5）齿轮箱。齿轮箱连接低速轴和高速轴的变速装置，它可以将高速轴的转速提高至低速轴的 50 倍。

（6）高速轴及机械闸。高速轴以超过 1500r/min 运转，并驱动发电机。它装备有紧急机械闸，用于空气动力闸失效，或风电机组维修时的制动。

（7）风力发电机。风力发电机将机械能转化为电能。风力发电机与普通电网上的发电设备相比有所不同：风力发电机需要在波动的机械能条件下运转。通常使用的风力发电机是感应电机或异步发电机，最新的风电机组已经开始使用永磁同步发电机。目前世界上单机最大电力输出超过 6000kW（德国 Enercon 的 E-112/114）。

（8）偏航装置。偏航装置借助电动机转动机舱，以使转子叶片调整风向的最佳切入角度。偏航装置由电子控制器操作，电子控制器可以通过风向标来探知风向。通常，在风改变其方向时，风电机组一次只会偏转几度。值得注意的是，小功率级别的风电机组都是通过统一的偏航装置调整所有叶片的角度，而最新的风电机组大都是每个叶片设置单独的偏航系统。

（9）电子控制器。一般风电机组都使用一台或多台不断监控风电机状态的计算机来控制偏航装置。一旦风电机组发生故障（如齿轮箱或发电机过热），该控制器可以自动停止风电机组的转动，并通过网络信号通知风电机组管理中心。

（10）变桨系统。通过变桨控制器驱动变桨电动机，改变转子叶片的角度来控制风轮的转速，进而控制风电机组的输出功率。

（11）液压系统。用于重置风电机组的空气动力闸。

（12）冷却系统。发电机在运转时需要冷却。在大部分风电机上，发电机被放置在管内，并使用大型风扇来空冷，除此之外还需要一个油冷却元件，用于冷却齿轮箱内的油；还有一部分制造商采用水冷，水冷发电机更加小巧，而且效率高，但这种方式需要在机舱内设置散热器来消除液体冷却系统产生的热量。一些新型风电机组也采用水冷和风冷并用系统（比如德国 Multibrid 的 M5000）。

2. 风电机组的分类

表 3.4 为风电机组机型分类表，表中主要从两个方面来分：一方面是按功率大小来分；另一方面是按结构型式来分。

表 3.4　　　　　　　　　　　风 电 机 组 机 型 分 类

功　率	结　构　型　式										
	风轮轴方向		功率调节方式			传动形式			转速变化		
				变桨距		有齿轮箱		直接驱动			
	水平	垂直	定桨距	主动失速	普通变距	高传动比	中传动比		定速	多态定速	变速
0.1～1kW 小型风电机组	有，常见	有，不常见	有，常见	无	无	无	无	有	有	无	无
1～100kW 中型风电机组				有	有	有	无	无	有	有	有，不常见
100～1000kW 大型风电机组			有，不常见	有，不常见	有	有，不常见	有，不常见	有	有	有	有，常见
1000kW 以上 特大型风电机组			有，不常见	有，不常见	有，常见	有，常见	有，不常见	有，不常见	有，不常见	有，不常见	有，常见

（1）按装机容量分。

1）小型：0.1～1kW。

2）中型：1～100kW。

3）大型：100～1000kW。

4）特大型：1000kW 以上。

（2）按风轮轴方向分。

1）水平轴风力发电机。水平轴风力发电机是风轮轴基本上平行于风向的风力发电机，工作时，风轮的旋转平面与风向垂直。

水平轴风力发电机随风轮与塔架相对位置的不同而有上风向与下风向之分。风轮在塔架的前面迎风旋转称为上风向风力发电机；风轮安装于塔架后面，风先经过塔架，再到风轮，则称为下风向风力发电机。上风向风力发电机必须有某种调向装置。但对于下风向风力发电机，由于一部分空气通过塔架后再吹向风轮，这样塔架就干扰了流过叶片的气流而

图 3.14　垂直轴风机

形成塔影响效应，影响风力发电机的出力，使性能有所降低。

2）垂直轴风力发电机。垂直轴风力发电机是风轮垂直于风向的风力发电机，如图 3.14 所示。其主要特点是可以接收来自任何方向的风，因而当风向改变时无需对风。由于不需要调向装置，使它们的结构简化。垂直轴风力发电机的另一个优点是齿轮箱和发电机可以安装在地面上。由于垂直轴风力发电机需要大量材料，占地面积大，目前商用大型风力发电机组采用较少。

（3）按功率调节方式分。

1）定桨距风电机组。叶片固定安装在轮毂上，角度不能改变，风力发电机的功率调节完全靠叶片的气动特性。当风速超过额定风速时，利用叶片本身的空气动力特性减小旋转力矩（失速）或通过偏航控制维持输出功率相对稳定。

2）普通变桨距型（正变距）风电机组。这种风机当风速过高时，通过减小叶片翼型上合成气流方向与翼型几何弦的夹角（攻角），改变风电机组获得的空气动力转矩，能使功率输出保持稳定。同时，风电机组在启动过程中也需要通过变桨距来获得足够的启动转矩。采样变桨距技术的风动机组还可使叶片和整机的受力状况大为改善，这对大型风电机组十分有利。

3）主动失速型（负变距）风电机组。这种风电机组的工作原理是以上两种形式的组合。当风电机组达到额定功率后，相应地也增加攻角，使叶片的失速效应加深，从而限制风能的捕获，因此成为负变距型。

（4）按传动形式分。

1）高传动比齿轮箱型。风电机组中的齿轮箱的主要功能是将风轮在风力作用下所产生的动力传递给发电机并使其得到相应的转速。风轮的转速较低，通常达不到发电机发电的要求，必须通过齿轮箱的增速作用来实现，故也将齿轮箱称之为增速箱。

2）直接驱动型。应用多极同步风力发电机可以去掉风力发电系统中常见的齿轮箱，让风力发电机直接拖动发电机转子运转在低速状态，这就解决了齿轮箱所带来的噪声、故障率高和维修成本大等问题，提高了运行可靠性。

3）中传动比齿轮箱（"半直驱"）型。这种风电机组的工作原理是以上两种形式的综合。中传动比型风电机组减少了传统齿轮箱的传动比，同时也相应地减少了多极同步风力发电机的极数，从而减小了发电机的体积。

（5）按转速变化分。

1）定速。定速风电机组是指其发电机的转速是恒定不变的，不随风速的变化而变化，始终在一个恒定不变的转速下运行。

2）多态定速。多态定速风电机组中包含两台或多台发电机，根据风速的变化，可以有不同大小和数量的发电机投入运行。

3）变速。变速风电机组中的发电机工作在转速随风速时刻变化的状态下。目前，主流的大型风电机组都采样变速恒频运行方式。

除以上分类方式外，风电机组还可按照风电机组与电网的关系分为离网型风电机组和并网型风电机组两类。

离网型风电机组一般指单台独立运行，所发出的电能不接入电网的风电机组。这种风电机组一般容量较小（常为微小型机和中型机），专为家庭或村落等小的用电单位使用，常需要与其他发电或储电装置联合运行。

并网型风电机组一般指以机群布阵成风力发电场，并与电网连接运行的大、中型风电机组。

3. 并网型风电机组的总体结构

定桨恒速风电机组的风轮大都采用叶片与轮毂刚性连接的结构，即所谓定桨轮，叶片尖部 1.5～2.5m 部分一般设计成可控制的叶尖扰流器。当风电机组需要脱网停机时，叶尖扰流器可按控制指令释放并旋转大角度形成气动阻力，使风轮转速迅速下降，这一功能通常称为空气动力制动。

近年来，随着风电机组设计水平的不断提高，在大型风电机组，特别是兆瓦级机组的设计中，已采用变桨距风轮，叶片与轮毂不再采用刚性连接，而通过专门为变距机构设计的变距轴承连接。这种风轮可根据风速的变化调整气流对叶片的攻角，当风速超过额定风速后，输出功率可基本稳定地保持在额定功率上。特别是在大风情况下，风电机组处于顺桨状态，使桨叶和整机的受力状况大为改善。

由于风电机组启动、停车频繁，风轮又具有很大的转动惯量，通常风轮的转速都设计在 20r/min 左右，风电机组容量越大，转速越低，因此，在风轮与发电机之间需要设置增速器。大型风电机组的机械传动系统都沿中心线布置，因此增速器大多采用结构紧凑的行星齿轮箱。

风电机组中的发电机一般采用异步发电机，对于定桨恒速风电机组，一般还采用双绕组双速笼型异步发电机，这一方案不仅解决了低功率时发电机的效率问题，而且改善了低风速时的叶尖速比，提高了风能利用系数，并降低了运行时的噪声。

对于定桨恒速风电机组和全桨变距风电机组，发电机并网过程采用晶闸管限流软切入，过渡过程结束时，旁路接触器合上，晶闸管被切除，风电机组进入发电运行状态，如图 3.15 所示。

变速恒频风电机组主要有双馈异步式和永磁同步式两种。双馈异步式变速恒频风电机组的发电机定子直接与电网相连，转子通过变流器与电网相连，由定子和转子两侧向电网输出电流，如图 3.16 所示。低速永磁同步式变速恒频风电机组不带增速齿轮箱，发电机转子为永磁体，由定子通过全功率变流器向电网输电，如图 3.17 所示。这两种机组都可以由变流器实现无冲击并网和脱网。

最近几年进入风力发电领域的变速恒频风电机组已成为风力发电的主流机型，其主要特点是在变桨距风电机组的基础上采用了转速可以在大范围变化的双馈式异步发电机或永磁式同步发电机及相应的电力电子技术，通过对最佳叶尖速比的跟踪，使得风电机组在所有的风速下均可获得最佳的功率输出。

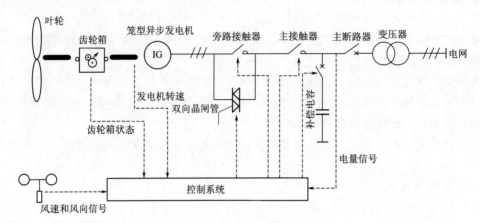

图 3.15 定桨恒速风电机组总体结构

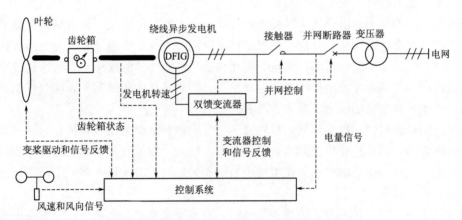

图 3.16 双馈异步式变速恒频风电机组总体结构

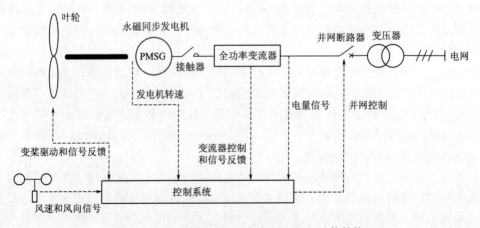

图 3.17 永磁同步式变速恒频风电机组总体结构

在风电机组的控制中，变桨距控制和变速控制一般不是可以独立地用作风电机组控制的两种方案，而是互相支持、互相依存的两种技术。没有变速控制的变桨距风电机组或没有变桨距控制的变速风电机组都是难以稳定运行的。

4. 风力发电技术的发展状况

鉴于风电装备产业在未来能源生产中的重要性，发达国家十分重视相关的技术开发，在逐步完善目前主流型式的风电机组的设计制造技术的同时，不断探索一些新颖的设计方案：在新型叶片的设计研究方面，采用新型材料制成的柔性叶片可改善叶片受力，根据空气动力学理论设计的新型叶片还可更好地实现低风速的风能利用；另外，混合式风电机组，即由风轮通过单级增速装置驱动多极同步发电机方式的机组，或者采用液力耦合或电磁耦合实现调速的研究也引起人们的重视；对于未来的超大型风电机组使用的超导发电机的研究也已经启动。

当前风电技术和设备的发展主要呈现大型化、变速运行、变桨距、无齿轮箱等特点。纵观世界风电产业技术现实和前沿技术的发展，目前全球风电制造技术发展主要呈现如下特点：

（1）水平轴风电机组技术成为主流。水平轴风电机组技术因其具有风能转换效率高、转轴较短、在大型风电机组上经济性更优等优点，使水平轴风电机组成为风电发展的主流机型，并占到95％以上的市场份额。同期发展的垂直轴风电机组因转轴过长、风能转换效率不高，启动、停机和变桨困难等问题，目前市场份额很小、应用数量有限，但由于其全风向对风、变速装置及发电机可以置于风轮下方或地面等优点，近年来，国际上也在不断进行相关研究和开发，并取得一定进展。

（2）风电机组单机容量持续增大。随着单机容量不断增大和利用效率提高，世界上主流机型已经从2000年的500～1000kW增加到2015年的1.5～5MW；我国主流机型已经从2005年的600～1000kW增加到2015年的850～10000kW，目前，1.5～2MW级风电机组已成为国内风电市场中的主流机型。

近年来，海上风电场的开发进一步加快了大容量风电机组的发展，2015年年底，世界上已运行的最大风电机组单机容量已达到10MW，并且已经开始15MW风电机组的设计和制造。我国的6MW海上风电机组已经在海上风电场成功投入运行，10MW大型海上风电机组也在研制中。

（3）变桨距技术得到普遍应用。由于叶片变桨距调节具有启动性能好、输出功率稳定、风电机组结构受力小、停机方便安全等优点，使得目前绝大多数大型并网风电机组均采用变桨距调节形式。国内新安装的兆瓦级风电机组多已实现了变桨距功率调节。变桨距调节风电机组的缺点是增加了变桨装置与故障概率，控制程序比较复杂。

（4）变速恒频技术得到快速推广。与恒速运行的风电机组相比，变速运行的风电机组具有发电量大、对风速变化的适应性好、生产成本低、效率高等优点。变速恒频双馈异步风电机组即是其中典型。2009年新增风电机组中，双馈异步风电机组仍占80％以上。随着电力电子技术的进步，大型变流器在大型双馈发电机组及直驱式发电机组中得到了广泛应用，使得风电机组在低于额定风速下具有较高的效率，结合变桨距技术的应用，在高于额定风速下使发电机功率更加平稳，但造价较高。

(5) 直驱式、全功率变流技术得到迅速发展。齿轮箱的直驱方式能有效地减少由于齿轮箱问题而造成的风电机组故障，可有效提高系统的运行可靠性和寿命，减少维护成本，因而得到了市场的青睐。2009 年我国新增大型风电机组中，直驱式风电机组已超过 17％。

伴随着直驱式风电系统的出现，全功率变流技术得到了发展和应用。应用全功率变流的并网技术，使风轮和发电机的调速范围扩展到 0～150％的额定转速，进一步提高了风能的利用范围。由于全功率变流技术对低电压穿越技术有较好的解决方案，因此具有一定的发展优势。

(6) 大型风电机组关键部件的性能日益提高。随着风电机组的单机容量不断增大，各部件的性能指标都有了提高：国外已研发出 3～12kV 的风力发电专用高压发电机，使发电机效率进一步提高；高压三电平变流器的应用大大减少了功率器件的损耗，使逆变效率达到 98％以上；某些公司还对桨叶进行了优化，改进桨叶后使叶片的 C_p（风能利用系数）值达到了 0.5 以上。

我国在大型风电机组关键部件方面也取得了明显进步，叶片、齿轮箱、发电机等部件制造质量已有明显提高；我国风电设备的产业链已经形成，为今后的快速发展奠定了稳固的基础。

(7) 智能化控制技术广泛应用。鉴于风电机组的极限载荷和疲劳载荷是影响风电机组及部件可靠性和寿命的主要因素之一，近年来，风电机组制造厂家与有关研究部门积极研究风电机组的最优运行和控制规律，通过采用智能化控制技术，与整机设计技术结合，努力减小疲劳载荷，避免风电机组运行在极限载荷，并逐步成为风电控制技术的主要发展方向。

(8) 叶片技术不断进步。随着机组容量的增加，叶片的长度及重量均有所增加，因此需增加叶片刚度，保证叶片的尖部不与塔架相碰，并要有好的疲劳特性和减振结构来保证叶片长期的工作寿命。

为了增加叶片的刚度，在长度大于 50m 的叶片上将广泛使用强化碳纤维材料。用玻璃钢、碳纤维和热塑材料的混合纱丝制造叶片，这种纱丝铺进模具加热到一定温度后，热塑材料就会融化并转化为合成材料，可能会使叶片生产时间缩短 50％。

"柔性智能叶片"的研究将受到关注，这种叶片可以根据风速的变化相应改变受风的型面，改善叶片的受力状态，化解阵风的冲击能量，使风电机组的运行更平稳；降低疲劳损坏，提高机组寿命，有利于安全稳定运行。

(9) 适应恶劣气候环境的风电机组得到重视。由于我国的北方具有沙尘暴、低温、冰雪、雷暴，东南沿海具有台风、盐雾，西南地区具有高海拔等恶劣气候特点，恶劣气候环境已对风电机组造成很大的影响，包括增加维护作量、减少发电量，严重时还导致风电机组损坏。近年来，我国在风电机组的防风沙、抗低温、防雷击、抗台风、防盐雾等方面进行了研究，以确保风电机组在恶劣气候条件下能可靠运行，提高发电量。

(10) 低电压穿越技术（LVRT）得到应用。随着风电机组单机容量的不断增大和风电场规模的不断扩大，电网对机组性能要求越来越高。通常情况下要求发电机组在电网故障出现电压跌落的一段时间内不脱网运行，并在故障切除后能尽快帮助电力系统恢复稳定运行，即要求风电机组具有一定低电压穿越能力。很多国家的电力系统运行导则对风电机组的低电压穿越能力做出了规定。

（11）海上风电技术成为重要发展方向。近海风能资源丰富，而陆上风电场有占用土地、影响自然生态、产生噪声等不利因素，使得风电场建设从陆上向近海逐步发展。

由于近海风电机组对噪声的要求较低，采用较高的叶尖速度可降低机舱的重量和成本。可靠性高、维修性好、单机容量大是今后近海风电机组的发展方向。

近海风电资源测试评估、风电场选址、基础设计及施工安装技术等方面的工作越来越受到重视。2014—2018 年全球海上风电装机将新增 26117MW；到 2018 年年底，全球海上风电累计装机容量有望达到 32948MW，占到全球风电装机规模的 6％。

（12）标准与规范逐步完善。德国、丹麦、荷兰、美国、希腊等国家加快完善了风电技术标准，建立了认证体系和相关的检测与认证机构，同时采取了相应的贸易保护性措施。自 1988 年国际电工委员会（IEC）成立了 IEC/TC 88 风力发电技术委员会以来，（IEC/TC 88）已发布了 10 多项国际标准，这些标准绝大部分是由欧洲国家制定的，是以欧洲的技术和运行环境为依据编制的，为保证产品质量、规范风电市场、提高风电机组的性能和推动风电发展奠定了重要基础，同时，也保护了欧洲风电机组制造企业。我国也开展了风电行业标准化工作，完善机构建设，并进行风电机组各项标准的制定和修订。

3.1.5　风能利用及其对环境的影响

风能作为新能源重要的一部分，利用技术相对成熟，生产过程中不产生污染，无废弃物排放，且储量大，永不枯竭，是 21 世纪最有发展前途的绿色能源和人类社会经济持续发展新动力之一。

随着近几年风力发电的高速发展，风电场对局部生态环境及自然景观等影响也日益受到关注，主要体现在风机视觉污染、噪声、鸟类安全及电磁干扰等方面。

1. 环境污染问题

（1）光污染。在有风和阳光的条件下，阳光照在旋转的叶片上产生晃动的阴影，晃动的阴影常使人时产生眩晕、心烦意乱等症状，影响正常的工作和生活。如在高速路、公路两边布置风电机组，旋转的阴影、光反射等会给司机的视觉带来影响，从而影响驾驶安全。

（2）声污染。如风电建设阶段的施工噪声，运行阶段风电机组自身噪声。

（3）电磁污染。主要表现为电磁辐射和电磁信号干扰。电磁辐射主要集中于分散布置的风力发电设备、变压器、输电线路等；电磁干扰主要表现为对电视、广播、通信和雷达等方面的影响。

（4）视觉（景观）污染。视觉污染主要是指对自然景观的破坏，比如一些环境优美、山清水秀的旅游区、自然保护区等就不适宜发展风力发电。

（5）生态污染。主要表现为土方填挖、扬尘、土地、植被碾压、生活污水、垃圾、固体废弃物等。

（6）化学污染。主要指油品、油脂污染，如设备的拆卸、加油、更换油、清洗时发生的漏油、渗油等事故。

2. 风力发电主要影响的群体

（1）居民。不论是光、声、电磁、化学污染还是视觉、生态影响，都或多或少地对周边居民产生一些不利影响。

（2）鸟类。对于鸟类的栖息地而言，旋转的叶片产生的干扰对鸟类的飞行、觅食等是致命的威胁；风力发电同时也影响鸟类的迁徙，特别是风电场（尤其是大片成群的）建于候鸟迁徙的路线上时。

（3）森林植被。风电建设中可能需要砍伐森林和铲除植被，植被的破坏易导致水土流失等问题。

（4）气候。风力发电过程必然要消耗掉一部分大气中的风能，而风能作为气候变化的重要因素之一，其变化也将带来气候的变化。

3. 从生态角度合理开发风电

风电对生态环境存在一定的影响，尤其对附近居民和动植物存在一些负面效应，这些环境影响因素一部分可以合理规避，一部分可以适度减少，还有一部分则会随着整体环境的变化逐步同质化，相互适应。

通过分析国内外众多案例，总结国内外风电发展过程环境影响的经验，提出以下建议：

（1）风电建设需要做好前期的规划工作，风电场应尽量远离居民点、避开生态环境敏感区域。

（2）提高风电的设计水平，使之能够很好地融入环境。

（3）发展风电时需要综合考虑环境、经济、社会效应，不能顾此失彼。环境的影响更需要从正反两方面进行合理考量。

整体来看，风力发电是近年来增长速度最快的能源利用形式，具有不会污染空气或水源；不排放有毒或有害物质、对公众安全没有威胁等环境优势。大力发展风电不仅是能源开发的需要，也是环境保护的需要。

3.2　太　阳　能

太阳能是一种可再生的清洁能源，相比于煤炭、石油、天然气等化石燃料能源，太阳能在能源开发和环境保护方面有其不可替代的优势。太阳能已经成为现代社会不可或缺的能源，人类对太阳能的利用主要分太阳能光热利用和太阳能光电利用两大方面。

3.2.1　太阳和太阳能

3.2.1.1　太阳的组成

我们对太阳的直观认识是它是一个巨大的球体，能提供给人类赖以生存的光和热。实际上，太阳是太阳系的中心天体，太阳的半径为 6.95×10^5 km，而地球的半径为 6378km，太阳的半径约是地球半径的 109 倍；太阳的质量为 2×10^{30} kg，约是地球质量的 330000 倍。从太阳的化学组成来看，构成太阳的主要成分是氢和氦，其中氢的体积大约占到整个太阳体积的 3/4，剩下的 1/4 几乎都是氦，另外还有氧、镁、氮等其他元素，所占的体积比重少于 2%。

太阳采用核聚变的方式向太空释放光和热，科学家们把太阳分为太阳的内部结构和太阳的大气结构两大部分。其中太阳的内部结构由内而外由核反应区、辐射区和对流区三个范围比较广的部分组成；太阳的大气结构也由三个部分组成，由内而外分别是光球层、色球层和日冕层，如图 3.18 所示。

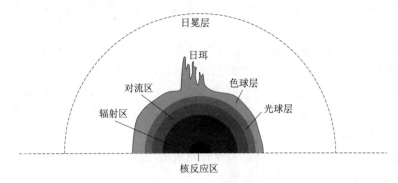

图 3.18　太阳结构示意图

下面具体来介绍组成太阳的这六部分组成结构：

（1）核反应区。核反应区是太阳的核心区，也是太阳最中心的部位，其半径大约占太阳半径的 1/4，质量约占太阳质量的 1/2 以上。在核反应区，氢原子核在超高温下发生聚变，释放出巨大的核能，核反应区的温度可以达到 15000000℃，压力相当于 3000 亿个大气压。

（2）辐射区。太阳的辐射区位于太阳的核反应区和对流区之间，位于太阳半径的 0.25 处到 0.86 处之间，核反应区产生的能量通过辐射区以辐射的形式向外传输，而这种辐射传递的过程又是经过物质多次的吸收再辐射的过程。

（3）对流区。对流区在辐射区的外侧，也是太阳的内部结构的最外层部分，对流区的厚度大约有十几万千米，其层顶温度约 6600K。由于处在对流区内的氢不断电离而造成气体比热的不断增加，引起气体的升降，从而形成对流。太阳核反应区产生的能量就是通过物质的这种对流，由内而外地传输出去。

（4）光球层。太阳的光球层就是对流区上面的大气层，也是我们平时眼睛看到的部分，它的厚度约为 500km，核反应区释放的能量先后经过辐射区和对流区到达光球层后，再重新向外辐射能量，几乎所有的可见光都是从光球层发射出来的。

（5）色球层。色球层在太阳的大气结构中处于光球层的外面，平均厚度约为 2000km。色球层的温度要比光球层高，色球层顶部的温度高达几万度，但是其发出的可见光要比光球层发出的可见光少很多，所以一般我们看到的是光球层而看不到色球层。

（6）日冕层。日冕层位于色球层的外面，也是太阳的大气结构的最外层。日冕层的温度高达 1000000℃，其厚度很不均匀，在 500 万 km 到 600 万 km 的范围波动。日冕层的亮度也很小，仅为光球层的百万分之一，约相当于满月的亮度，所以一般只能在出现日全食的时候或者依靠日冕仪才能观察到日冕层。

太阳主要以辐射的形式向外传播能量，而这种太阳辐射正是太阳能的来源，从广义上来说，我们目前所用的能源（包括煤炭、石油、天然气和风能等）以及我们食物中的化学能大都直接或者间接来自于太阳能；从狭义上来说，太阳能就是由太阳内部的氢原子发生连续不断的核聚变释放出大量的核能而产生的。

3.2.1.2 太阳能的特点和分布

太阳能是地球上最基本的能源，相比于其他几种常规能源，太阳能有以下几个特点：

（1）资源丰富。太阳能是一种可再生能源，是取之不尽用之不竭的能源，太阳能资源非常丰富，数量相当可观，地球表面每年接收到的太阳能大约相当于 130 万亿 t 标准煤产生的能量。

（2）清洁干净。太阳能是一种理想的清洁能源，不像化石燃料能源在使用过程中会污染环境，太阳能在利用的过程中不会产生有害废物，不会对环境造成污染。

（3）安全可靠。太阳上氢的贮藏量可以保证太阳可以持久稳定的提供上百亿年的能量，而地球的寿命仅为几十亿年。而且太阳能的利用不会受到能源危机的冲击，相对常规能源来说更加安全可靠。

（4）方便开发。太阳能随处可得，并没有地域上的限制，并且太阳能不需要开采和传输，所以对太阳能的开发和利用都很方便。

（5）不稳定性。太阳辐射会受到一年四季的季节变化，一天之中从早到晚的昼夜变化，天气的阴晴变化以及受到纬度和海拔等地理因素的影响，所以太阳辐射的随机性比较大，太阳能的供给是不稳定的，也是不连续的。

（6）分散性。尽管到达地球表面的太阳辐射总量很大，但是其能流密度却比较低，即单位面积上的入射功率较小，太阳辐射比较分散。

太阳能资源非常丰富，根据国际太阳能热利用区域分类，北非地区是世界太阳能辐照最强烈的地区之一；南欧的太阳年辐照总量超过 $7200MJ/m^2$；中东地区几乎所有地区的太阳能辐射能量都非常高；美国也是世界太阳能资源最丰富的地区之一，根据美国 239 个观测站 1961—1990 年 30 年的统计数据，全国一类地区太阳年辐照总量为 9198～10512MJ/m^2；澳大利亚的太阳能资源也很丰富，全国一类地区太阳年辐照总量为 7621～8672MJ/m^2，主要在北部地区，占澳大利亚总面积的 54.18%；我国西部地区也是全世界太阳能辐射强度和日照时间的最佳区域之一。

我国幅员辽阔，主要位于温带和亚热带地区，地理上处于北半球亚欧大陆的东部，具有非常丰富的太阳能资源。根据国内多个气象台站的观测统计结果，我国各地太阳年辐射总量处于 $3.35×10^3$～$8.4×10^3 MJ/m^2$，平均值约为 $5.86×10^3 MJ/m^2$。其中青藏高原地区的太阳年辐射能的总量最大，而四川盆地的太阳年辐射能的总量最小。

早在 20 世纪 80 年代，为了根据各个地域不同的太阳辐射条件更好地利用太阳能资源，我国的研究人员以各个地域接收到太阳总辐射能的多少为依据，将我国划分为表 3.5 中的五类地区。

表 3.5　　　　　　　　　我国太阳总辐射量地区分类

地区类型	全年日照时数/h	太阳年辐射总量/(MJ·m⁻²)	标准煤当量/kg	代 表 地 区
一	3200～3300	6680～8400	225～285	宁夏北部、甘肃北部、新疆东南部、青海西部和西藏西部等地
二	3000～3200	5852～6680	200～225	河北西北部、山西北部、内蒙古南部、宁夏南部、甘肃中部、青海东部、西藏东南部和新疆南部等地

地区类型	全年日照时数 /h	太阳年辐射总量 /(MJ·m⁻²)	标准煤当量/kg	代 表 地 区
三	2200～3000	5016～5852	170～200	山东东南部、河南东南部、河北东南部、山西南部、新疆北部、吉林、辽宁、云南、陕西北部、甘肃东南部、广东南部、福建南部、江苏北部、安徽北部、天津、北京和台湾西南部等地
四	1400～2200	4190～5016	140～170	湖南、湖北、广西、江西、浙江、福建北部、广东北部、陕西南部、江苏南部、安徽南部、黑龙江和台湾东北部等地
五	1000～1400	3344～4190	115～140	四川、贵州、重庆等地

可以从表 3.5 中看出第一类、第二类和第三类地区全年的日照时数都大于 2000h，太阳的年辐射总量高于 5016MJ/m²，至少相当于 170kg 标准煤燃烧的产热量，所以这三类地区的太阳能资源非常丰富或较丰富，具有良好的太阳能利用条件。第四类和第五类地区相比之下太阳能资源比较贫乏，但也有其可利用之处。总体来说，我国太阳能资源非常丰富，为太阳能的有效利用提供了必要条件。

随着时间的推移，太阳能资源的分布情况也发生了一些变化，在 20 世纪末期，我国的研究人员又重新统计了我国的太阳能资源分布，根据太阳年辐射量的大小，重新划分了四个太阳能资源分布带：

（1）丰富带。全年日照时间不低于 3000h，全年太阳总辐射量不低于 580kJ/(cm²·a)。此类地区主要包括内蒙古西部、甘肃西部、新疆南部和青藏高原。

（2）较丰富带。全年日照时间为 2400～3000h，全年太阳总辐射量为 500～580kJ/(cm²·a)。此类地区主要包括新疆北部、东北、内蒙古东部、华北、陕北、宁夏、甘肃部分、青藏高原东侧、海南和台湾。

（3）可利用带。全年日照时间为 1600～2400h，全年太阳总辐射量为 420～500kJ/(cm²·a)。此类地区主要包括东北北端、内蒙古呼伦贝尔盟、长江下游、广东、广西、福建、贵州部分、云南、河南和陕西。

（4）贫乏带。全年日照时间小于 1600h，全年太阳总辐射量小于 420kJ/(cm²·a)。此类地区主要包括重庆、四川、贵州和江西的部分地区。

3.2.1.3　太阳能储存方法

太阳能资源会随着季节变换、昼夜交替、天气变化和地理位置等因素的影响而出现不稳定性和间断性，这对太阳能的利用造成了很大的困扰，使得太阳能资源不能随时随地被连续利用。比如，在一天之中，白天可以利用太阳能资源，晚上对太阳能资源的利用就会出现间断；晴天可以利用太阳能资源，阴雨天对太阳能的利用会出现不稳定性；太阳能的能流密度比较低，太阳辐射比较松散，也会对太阳能的利用造成很大影响。为了保证太阳能资源可以被连续稳定地利用，需要在太阳辐射充足的时候将太阳能储存起来，在太阳辐射不足的时候再将太阳能释放出来，把太阳能变成稳定的、连续的能源，以满足人类日常生产和生活中对太阳能的需求。

研究太阳能的储存方法有重要意义，目前国内外对太阳能储存的研究主要有两类：一类是太阳能热储存，又称太阳能储热即将太阳能直接进行储存；另一类是将太阳能转换为其他形式的能量再进行储存，比如先将太阳能转化为电能、生物质能、化学能、机械能等不同形式的能量，再将这些不同形式的能量进行储存。

1. 太阳能储热

太阳能储热技术的分类方法有很多，通常按照储热的方式将太阳能储热分为显热储热、潜热储热和化学储热三种类型。

（1）显热储热。显热储热是利用温度升高时储热材料会吸收热量，温度降低时储热材料会释放热量的性质而实现的太阳能储热，也就是通过储热材料的热容量来进行储热。显热储热技术原理简单，材料来源丰富，是太阳能储热技术中价格最低廉，技术最成熟，应用最广泛的一种储热技术。

显热储热的储热材料一般分为固体和液体两类。

液体显热储热是应用最广泛的显热储热技术，要求储热材料具有比较大的比热容、比较低的蒸汽压和比较高的沸点。液体显热储热的实现方式包括储热水箱和地下含水层储热两种，目前太阳能显热储热有向地下发展的趋势，由于太阳能的地下显热储热成本较低、占地少，所以比较适合于长期储存，是一种很有发展前途的储热方式。常用的液体显热储热材料有水、乙醇、丙醇、丁醇、异丁醇和辛烷等，其中水在低温介质中是一种比热容大、成本低、来源广、性能优良的储热材料，也是液体显热储热中最常用的一种材料。表3.6列出了几种常用的液体显热储热材料的性质。

表 3.6　　　　　　　　　　　常用液体显热储热材料的性质

储热材料	温度/℃	密度/(kg·m⁻³)	常压沸点/℃	比热容/[kJ·(kg·℃)⁻¹]
水	0～100	1000	100	4.18
乙醇	−114～78	790	78	2.38
丙醇	−126～97	800	97	2.5
丁醇	−89～118	809	118	2.38
异丁醇	−108～107	808	100	2.97
辛烷	−56～126	704	126	2.38

固体显热储热就是用岩石、砂石等固体材料进行太阳能储热，在岩石、砂石等固体材料比较丰富的地区，利用固体材料进行显热储热不仅成本比较低廉，而且也比较方便。岩石是除了水以外应用最广泛的储热材料，岩石堆积床就是利用松散堆积的岩石或者卵石的热容量进行太阳能储热的方式。表3.7列出了几种固体显热储热材料的性质。

表 3.7　　　　　　　　　　　固体显热储热材料的性质

储热材料	导热系数/[W·(m·℃)⁻¹]	密度/(kg·m⁻³)	比热容/[kJ·(kg·℃)⁻¹]	容积比热容/[kJ·(m³·℃)⁻¹]
岩石	2	1600	0.88	1404
铸铁	42	7200	0.54	3888
砖	0.81	1698	0.84	1428

储热材料	导热系数 /[W·(m·℃)$^{-1}$]	密度 /(kg·m^{-3})	比热容 /[kJ·(kg·℃)$^{-1}$]	容积比热容 /[kJ·(m^3·℃)$^{-1}$]
干土	0.8～1.2	1800	0.84	1507
卵石	1.5	2245～2566	0.71～0.92	2093
铝	200	2700	0.92	2482
氧化铝	10	3900	0.84	3266
氧化镁	—	3570	0.96	3433
氯化钙	—	2510	0.67	1683
氯化钠	—	2170	0.92	1997

但是显热储热也有其缺点，一般来说显热储热材料的储能密度都比较小，所需要的储热材料的质量和体积都比较大，所以要用到的蓄热器的体积都比较大，需要的隔热材料也就更多，导致整个储热系统的成本较高，实用性降低。显热储热材料与外界存在着温差，容易造成热量损失，使得显热储热系统无法进行长时间的储存，增加隔热材料可以有效解决显热储热系统长时间储存的问题，但是增加了系统的成本。另外，显热储热的输入和输出热量的温度变化范围较大，热流也不稳定，需要用到相应的调节和控制装置，这也会增加系统的成本。

（2）潜热储热。潜热储热又叫相变储热，是利用储热物质在发生相变的时候需要吸收或者放出大量相变潜热的性质来实现热量的储存和释放。相变储热数值与储热物质的种类有关，而受外界条件的影响非常小。

通常，储热物质由固态熔解为液态的过程中所吸收的热量称为熔解潜热，储热物质由液态凝结成固态的过程中所释放的热量称为凝固潜热；储热物质由液态蒸发为气态的过程中所吸收的热量称为气化潜热，储热物质由气态冷凝成液态的过程中所释放的热量称为冷凝潜热；储热物质由固态直接升华为气态的过程中所吸收的热量称为升华潜热，储热物质由气态直接凝结成固态的过程中所释放的热量称为凝华潜热。常用的相变储热的物质有无机盐水合物、有机化合物和复合相变材料等。

潜热储热具有储热密度高、在吸热和放热过程中温度波动范围小等优点，一般相变材料在吸收热量或者放出热量时的温度波动范围仅为2～3℃，只有像石蜡这样的有机化合物类的吸热和放热的温度变化范围才比较大，大约为几十度。所以，只要根据要求选择合适的相变物质，潜热储热系统中除了需要调节热流量的装置外，几乎不需要其他的温度调节和控制系统，这将使系统的设计和施工大为简化，同时也降低了成本。

除了上述优点外，潜热储热也存在一些缺点，由于相变材料不可能同时具有较大的比热容和热扩散系数，所以对于相变储热材料来说，如果它有很大的熔解潜热和比热容，其导热系数和热扩散系数就会比较低，这时候就需要设计和制作特殊的换热器；另外，当潜热储存系统的温度在熔点附近时，相变材料往往处于固态和液态两相共存的状态，这时候不适宜用泵输送，所以这样的相变材料也不适合做传热介质，故在收集或者释放热量的过程中，一般都会需要两个独立的流体循环回路等。

（3）化学储热。太阳能储热中的显热储热和潜热储热都是利用物理方法进行热量的储存，而化学储热是利用化学方法来实现太阳能的热储存。化学储热是通过利用可逆化学反应的吸热反应和放热反应来储存和释放热量的方法，通常可以用作化学储热的化学反应有很多，理想的化学储热反应必须满足：反应需有可逆性，并且没有副反应；反应热大，并且正向和反向过程的反应需要足够快；反应物和生成物都没有毒、没有腐蚀性、不易燃烧；反应物和生成物容易分离并且能够稳定地进行储存；反应物价格低廉、容易获得等。

能够满足理想化学储热的反应十分有限，所以找到合适的化学储热可逆反应很关键，也有一定的难度。在给定了吸热反应的条件下，主要问题是防止由于逆反应的发生而引起的储存能量的减损，考虑到实际应用的可控性，有以下两种主要的方法可供使用。

1) 催化反应。常见的催化反应多适用于气—气反应，此类反应的特点是反应物和生成物都是气体，所以反应平衡温度有一定的变化范围；在反应没有催化剂参与的情况下，生成物不会发生逆反应释放热量，反应物和生成物都可以进行长期储存。例如：

$$2SO_3(气) \longrightarrow 2SO_2(气) + O_2(气)$$
$$CH_4(气) + H_2O(气) \longrightarrow CO(气) + 3H_2(气)$$

2) 热分解反应。热分解反应是太阳能化学储热中最常用的一种化学反应，为了防止逆反应的发生，通常可以把生成物在空间上进行分离，所以这种反应也叫做生成物分离反应。但对于单相反应来说，比如气—气反应、液—液反应和固—固反应，其反应生成物不容易被分离；而对于复相反应来说，比如固—气和液—气反应，其反应生成物则比较容易被分离，对于固—液反应，其反应熵值和反应焓值都过小，并不能满足储能密度高的要求，所以不做考虑。由于复相反应的生成物容易分离，所以热分解反应多采用的是复相反应。常用的反应物质有碳酸盐、硫酸盐、金属氧化物和氢氧化物等。

总的来说，太阳能化学储热的主要优点有：储能密度高，可以实现长期储存，可以在环境温度下储存，可以实现输送等。太阳能化学储热的主要缺点有：反应的循环效率低，运转维护要求和成本比较高等。

2. 太阳电池

通过太阳电池可以将太阳能转化为电能，提供给负载正常工作，而产生的多余电能可以储存在太阳能蓄电池里，蓄电池在进行充电时将电能转化为化学能储存起来，在放电时又将化学能转化为电能输送出去。

常用的蓄电池有铅酸蓄电池、镍镉电池、镍氢电池、镍锌电池和钠硫电池等。其中铅酸蓄电池应用广泛，质量稳定，维护简单并且使用寿命长，而胶体铅酸蓄电池是对液态电解质的普通铅酸蓄电池的改进，用胶体电解液代替了硫酸电解液，又可以称为免维护蓄电池，相比普通铅酸蓄电池更加安全可靠，放电性能和使用寿命等方面都有提高；镍镉电池的应用程度仅次于铅酸蓄电池，可实现快速充电，循环使用的寿命比较长，但是价格较高；镍氢电池循环使用的寿命也比较长，价格较高；镍锌电池体积能量已经超过镍镉电池，但小于镍氢电池，同样价格较高；钠硫电池可大电流、高功率放电，但是工作温度为300～350℃，高温腐蚀严重，电池的寿命比较短。

3.2.2　太阳能光热利用

太阳能的光热利用是基于传热学的基本理论和技术实现的，传热学是研究热量传递规律的科学，研究物体之间或者物体内部由于温差引起的热能传递规律，热能的传递可以通过传导、对流和辐射三种方式来实现。太阳能热利用的形式有太阳能集热器、太阳能热水器、太阳房、太阳池、太阳能干燥、太阳能制冷以及太阳能热力发电等。

3.2.2.1 太阳能集热器

太阳能集热器是采集太阳热辐射并将其传递到传热介质的装置，是太阳能热利用的基础装置，也是组成其他太阳能热利用系统的关键装置。太阳能集热器的分类方法有很多种，比如按照集热器内的传热工质类型分类，可以分为液体集热器和空气集热器；按照集热器是否跟踪太阳分类，可以分为跟踪集热器和非跟踪集热器；按照进入采光口的太阳辐射是否改变方向分类，可以分为聚光型集热器和非聚光型集热器；按照集热器的工作温度范围分类，可以分为低温集热器（工作温度在100℃以下）、中温集热器（工作温度在100～200℃）和高温集热器（工作温度在200℃以上）……此处按照集热器内是否有真空空间分类，分为平板型集热器和真空管集热器。

1. 平板型集热器

平板型集热器一般用液体或者空气当作介质，由吸热体、透明盖层、隔热保温层和外壳体等几个部分组成。平板型集热器工作时，太阳辐射透过透明盖层照到吸热体上，吸热体吸收太阳能后转化为热能，再将热量传递给传热介质。平板型集热器结构示意图如图3.19所示。

（1）吸热体。吸热体的作用是吸收太阳能并将其转化为热能，加热其中的传热介质。为了提高集热效率，通常会将吸热体做特殊处理或者涂有选择性涂层，以加强对太阳光的吸收率。而吸热体本身需要有比较低的热辐射率，从而减小吸热体向周围环境的散热。

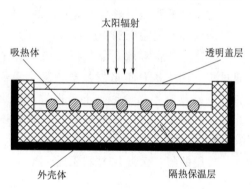

图3.19 平板型集热器结构示意图

吸热体的材料通常有铜、铝合金、铜铝复合、钢板、不锈钢和塑料等，目前使用比较普遍的是铜铝复合集热器和铜集热器。吸热体的结构型式也多种多样，主要有管板式、翼管式、扁盒式、蛇管式等。吸热体的结构型式如图3.20所示。

在吸热体上通常会有排管与集管，认识吸热体的结构首先要知道排管与集管的概念，排管是纵向排列的流体通道，集管是分布在排管前后两端横向连接若干根排管的流体通道。排管与集管示意图如图3.21所示。

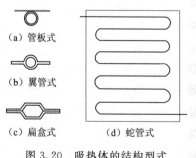

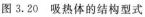

图3.20 吸热体的结构型式

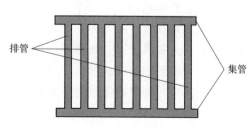

图3.21 排管与集管示意图

管板式集热器是将排管与平板以一定的结合方式连接构成的吸热条带，然后再与上下集管焊接成吸热体，这也是目前应用比较普遍的吸热体结构；翼管式集热器是利用模子挤压拉伸工艺制成金属管两侧连有翼片的吸热条带，然后再与上下集管焊接成吸热体，吸热体材料一般用铝合金；扁盒式集热器是将两块金属板分别模压成型，然后再将两块金属板焊接成一体构成吸热体，吸热体材料可以采用不锈钢、铝合金和镀锌钢等；蛇管式集热器是将金属管弯曲成蛇形，然后与平板焊接构成吸热体，吸热体材料一般采用铜，这种结构在国外应用比较多；涓流式集热器的流体通道不是在吸热体内，而是在呈 V 形的吸热体表面，在集热器工作时，液体传热介质不封闭在吸热体内而是从吸热体表面缓慢地流下，涓流集热器大都用于太阳能蒸馏。

　　（2）透明盖层。透明盖层位于平板型集热器的顶部，是覆盖着吸热体并且由透明或者半透明材料组成的板状部件。首先，透明盖层起到保护集热器的作用，可以防止集热器受到灰尘和风霜雨雪的侵蚀；其次，透明盖层可以让太阳辐射直接透过并且投射到吸热体上；最后，透明盖层还可以阻止吸热体在吸收热量之后通过对流和辐射的形式向周围环境散热。

　　常用的透明盖层材料主要有普通平板玻璃、玻璃钢板和透明的纤维板等，其中平板玻璃在国内外的使用更加普遍。

　　（3）隔热保温层。隔热保温层布置在集热器的底部和侧面，主要作用是抑制吸热体通过传导向周围环境散发热量，减小集热器的热损失。根据隔热保温层的功能，要求隔热保温层具有不易变形、不易挥发、不会产生有害气体以及导热系数小的特点，根据国标 GB/T 6424—2007《平板型太阳能集热器》的规定，隔热层材料的导热系数不应大于 0.055W/(m·K)。

　　常用的隔热保温层材料有岩棉、矿棉、聚氨酯和聚苯乙烯等，其中使用最多的是岩棉。

　　（4）外壳体。外壳体是集热器的支撑骨架，外壳体的作用是把透明盖层、吸热体和隔热保温层等组成一个整体，所以应该具有一定的机械强度和刚度、具有良好的水密封性能和耐腐蚀性能。

　　常用于外壳体的材料有铝合金板、不锈钢板、玻璃钢板、碳钢板和塑料等，其中钢板因为价格低并且强度大，所以使用较多。为了提高外壳体的密封性，有的产品已采用铝合金板一次模压成型工艺。

　　2. 真空管集热器

　　吸热体在吸收太阳辐射并且将之转化为热能之后，吸热体的温度升高，这部分热能一方面用来加热吸热体内的传热介质，最后作为有用能输出；另一方面吸热体又会通过传导、对流以及辐射的方式向周围环境散发热量，造成集热器的热量损失。为了减少集热器的热量损失，有人提出了真空集热器的概念。20 世纪 70 年代真空集热管研发成功，将若干的真空集热管组装到一起就构成了真空集热器。真空集热器就是把吸热体和透明盖层之间的空间抽成真空，将吸热体封闭在高真空的玻璃真空管内，杜绝吸热体向周围环境的热损耗。

　　按吸热体的材料可以把真空管集热器分为全玻璃真空管集热器和金属吸热体真空管集

热器两类。其中，全玻璃真空管集热器的吸热体是由玻璃管组成的，全玻璃真空集热管是真空管集热器的核心部件，结构示意图如图 3.22 所示，主要由外玻璃管、内玻璃管、选择性吸收涂层、弹簧支架和消气剂等部件组成；金属吸热体真空管集热器的吸热体是由金属材料组成的，也称为金属—玻璃真空管集热器。

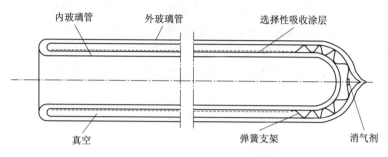

图 3.22　全玻璃真空集热管结构

3.2.2.2　太阳能热水器

太阳能热水器是在太阳能热利用中最具代表性的一种装置，由集热器、储热水箱、支架和连接管道等部分组成。太阳能热水器是利用温室原理，将太阳的能量转变为热能，并向水传递热量，从而获得热水的一种装置。根据集热器结构的不同可以把太阳能热水器分为闷晒式热水器、平板型热水器和真空管热水器三种。

1. 闷晒式热水器

闷晒式热水器结构简单，价格较低，易于推广和使用，但缺点是保温效果较差，热量损失比较大。闷晒式热水器分为有胆和无胆两类，有胆闷晒式热水器的太阳能闷晒盒内有黑色塑料盛水胆或者金属盛水胆，当太阳照射到闷晒盒上，盒内温度上升，将胆内的水加热，这种热水器最大的特点是质量轻便、价格低廉，适合旅游等外出使用，但是寿命比较短；无胆闷晒式热水器就是池式热水器，像一个浅水池子，既能储水又能集热，通常会建在房屋的平顶上，池底与地面平行，池内水深为 5～10cm，在上面盖一层与水平面倾斜的玻璃盖板，在池内四周和底部加防水层并且涂上黑色涂料，这种热水器的特点是水平放置、结构简单、便于安装制造、成本低，但是玻璃内表面通常会有水蒸气，会降低玻璃的透过率。

2. 平板型热水器

以管板式热水器为代表来说明，管板式热水器由管板式集热器、储热水箱和支架等组成，集热器和水箱结合紧密，上下循环管很短。水在集热器中吸收热量，水温升高变成水蒸气，密度变小自然上升进入到上部的水箱，水箱中的水以这种方式通过集热器的循环加温而逐步达到了平衡状态。

3. 真空管热水器

真空管热水器由真空管集热器、储热水箱和支架等组成。根据集热器的类型不同，真空管热水器又可以分为玻璃吸热体真空管太阳能热水器（又称全玻璃真空管太阳能热水器）和金属吸热体真空管太阳能热水器（又称金属—玻璃真空管太阳能热水器）。

全玻璃真空管太阳能热水器的核心是全玻璃真空管集热器，它由内外管间抽成真空的两根同心圆玻璃管组成,在内管的外表面涂有选择性吸收涂层而构成吸热体,将太阳辐射转换为热能,加热管内的传热介质,然后与储热水箱进行交换,提高水温。

金属吸热体真空管太阳能热水器的核心是金属—玻璃真空管集热器,其中一种热管式真空管集热器是在全玻璃真空集热管中插入一根金属热管,热管的另外一端冷凝端插入储热水箱,这就要求热管的外径和长度必须与全玻璃真空集热管相匹配。热管式真空管集热器在工作时,每一只热管式真空管都将太阳辐射能转化为热能,通过热管不停的气—液相变循环,从而将热量从热管的冷凝端传递到储热水箱中,使水箱中水温上升。

按照水系统中水的流动方式可以分为循环式太阳能热水系统和直流式太阳能热水系统两种。

1. 循环式太阳能热水系统

循环式太阳能热水系统的应用比较广泛,按照水循环的动力又可以分为自然循环和强迫循环两种。由于自然循环的压头小,所以对于大型的太阳能热水系统来说,一般采用的都是强迫循环。

(1) 自然循环太阳能热水系统。自然循环太阳能热水系统的储水箱位于集热器的上方,储水箱中的冷水流到集热器中,吸热体将太阳能转化为热能后加热集热器中的水,被加热后的水温度升高变成水蒸气,密度变小从而上升进入到储水箱的上部,这时储水箱底部的冷水继续进入到集热器中,经过此过程的反复进行,储水箱中的水被不断加热。当储水箱顶部的水温达到用户要求时,由温度控制器打开电磁阀让水箱顶部的热水流出供给用户使用,同时补水箱将自来水补充到储水箱底部;当水温低于用户要求时,温度控制器又将电磁阀关闭,集热器继续给储水箱加热直至水温再次达标。

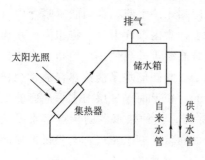

图 3.23　自然循环太阳能
热水系统示意图

自然循环太阳能热水系统的优点是结构简单、运行可靠安全且成本比较低,但是为了维持一定的虹吸压头防止热水倒流,就要将储水箱放置的位置高于集热器,并且保持一定的高度差,高度差为 0.5～1.5m。主要适用于家用太阳能热水器和中小型太阳能热水系统中。自然循环太阳能热水系统示意图如图3.23 所示。

(2) 强迫循环太阳能热水系统。强迫循环太阳能热水系统是在集热器和储水箱之间的连接管路加一个水泵,由水泵作为系统中水的循环动力,系统中储水箱的位置不用高于集热器,水流经集热器时不断被加热并储存在储水箱中。强制循环太阳能热水系统适用于各种规模的太阳能热水系统。

2. 直流式太阳能热水系统

直流式太阳能热水系统不同于循环式太阳能热水系统,是使水一次性通过集热器被加热后直接进入到储水箱而不需要进行循环加热,可以分为热虹吸型和定温放水型两种类型。

(1) 热虹吸型太阳能热水系统。热虹吸型太阳能热水系统由集热器、储水箱、补水箱和连接管道几部分组成,其中补水箱中的水位需要与集热器热水出口管的最高位置处于同一个水平面上。在有太阳照射时，水在集热器中被加热温度上升，形成虹吸压头，热水不断地通过上升管流入到储水箱中，而补水箱又通过下降管将冷水输送到集热管中。在没有太阳照射时，集热器、上升管和下降管里都充满水，并且温度一致，所以水不流动。热虹吸型太阳能热水系统示意图如图 3.24 所示。

（2）定温放水型太阳能热水系统。定温放水型太阳能热水系统通过安装在集热器出水口的温度传感器来感知集热器出水口的水温，若水温达到用户要求就可以通过控制器控制电磁阀，从而保证出水口水的温度维持恒定，储水箱可以放在室内。这种类型的系统的可靠性主要依赖于温度控制器和电磁阀。定温放水型太阳能热水系统示意图如图 3.25 所示。

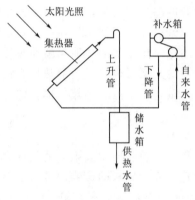

图 3.24　热虹吸型太阳能热水系统示意图　　图 3.25　定温放水型太阳能热水系统示意图

3.2.2.3　太阳房

太阳房是利用太阳能进行采暖、供热水和通风换气的环保型生态住宅，既可以满足住宅在冬季的采暖要求，也可以在夏天起到降温的作用。利用太阳能后达到节能 50％ 以上的住宅才可以被称为太阳房；如果节能低于 50％，则只能称为节能房。太阳能的推广应用对节约常规能源和减少环境污染具有很重要的意义，根据太阳房的工作方式，可以将太阳房分为主动式太阳房和被动式太阳房两类。

1. 主动式太阳房

在主动式太阳房中，由泵或者风机带动热循环系统，依靠泵或者风机的驱动，把集热器加热的传热介质输送到蓄热器中，再将蓄热器中的热量通过管道或者散热器输送到室内。主动式太阳房一般由太阳能集热器、储水箱、传热介质、水泵或风机、辅助电源和控制系统等部分组成。太阳能集热器获得的热能通过配热系统输送到室内供采暖用，多余的热量储存在储水箱中；若集热器获得的热量小于室内采暖需求时，便由储存的热量来做补充，若还是不足就要用辅助热源来提供热量，用来维持住宅的供暖需求。主动式太阳房取暖示意图如图 3.26 所示。

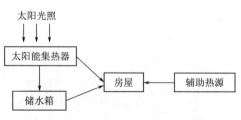

图 3.26　主动式太阳房取暖示意图

2．被动式太阳房

与主动式太阳房不同，在被动式太阳房中完全依靠太阳能采暖，热量以传导、对流和辐射几种自然交换的形式进行传递，不需要集热器和额外的动力。被动式太阳房通过合理设计住宅的朝向以及合理布置周围环境，以及建筑材料和结构的合理选择，可以让住宅达到冬暖夏凉的目的。这种太阳房结构简单、成本低廉，但是人为主动调节性差。

3.2.2.4　太阳池

太阳池是以盐水湖泊为原型的一种人造盐水池，是一种既能收集热量又能储存热量的装置，特点是能够长久稳定地提供常温电能。太阳池可以分为非对流型太阳池和对流型太阳池（也叫薄膜隔层型太阳池）两类。

1．非对流型太阳池

非对流型太阳池的表层为清水，底层为接近饱和的浓盐水溶液，中间各层盐水浓度按阶梯式变化。太阳辐射到太阳池中之后，池底的水温升高，形成热水层，由于盐水的浓度阻止了自然对流的发生，从而保持了热水层的稳定。这时热水层的热能只能通过导热的方式向四周散发热量，而水的导热率比较低，所以太阳池上层可以当做是隔热层，而太阳池四周的土壤热容量很大，所以太阳池可以储存很多热量，是个巨大的储热体。储存在太阳池中的热量可以通过换热器从池中取出使用。

2．薄膜隔层型太阳池

非对流型太阳池不可避免地会存在一些对流过程，薄膜隔层型太阳池就是在太阳池顶部加一层透明隔层，来阻止在太阳池表面由于水的蒸发或者风吹的影响而带来的对流；在太阳池的中部加一层隔层，将太阳池的非对流区和底部对流区分开，阻止池中水的自然对流。

太阳池的储热量非常大，所以可以用太阳池来进行采暖、制冷以及发电。图 3.27 为太阳池发电系统原理示意图，从图中可以看到，太阳池发电的工作过程是先把池底层的热水抽入到蒸发器中，使蒸发器中的低沸点有机介质蒸发，产生蒸汽来推动汽轮机做功，汽轮机带动发电机旋转，将机械能转化为电能输送出去，排气再进入到冷凝器中进行冷凝，太阳池上部的冷水作为冷凝器的冷却水，冷凝后的有机介质再通过循环泵抽回蒸发器中，

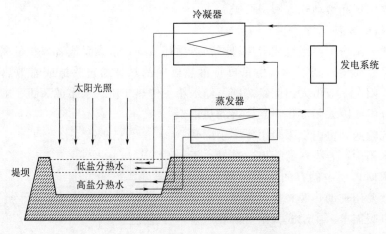

图 3.27　太阳池发电系统原理示意图

从而形成循环。

3.2.2.5 太阳能干燥

太阳能干燥是人类利用太阳能历史最悠久的一种方式，我们的祖先通过太阳光直接暴晒的方法将食品和农副产品进行干燥，然后再将干燥后的物品保存起来。这种传统的露天自然干燥的方法一直沿用到今天，比如在我国北方地区，人们在天气好的时候将收割后打好的麦粒在房前屋后的平地上进行晾晒，经过一周左右再放到粮仓中进行储存。但是这种方法也存在效率低、干燥时间长、晾晒面积大的缺点，容易受到风沙、梅雨天气的影响，并且也会受到苍蝇、虫蚁等的污染，从而会影响到农副产品的质量。太阳能干燥与露天自然干燥和常规能源干燥相比较，都有很多优点：①可以节约常规能源；②减少因为使用常规能源而带来的环境污染；③提高产品质量；④有更高的干燥效率。

近几年来，太阳能干燥技术得到了快速的发展，太阳能干燥的原理就是将被干燥的物料通过直接吸收太阳能并将其转换为热能，或者通过太阳能集热器将传热介质空气加热，再进行对流换热而获得热能，被干燥的物料表面和物料内部之间经过传热传质过程，将物料中的水分汽化并且扩散出去，使物料达到干燥的目的。常见的干燥器类型有温室型太阳能干燥器、集热器型太阳能干燥器、集热器—温室型太阳能干燥器、整体式太阳能干燥器和其他形式的太阳能干燥器等。

1. 温室型太阳能干燥器

温室型太阳能干燥器是直接受热式干燥器，主要特点是集热部件与干燥室结合为一体。太阳能干燥器的北墙是夹有保温材料的双层砖墙隔热墙，其余东、南、西三面墙的下半部分也是隔热墙，内壁涂满黑色涂层，太阳干燥器的地面也涂满黑色涂层，用来提高墙面对太阳辐射的吸收能力。东、南、西三面墙的上半部分都是玻璃，可以让更多的太阳辐射投射进去。太阳能干燥器的顶部是向南倾斜的玻璃盖板，倾斜角度与当地的地理纬度一致。在南墙靠近底部的部位开设一定数量的进气口，让新鲜空气及时补充到干燥器中，而在北墙靠近顶端的部位安装有一定数量的排气孔，可以让湿空气随时排放到周围环境中。温室型太阳能干燥器示意图如图 3.28 所示。

2. 集热器型太阳能干燥器

集热器型太阳能干燥器是将太阳能空气集热器和干燥室分离开来的干燥装置，由空气集热器、干燥室、蓄热器、排气烟囱、风机和管道等部分组成。空气集热器通常采用平板型空气集热器，集热器的安装角度与当地的地理纬度基本一致，集热器的进出口分别通过管道与干燥室相连接。集热器型太阳能干燥器是一种间接受热式干燥器，被干燥物料分层放在干燥室内，不直接接受阳光的照射。集热器中的空气被加热后进入到干燥室中，物料在干燥室内实现对流热质交换过程，风机起到增强对流换热效果的作用，从而达到干燥物料的目的。蓄热器的作用是在太阳辐射很强时将热量储存在蓄热器中，用来弥补太阳辐射的不稳定性和间歇性。集热器型太阳能干燥器示意图如图 3.29 所示。

3. 集热器—温室型太阳能干燥器

为了增加温室型太阳能干燥器获得的能量并且保证物料的干燥质量，在温室型太阳能干燥室外再增加一部分空气集热器，就组成了集热器—温室型太阳能干燥器。同样的，空气集热器的安装角度和温室顶部的玻璃盖板的倾斜角度都与当地纬度基本一致。空气集热

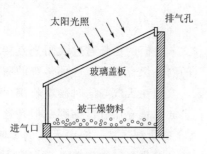

图 3.28　温室型太阳能干燥器示意图

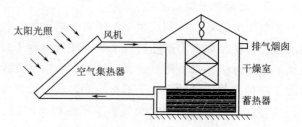

图 3.29　集热器型太阳能干燥器示意图

器通过管道与温室型干燥器相连，温室干燥器内部墙面都涂有黑色涂层，室内放支架和托盘用来放置被干燥的物料。

　　在集热器—温室型太阳能干燥器工作时，干燥室中的物料一方面直接接受透过干燥室顶部玻璃盖板的太阳辐射，同时干燥室内壁面吸收太阳能并转化为热能；另一方面又有集热器中被加热的空气通过风机送入到干燥室中，以对流换热和辐射的方式加热物料，把水分带走，从而达到干燥物料的目的。集热器—温室型太阳能干燥器示意图如图 3.30 所示。

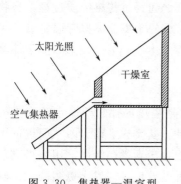

图 3.30　集热器—温室型
太阳能干燥器示意图

　　4. 整体式太阳能干燥器

　　整体式太阳能干燥器是将太阳能空气集热器与干燥室两者合并在一起成为一个整体，干燥室本身就是空气集热器。装有物料的托盘放置在干燥室内，物料直接吸收太阳辐射能起到吸热体的作用，在结构紧凑的干燥室内，空气由于温室效应而被加热，安装在干燥室中的风机将空气在两个干燥室中不断循环，增加物料表面与热空气接触的机会，强化干燥过程。

　　5. 其他形式的太阳能干燥器

　　前述的四种太阳能干燥器在我国已经开发应用的太阳能干燥器中占有 95％以上，除此之外，还有聚光型太阳能干燥器和太阳能远红外干燥器等。聚光型太阳能干燥器是一种采用聚光型空气集热器的太阳能干燥器，可以达到较高的温度，实现物料的快速干燥，但是这种干燥装置结构复杂并且造价高；太阳能远红外干燥器是一种以远红外加热为辅助能源的太阳能干燥器，节能效果明显并且可以全天运行。

3.2.2.6　太阳能制冷

　　太阳能制冷就是将太阳能辐射热作为动力驱动来使系统维持所需要的低温，达到制冷的效果。太阳能制冷的前景诱人，因为在太阳辐射越强的时候，周围环境气温会越高，这时候越需要进行制冷。太阳能制冷系统可以分为太阳能吸收式制冷系统、太阳能吸附式制冷系统、太阳能除湿式制冷系统、太阳能蒸汽喷射式制冷系统和太阳能蒸汽压缩式制冷系统五类。其中，前四类是消耗热能的，而太阳能蒸汽压缩式制冷系统是消耗机械能的。

　　太阳能吸收式制冷系统是目前各种太阳能制冷中应用最多的一种，是将太阳能集热器和吸收式制冷机联合使用，利用在相同的压强下有不同沸点的两种物质组成的二元溶液作为介质，沸点低的组分是制冷剂，沸点高的组分是吸收剂，由于这种制冷方式是利用吸收剂的质量分数变化来完成制冷剂循环，所以被称为吸收式制冷，常用的吸收剂—制冷剂有溴化锂—水和水—氨两种；太阳能吸附式制冷系统结构简单，是将太阳能系统与制冷机合二为一，利用物质的物态变化来达到制冷的效果，常用的吸收剂—制冷剂有沸石—水和活性炭—甲醇等，这些物质是无毒无害的，所以不会对大气臭氧层造成破坏；太阳能除湿式制冷系统利用干燥剂来吸附空气中的水蒸气以降低空气的湿度，从而达到降温制冷的目的，不同于吸附式制冷时利用吸附剂达到降温制冷的目的；太阳能蒸汽喷射式制冷系统由太阳能集热器和蒸汽喷射式制冷机两部分组成，而蒸汽喷射式制冷机主要由蒸汽喷射器、蒸发器、冷凝器等几部分组成；太阳能蒸汽压缩式制冷系统是比较传统的制冷方式，主要由太阳能集热器、蒸汽轮机和蒸汽压缩式制冷机等部分组成，主要由压缩机、冷凝器、节流阀和蒸发器几部分组成，每个部分之间由管道连接。

3.2.2.7 太阳能热发电系统

太阳能发电有两种方式，一种是太阳能光伏发电，通过光电器件直接将太阳辐射能转换为电能；另一种是太阳能热发电，先将太阳辐射能转换为热能，然后再将热能转换为电能。

太阳能热发电就是利用太阳能集热器先把太阳能转变为热能，加热集热器内的传热介质形成高温高压的蒸汽；再将热能转变为机械能，蒸汽推动汽轮机转动；最后将机械能转换为电能，汽轮机带动发电机组发电。根据太阳能的采集方式将现有的太阳能热发电系统分为槽式线聚焦式、塔式和蝶式三种类型。

1. 槽式线聚焦太阳能热发电系统

槽式线聚焦太阳能热发电系统属于线聚焦方式，是按一定的串、并联排列方式的多个槽型抛物面反光镜将太阳辐射能聚焦到集热器来加热介质，利用产生的蒸汽推动汽轮机转动，从而带动发电机组进行发电。其特点是所用的聚光集热器是由许多分散布置的槽型抛物面镜聚光集热器串、并联组成。载热介质在单个分散的聚光集热器中被加热形成蒸汽汇集到汽轮机或者汇集到热交换器，把热量带给汽轮机回路中的介质。

槽式线聚焦太阳能热发电系统由聚光集热系统、蓄热系统、热传输系统、发电系统、辅助能源系统等组成。聚光集热系统是由大量的聚光集热器串、并联组成；蓄热系统是由冷罐、热罐、储热介质、绝热材料和换热器等组成；热传输系统由换热器组成，包括预热器、蒸汽发生器和过热器，当系统的介质为油时采用双回路，当系统介质为水时可以采用单回路；发电系统由蒸汽轮机、发电机等组成，可以实现热能转换为机械能、机械能转换为电能的双向转变；辅助能源系统的作用是在夜间或者阴雨天等太阳光照不充足时，用辅助能源来给系统供热。槽式线聚焦太阳能热发电系统示意图如图 3.31 所示。

2. 塔式太阳能热发电系统

塔式太阳能热发电系统属于点聚焦方

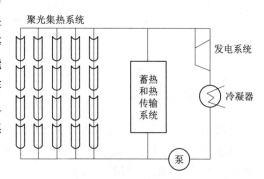

图 3.31　槽式线聚焦太阳能热发电系统示意图

式，是一种大型太阳能热发电系统，在很大面积的场地上装有很多台大型反射镜（也叫做定日镜），每台定日镜都配有跟踪机构，可以准确地将太阳辐射集中到一个高塔顶部的接收器上，接收器上的聚光倍率可超过 1000 倍。塔式太阳能热发电系统主要由聚光子系统、集热子系统、发电子系统和蓄热子系统等部分组成。当太阳光反射投射到接收器之后，加热接收器内的传热介质而产生蒸汽，一部分热能用来带动汽轮发电机组进行发电，另外一部分热能被储存起来，在没有太阳光时进行备用发电。

塔式太阳能热发电系统的关键部件包括定日镜及其自动跟踪、接收器和蓄热装置三个方面。由于塔式太阳能发电要求高温、高压，对太阳光的聚焦需要有比较大的聚光比，所以需要用大量经过合理布局的定日镜将反射光都集中到较小的集热器窗口，这就要求反射镜的反光率要在 80%～90%，通过计算机控制自动跟踪太阳。接收器也叫做太阳能锅炉，要求其体积小并且有较高的换热效率，通常接收器有水平空腔型、垂直空腔型以及外部受光型等类型。由于太阳的辐射强度是随着时间而变化的，为了保证发电系统的热源稳定，需要设置蓄热装置，这也是塔式太阳能热发电系统的重要组成部分，系统应选用蓄热和传热性能好的材料作为蓄热介质，常用的传热和蓄热介质有水蒸气、空气和熔盐等。塔式太阳能热发电系统示意图如图 3.32 所示。

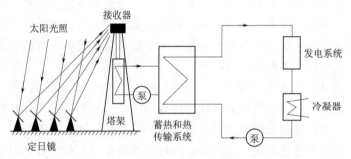

图 3.32　塔式太阳能热发电系统示意图

3. 碟式太阳能热发电系统

碟式太阳能热发电系统也称为盘式太阳能发电系统，属于点聚焦方式，其聚光比可以达到数百乃至数千倍，所以可以产生非常高的温度。碟式太阳能热发电系统的主要特征是采用盘状抛物面镜聚光集热器，集热器从外形上看像大型抛物面雷达天线。它的优点是可以单机标准化运行、寿命比较长、运行灵活性强以及综合效率高，缺点是成本较高、储热困难并且产生的高温有时并不需要甚至是具有破坏性的。

除此之外，太阳能的热利用还体现在太阳灶、太阳炉、太阳能温室以及太阳能热力机等方面。

3.2.3　太阳能光电利用

太阳能光电利用就是利用太阳能光伏系统将太阳能经光电转换器转化为电能，输出直流电或者交流电来供用户使用。太阳能光伏系统是由太阳能电池、储能装置、控制器、逆变器保护开关柜和配电柜等部分组成。其中太阳能电池将光能转换成直流电能，是太阳能光伏发电系统的核心器件；蓄电池组主要起到储存电能和调节电能的作用；控制器是控制太阳能电池组对蓄电池的充电，以及蓄电池给太阳能逆变器负载供电的自动控制设备；逆变器的作用是把直流电变换成标准的交流电，供交流负载使用；保护开关柜的结构简单，配电柜的结构稍微复杂一点，两者的功能基本相同，对应不同的负载可以分为直流型和交流型两种。

1. 太阳能电池

太阳能电池是一种把光能转变为电能的器件，其工作原理是基于半导体 P-N 结基础上的光生伏打效应。当太阳光照射到半导体上时，一部分太阳光被半导体表面反射，另一部分太阳光被半导体吸收或者透过半导体。

为了获得具有特殊性能的 N 型半导体材料和 P 型半导体材料，需要对半导体材料进行掺杂，掺杂就是人为地将某种杂质加到半导体材料中的过程。如果在纯净的硅晶体中加入少量的 5 价磷元素，由于磷原子最外层有 5 个价电子，其中 4 个价电子与相邻的硅原子进行共价结合形成共价键，磷原子由于缺少一个电子而变成带正电的磷离子，还有一个多余的价电子没有被束缚在共价键里，虽然受到磷原子核正电荷的吸引，但是比较容易成为自由电子，这时电子数目要远远大于空穴数目，这样的掺杂半导体叫做 N 型半导体。如果在纯净的硅晶体中加入少量的 3 价硼元素，由于硼原子最外层有 3 个价电子，这 3 个价电子在与相邻的硅原子进行共价结合形成共价键时还缺少一个电子，所以要从其中一个硅原子的价键中获得一个电子进行填补，这样硼原子由于接受了一个电子而成为带负电的硼离子，而硅中产生了一个空穴，这时空穴数目要远远大于电子数目，这样的掺杂半导体叫做 P 型半导体。

将 P 型半导体与 N 型半导体结合在一起就形成了一个 P-N 结，由于交界面处电子和空穴存在浓度差，所以 N 型区的电子会向 P 型区扩散，同样的 P 型区的空穴会向 N 型区扩散，扩散后在 N 型半导体和 P 型半导体的交界面的 N 型区一侧留下带正电荷的离子形成正电荷区域，而在交界面的 P 型区一侧留下带负电荷的离子形成负电荷区，这样在交界面的两侧形成一层很薄的空间电荷区，使 P-N 结内形成一个从 N 型区指向 P 型区的电场，被称为内建电场，这个内建电场将抵抗 N 型区电子和 P 型区空穴的扩散，使电子由 P 型区拉向 N 型区，而空穴由 N 型区拉向 P 型区，其方向与扩散运动相反，最终达到动态平衡状态。在这种状态下，内建电场两边的电势不等，在 P-N 结处有一个耗尽区，存在着 N 型区比 P 型区高的电势差，称为内建电势差。

而太阳能电池本身就是一个 P-N 结，在光照条件下太阳能电池的受光面附近会被光子激发产生大量的非平衡载流子，这时 P-N 结及其附近的光生载流子在内建电场的驱动下，P 型区的电子会向 N 型区流动，而 N 型区的空穴也会向 P 型区流动，从而形成由 N 型区向 P 型区的电流。在太阳能电池的 N 型区和 P 型区的外端导通连成回路后，只要在光照射的情况下，电流就会不断流动，这就是太阳能光伏发电的原理，如图 3.33 所示，所以太阳能电池也叫做光伏电池。

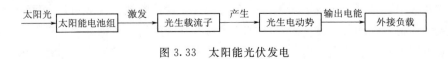

图 3.33 太阳能光伏发电

　　根据制造所用的材料不同，光伏电池可以分为硅太阳能光伏电池、多元化合物薄膜太阳能光伏电池、纳米晶太阳能光伏电池、聚合物多层修饰电极型太阳能光伏电池、有机太阳能光伏电池和塑料太阳能光伏电池等。其中硅太阳能光伏电池由于发展最成熟，所以在应用中占据主导地位，主要有单晶硅太阳能光伏电池、多晶硅太阳能光伏电池和非晶硅太阳能光伏电池三种已经商品化的类型。单晶硅太阳能光伏电池具有制作工艺烦琐、成本高、技术成熟、效率很高、电池的稳定性很高等特点。多晶硅太阳能光伏电池又有片状和薄膜两种类型，多晶硅片状太阳能光伏电池具有生产成本较高、工艺较单晶硅简单、效率较高、稳定性高的特点；多晶硅薄膜太阳能光伏电池具有材料成本低、工艺复杂且尚未成熟、效率较高、稳定性较高的特点。非晶硅太阳能光伏电池具有材料成本低、工艺较复杂且尚未成熟、效率一般、稳定性不高的特点。

　　2. 太阳能光伏发电系统的分类

　　根据系统类型不同，可以把太阳能光伏发电系统分为离网型光伏发电系统和并网型光伏发电系统两类。

　　（1）离网型光伏发电系统。离网型光伏发电系统不与电网直接联系，在我国很早就有应用。根据用电负载的特点，离网型光伏发电系统又可以分为直流离网型光伏发电系统和交流离网型光伏发电系统，其主要区别是系统中是否带有逆变器。其中直流离网型光伏发电系统通常比较简单，负载是直流负载，大多都用于如草坪灯、路灯、航标灯和交通警示灯等照明方面；交流离网型光伏发电系统对应于交流负载，系统功率通常都在几十千瓦到上百千瓦之间，一般适用于深山、荒漠等偏远无电地区。离网型光伏发电系统示意图如图3.34 所示。

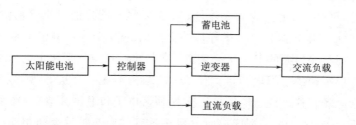

图 3.34　离网型光伏发电系统示意图

　　（2）并网型光伏发电系统。并网型太阳能光伏发电系统可以分为集中式大型并网光伏发电系统和分散式中小型并网光伏发电系统两类。集中式大型并网光伏发电系统的主要特点是投资巨大、建设时间长、要占用大片的土地以及需要复杂的控制系统和配电系统，所发电能被直接输送到电网里，由电网统一调配为用户供电。相比于集中式大型并网光伏发电系统来说，分散式中小型并网光伏发电系统投资不大、建设容易并且发展迅速，主要特点是所发的电能直接分配到用户的用电负载上，多余或不足的电力再通过连接电网来调节。并网型光伏发电系统示意图如图 3.35 所示。

　　分散式中小型并网光伏发电系统根据系统是否配置蓄电池系统，可以分为有储能装置并网型光伏发电系统和无储能装置并网型光伏发电系统两类；根据并网型光伏发电系统是否允许通过供电区变压器向主电网馈电，可以分为可逆流并网型光伏发电系统和不可逆流

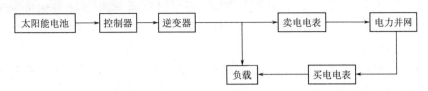

图 3.35 并网型光伏发电系统示意图

并网型光伏发电系统两类。分散式中小型并网光伏发电系统还可以分为家庭系统和小区系统两类，家庭系统的装机容量比较小，仅仅为自家供电，由自己独自管理；小区系统的装机容量则较大一点，是为一整个小区供电，统一进行管理。

3.2.4 太阳能利用现状和发展前景

太阳能的利用有太阳能光热利用和太阳能光电利用两种方式，其中的重点是太阳能热发电和太阳能光伏发电两方面。

1. 太阳能的利用现状

（1）太阳能热发电的发展现状。20 世纪 80 年代初以来，国际太阳能热发电技术不断发展，美国、西欧、日本和以色列等国都做了很多研究开发工作，相继建立起不同类型的示范装置，促进了太阳能热发电技术的发展。截至 2014 年 4 月底，全球已投入运行的光热电站约 4000MW，其中约 93％集中于西班牙与美国；在建约 1600MW，主要分布在美国、西班牙、印度、南非、伊朗、摩洛哥、中国等国家。

与国外光热发电技术在材料、设计、工艺及理论方面长达 50 多年的研究相比，我国的太阳能热发电技术研究起步较晚，直到 21 世纪才开始光热发电技术研究。我国太阳能热发电的几种技术类型并举发展，其中槽式线聚焦太阳能热发电系统率先进入商业化运行的前期工作：2011 年大唐集团新能源公司中标开始建设与经营国家能源局特许权示范项目内蒙古鄂尔多斯市 50MW 槽式太阳能热发电站；国电吐鲁番 180kW 槽式太阳能热发电实验电站正处于调试运行阶段。2005 年南京河海大学研制了一座 70kW 的塔式太阳能热发电系统并通过验收；2010 年中国科学院电工研究所在北京市延庆县开始建设 1MW 塔式太阳能热发电系统并已经投入试运行，该项目是我国自主研发的亚洲首座兆瓦级太阳能塔式热发电站；20 世纪 80 年代初，湘潭电机厂与美国太空电子合作试制了 2 台 5kW 的碟式抛物面点聚焦太阳能热发电装置样机，2011 年海南三亚 1MW 太阳能热发电示范工程开始建设，填补了国内空白，成为我国首座开发建设的碟式太阳能热发电站。2013 年中控德令哈 10MW 塔式光热发电项目并网发电，成为我国首个光热发电示范项目。截至 2014 年年底，全国已建成示范性太阳能热发电站 6 座。为推动我国太阳能热发电技术产业化发展，2016 年确定了第一批 20 个太阳能热发电示范项目名单，包括 9 个塔式电站，7 个槽式电站和 4 个菲涅尔电站，总装机 134.9 万 kW，这 20 个示范项目分别分布在青海、甘肃、河北、内蒙古、新疆等地。

同欧美发达国家相比，我国在光热发电的技术上仍有较大的发展空间。光热发电项目是一项系统的工程，涉及集成电路的开发，精密电子元器件的加工，大数据的分析等环节。由于我国的光热发电项目启动较晚，因此，需要在这些方面努力追赶世界先进国家的水平。

（2）光伏发电的发展现状。太阳能光伏发电最早可以追溯到 1954 年由贝尔实验室发明出来的太阳能电池，当时太阳能电池的效率很低，而研究的主要目的是为了给偏远地区提供电能。从 1957 年苏联发射第一颗人造卫星开始，一直到 1969 年美国宇航员成功登陆月球，太阳能光伏发电在空间领域得到了充分发挥。之后，太阳能光伏发电在其他领域也得到了越来越广泛的应用。

我国的太阳能光伏发电产业起步于 20 世纪 70 年代，这是我国光伏发电产业的萌发期。20 世纪 90 年代初期，我国光伏发电主要应用在通信和工业领域。20 世纪 90 年代中期，我国光伏发电产业进入了稳步发展的时期。从 1995 年开始，光伏发电产业主要应用于特殊应用领域以及边远地区，2000 年以后，我国的光伏发电技术已经开始步入大规模的并网发电阶段，并且开始建造 100kW 级的太阳能光伏并网示范系统。到 2010 年，上海世博会上已经安装了 3MW 的太阳能光伏发电机组进行供电。2013 年以来，国内太阳能光伏发电产业市场稳步扩大。截至 2016 年年底，我国光伏发电新增装机容量 34540MW，累计装机容量 77420MW，新增和累计装机容量均为全球第一。全年净增并网太阳能发电装机同比增加一倍。

虽然我国的太阳能光伏发电产业发展迅速，但是由于受到经济和技术等因素的制约，许多具有市场潜力的应用领域（比如太阳能电动车等）还没有进入大规模商业化的应用，我国的太阳能光伏发电产业还具有巨大的发展潜力。

2. 太阳能的发展前景

相比较常规能源发电系统来说，太阳能热发电系统和太阳能光伏发电系统不消耗化石燃料能源，没有污染物的排放，是一种清洁能源发电系统，而且不存在能源枯竭的问题，对于缓解全球能源紧张和减少温室效应具有很好的效果。

（1）太阳能热发电的发展前景。太阳能热发电技术和其他太阳能利用技术一样都在不断的进行完善和提高，但是太阳能热发电的商业化程度还没有达到太阳能光伏发电和太阳能热水器的水平。进入 21 世纪以来，美国和欧盟等发达国家和地区以及我国等主要发展中国家都十分重视太阳能热发电技术的发展。太阳能热发电正处于商业化应用前夕，而相对较高的发电成本阻碍了太阳能热发电的大规模发展，政府和工业界正在联合采取措施来推动太阳能热发电的商业化进程。在太阳能热发电系统的三种类型中，槽式线聚焦太阳能热发电系统将是近期在世界范围内推进太阳能热发电系统商业化应用的重点，应该围绕这一重点改进和完善系统工艺、降低系统成本、增强系统的可靠性和安全性，从而促进太阳能热发电的商业化发展。截至 2016 年年底，我国光伏发电新增装机容量 34540MW，累计装机容量 77420MW，新增和累计装机容量均为全球第一。全年净增并网太阳能发电装机同比增加一倍。IEA（国际能源机构）预测到 2060 年，光热直接发电及采用光热化工合成燃料发电将共占全球电力结构约 30%。

（2）太阳能光伏发电的发展前景。在化石燃料能源加速枯竭的压力下，太阳能光伏发电技术不断成熟并且在各国的能源结构中所占的比重越来越大。另外在政策的激励下，各国加大了对太阳能光伏发电技术的研发力度，使得太阳能光伏发电系统的成本不断下降，价格竞争力不断上升，太阳能光伏发电的市场前景良好。我国的太阳能光伏发电应用市场不仅受到宏观能源环境、能源价格的变化、能源结构和相关技术发展的影响，还要依靠政府政策的支持和光伏发电企业的努力。虽然我国的太阳能光伏发电应用市场起步比较晚并且发展较慢，但是随着政府政策和光伏发电企业战略向国内市场倾斜，国内市场发展有望进入快速发展期。根据相关机构预测，到 2020 年，全球光伏发电量将占到总发电量的 4%；到 2040 年，太阳能光伏发电的比重将上升到 20%；到 2050 年左右，太阳能光伏发电的成本将下降到与常规能源发电相当，太阳能光伏发电将成为人类电力的重要来源。

3.2.5 太阳能对环境的影响

太阳能是一种理想的清洁能源，在利用的过程中不会产生有害废物，不会对环境造成污染。但在太阳能光伏电站的选址和建设期内，会对生态环境带来一定的影响。

尽管相较于传统的发电技术，光伏发电技术要清洁的多，但在大型光伏电站的建设过程中，施工作业面一般较大，对土地的扰动也较大，就不可避免地会对周围的自然环境带来不同程度的影响。在太阳能光伏电站的建设时，施工道路修建、场地平整、材料堆放、基础开挖、电缆沟开挖等施工活动会造成地表扰动，植被破坏，导致水土流失产生，更严重的还可能引发区内原有生态系统的改变。此外，在光伏电站的建设过程中还会涉及粉尘、污染物的排放以及噪声等污染。光伏电站的选址也与其对生态的影响极为相关，按照安置地点生物群落和生物多样性的不同分类为森林、草地、沙漠、沙漠灌木林和农田。通常生物多样性与本地的气候条件尤其是降雨量相关，所以光伏电站的选址建设不仅要考虑太阳能的有效利用，还应对当地生态环境、施工方式方法做好评估规划，这样才能将不良影响降到最低。

总之，太阳能作为一种新型的清洁能源，在各国对国际气候、环境保护日趋重视的情况下，其获取的途径方便可靠，可降低碳排放量，将逐步成为主流能源利用方式。

3.3 地 热 能

地球深部蕴藏着巨大的热能，在地质因素的控制下，热能会以热蒸汽、热水、干热岩等形式向地壳的某一范围聚集，如果达到可开发利用的条件，便成了具有开发意义的地热资源。地热能作为一种清洁能源，在世界范围内备受关注。现在世界上已有七十多个国家开发、利用地热能，在欧美一些发达国家，地热能的开发利用在国民经济发展方面占有重要地位。

我国是利用地热能较早的国家之一，开发利用地热能的历史悠久。早期人们对地热能的开发利用主要是直接利用温泉进行洗浴、疗养与健身。大规模的开发利用地热能是在新中国成立以后，20 世纪 50—60 年代，我国先后建立了一百六十多家温泉疗养院；70 年代起，地热能开发利用进入快速发展阶段；进入 21 世纪以来，在市场经济和能源需求推动下，地热能开发更加蓬勃发展。

3.3.1 地热资源

3.3.1.1 地热资源分布

全球地热储量十分巨大，理论上可供全人类使用上百亿年。据估计，即便只计算地球

10km 厚的表层，全球地热储量也有约 $1.45×10^{26}$ J，相当于 $4.95×10^{15}$ t 标准煤，是全球煤炭、石油和天然气资源量的几百倍。世界上已知的地热资源比较集中地分布在三个主要地带：①环太平洋沿岸的地热带；②从大西洋中脊向东跨地中海、中东到我国滇、藏地热带；③非洲大裂谷和红海大裂谷的地热带。这些地带都是地壳活动的异常区，多火山、地震，为高温地热资源比较集中的地区。

我国的地热资源从区域上可划分为滇藏地热异常区、东南沿海地热异常区、郯庐（包括辽东半岛、胶东半岛）地热异常区、汾渭地热异常区、中新生代断陷盆地（松辽、华北、江汉、四川）地热异常区。

我国已探明的地热田统计表见表 3.8。

表 3.8　　　　　　　　　　　　我国已探明的地热田统计表

省（自治区、直辖市）	地热田/个	可采地热资源量/（万 $m^3 \cdot a^{-1}$）	省（自治区、直辖市）	地热田/个	可采地热资源量/（万 $m^3 \cdot a^{-1}$）
北京	3	1197.5	湖南	2	330.0
天津	4	2300.0	广东	13	13971.8
河北	17	33740.7	山西	27	4771.0
海南	7	120.5	辽宁	2	161.3
云南	4	2532.7	西藏	2	1334.1
陕西	2	665.0	青海	4	40.6
福建	1	1572.0	江西	2	125.2
山东	7	511.0	总计	103	63373.4

3.3.1.2　地热资源分类与评价

1. 地热资源分类

地热资源可分为高温、中温和低温三类。温度高于 150℃ 的地热以蒸汽形式存在，称高温地热；90～150℃ 的地热以水和蒸汽的两相混合流体等形式存在，称为中温地热；温度大于 25℃、小于 90℃ 的地热以温水（25～40℃）、温热水（40～60℃）、热水（60～90℃）等形式存在，称低温地热。高温地热一般存在于地质活动性强的全球板块的边界，即火山、地震、岩浆侵入多发地区，如我国西藏羊八井地热田、新西兰的怀拉基（Wairakei）地热田、美国的盖瑟尔斯（Geysers）地热田、意大利的拉德瑞罗（Larderello）地热田，亚洲地区的日本、印度尼西亚、菲律宾等国家也同样拥有丰富的高温地热资源。

我国一个以中低温地热资源为主的国家，华北、山东、东北及京津地区的地热田多属于中低温地热田。目前，大部分省（自治区、直辖市）都相继开发利用地热资源，其中规模较大、利用程度较高的有天津、北京、陕西、东北三省及西藏等地。天津境内蕴藏丰富的地热资源，分布面积约 8900km²，有 5 个主要的热储层，埋深为 800～4000m，温度为 40～102℃，且热流体矿化度低，流体质量优良。

2. 高温地热资源储量评价等级类别

按地热田勘查研究程度可将地热储量分为 A、B、C、D、E 五级。

（1）A 级为地热田进行开发管理依据的储量，其条件是：

1）准确查明地热田边界条件和热储特征。

2）储量计算所利用参数均为开采验证了的。

3）掌握了三年以上开采动态监测资料。

（2）B 级为地热田开发设计作依据的储量，也是地热勘探中所探求的高级储量，其条件是：

1）详细控制了地热田边界和热储特征。

2）通过试验取全取准储量计算所需的参数。

3）掌握了两年以上的动态监测资料。

（3）C 级为地热田开发利用进行可行性研究或立项所依据的储量，对于类型复杂难以计算 B 级储量的地热田，C 级储量可作为边探边采的依据，其条件是：

1）基本控制了地热田边界和热储特征。

2）通过试验获得了储量计算的主要参数。

3）掌握了一年以上的动态监测资料。

（4）D 级为经普查评价，证实具有开发利用前景的地热资源，是根据地热地质调查、物化探资料或稀疏勘探工程控制所求得的储量，作为地热田开发远景规划和进一步部署勘探工程的依据，其条件是：

1）大致控制了地热田范围和热储的空间分布。

2）取得了少量的储量计算所需参数。

（5）E 级为根据区域地热地质条件和地热流体的天然露头（或已有的井孔）等资料进行估算的储量，作为制定地热田勘查设计远景规划的依据。

目前，我国已勘查地热田 103 个，提交的 B＋C 级可采地热资源量每年 3.3283 亿 m^3；经初步评价的地热田 214 个，D＋C 级可采地热资源量每年约 5 亿 m^3。按目前开发利用的经济技术水平估算，我国每年可开发利用的地热水资源总量约 68.45 亿 m^3，所含热能量为 972.28×10^{15} J，折合每年 3284.8 万 t 标准煤的发热量。其中，山区的对流型地热水资源可开采资源量为 19 亿 m^3/a，热能量为每年 335×10^{15} J，折合每年 1142 万 t 标准煤的发热量；平原区的传导型地热水资源近期可开采量为 49 亿 m^3/a，热能量为 628×10^{15} J，折合每年 2142 万 t 标准煤的发热量；山区和平原区地热水可开采水量分别占总量的 28％和 72％，可开采热能量分别占全国地热能可利用量的 35％和 65％。

3.3.1.3　地热利用方式

1. 地热发电

自 20 世纪以来，我国已建成 8 座地热电站，装机容量居世界第 14 位。其中规模最大、经济效益和社会效益最好的西藏羊八井地热电站位于海拔 4300m，总装机容量 25.18MW，年运行 6000h 以上。1982 年起通过 1101 线路向拉萨电网送电，年发电总量 12 亿～14 亿 kW·h，占拉萨总供电量的 41％（冬季超过 60％）至今西藏羊八井地热电站已运行三十余年。我国高温地热电站还有朗久 2MW 地热电站，那曲地热电站。目前，西藏羊易正在安装调试 20MW 级的地热电站，远期规划装机容量达 40MW。

广东丰顺邓屋 1970 年建成第一座 300MW 中温地热电站，首次利用 92℃ 地下热水发电，运行到 2008 年。我国利用中低温发电的还有湖南宁乡灰汤 300kW 地热电站，河北怀来后郝窑 200kW 地热电站，辽宁盖县熊岳 200kW 地热电站，广西象州热水村 200kW 地热电站，江西宜春温汤 100kW 地热电站等。

2. 地热直接利用

地热资源的直接利用方式有供热、生活热水、工业利用、养殖、温室种植等。其中，供热取暖占 40%，主要集中在京津两地；生活热水供应占 22%；工业利用占 7%；养殖占 17%；温室种植和其他占 14%。

据中国能源研究会地热专业委员会统计资料，2006 年我国开采地热水 4.6 亿 m³，年利用地热能（包括热泵）16187kW·h，相当于每年替代（节省）了 253 万 t 标准煤，居世界第一位。近几年，我国地热资源的开发利用正以每年近 10% 的速度增长，在能源结构中占 0.5%。

3.3.1.4 地热能利用的战略意义

相对于其他可再生能源，地热能的最大优势体现在它的稳定性和连续性上。世界能源理事会（WEC）统计了世界各种可再生能源的总装机容量和年生产电量，从而计算了各自的利用系数，地热发电的利用系数为 72%～76%，明显高于太阳能（14%）、风能（21%）和生物质能（52%）等可再生能源。地热发电全年可利用小时数在 6000h 以上，有些地热电站甚至高达 8000h，同样，地热能用来提供冷、热负荷也非常稳定。发展地热能对我国经济社会的发展具有重要的战略意义。

（1）在地热资源相对丰富的地区，浅层地热及地源热泵技术与系统可以很大程度替代传统市政供暖系统，作为城镇居民供热采暖的能量来源，提高城镇建筑节能水平。目前我国北方大部分地区，冬季烧煤供暖，雾霾天气长期存在，严重影响居民的生活质量和身体状况，如果采用地热供暖，则可以大幅缓解雾霾问题，改善空气质量。

（2）从分布式电力方面来说，在有条件的地区利用中高温水热型地热资源建设分布式地热电站，降低对传统化石燃料发电的依赖以及减少化石燃料的使用量，减少由于化石燃料使用带来的环境问题，也可为煤炭等传统资源相对贫乏的地区提供电力来源，带动当地经济发展。同时，大力开发我国优质地热资源，可缩短我国地热资源的开发利用与世界其他国家的差距。

（3）虽然我国地热能的直接利用居世界第一，但是利用效率并不高。事实上，地热制冷、地热采暖、地源热泵等的各项技术对温度的要求各不相同，如果通过地热资源梯级利用就可以将各项技术有机结合起来，形成一个地热梯级利用的链条，使地热资源综合利用率达到最大化。地热梯级利用的推广可以优化产业布局，帮助企业做好能源结构转型，提高地热资源的利用效率，形成一系列围绕着地热资源的产业链，对我国调整能源结构、促进经济发展、实现城镇化战略等有重要的意义。

（4）地热资源的综合开发利用经多年实践表明，其社会、经济和环境效益均非常显著，它能促进地热能利用相关的装备制造产业的发展，也能建立新的建筑用能供应体系，带动新的能源服务业的发展，带动智能电网相关设备与技术的发展。

3.3.2 不同学科技术在地热领域中的应用

地热学是一门综合性学科，包括地热地质、水文工程地质、地球物理、地球化学、石油地质、工程热物理、热储工程、自动化、化工及环境地质等专业学科。

1. GIS 在地热资源开发信息管理中的应用

地热资源数据库系统是地球科学信息系统的组成部分，主要以地理信息为内容，以地理空间数据库为基础，对空间相关数据进行采集、存储、管理、操作、分析、模拟、显示；并采用地理模型分析方法，适时提供多种空间和动态的地理信息，并进行综合评价、管理、定量分析和决策，如图 3.36 所示。

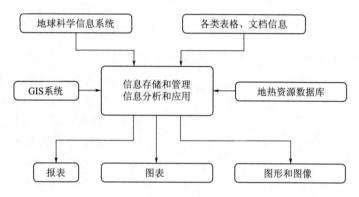

图 3.36　地热资源数据库系统的构成

2. 热力学在地热发电中的应用

地热发电是先将地下热能转变为机械能，再将机械能转变为电能的过程。根据地热资源品位、流体特征以及采用技术方案的不同，地热发电根据热力学定律主要分为地热蒸汽、地下热水、两相全流法、联合循环和干热岩 5 种发电方式。其中地热蒸汽发电主要包括背压式汽轮机发电系统、凝汽式汽轮机发电系统。地下热水发电主要包括闪蒸法和双循环发电系统，而双循环发电系统用于中低温地热资源，主要有两种形式，即有机朗肯循环和卡林纳循环（Kalina），有机朗肯循环采用不同的有机物工质（或者混合物），可回收不同温度范围的低温热能；卡林纳循环是以氨水混合物为工质的循环。

（1）有机朗肯循环。有机朗肯循环通常使用低沸点有机工质，如氯乙烷、正戊烷和异戊烷等，利用中低温地热流体与低沸点有机工质换热，使后者蒸发，产生具有较高压力的蒸汽推动汽轮机做功发电。有机朗肯循环系统示意图如图 3.37 所示。

（2）卡林纳循环。卡林纳循环使用氨水混合物作为工质，其基本过程类似于有机朗肯循环，如图 3.38 所示，但有两点重要的区别：①在热源吸热时，非共沸的氨水混合物与变热源温度有良好的匹配性，减少了热量传递过程的不可逆性；②在冷源放热时，通过改变混合工质成分浓度的方法，减少了混合工质在"冷端"的不利性，实现较低压力下混合工质的完全冷凝。为了在"冷端"实现改变混合工质成分浓度的目的，卡林纳循环利用吸收式制冷技术和回热技术，在设备成本投入上高于有机朗肯循环。

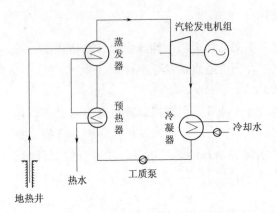

图 3.37　有机朗肯循环系统示意图

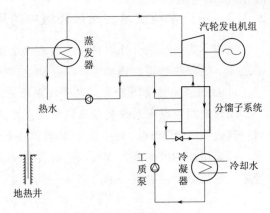

图 3.38　卡林纳循环示意图

（3）联合循环地热发电系统。联合循环地热发电系统的优点是适用于高温地热流体经过一次发电后，在流体温度不低于 120℃ 的情况下，再进入双循环工质发电系统进行做功，既提高了发电效率，又将一次发电后的尾水进行再利用，大大节约了地热资源，如图 3.39 所示。

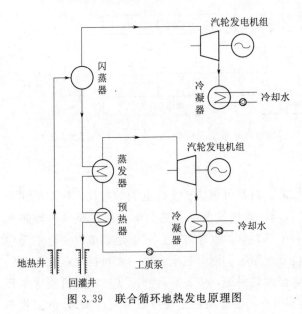

图 3.39　联合循环地热发电原理图

3. 数值计算在地热资源评价的应用

地热热储的传热过程包括固体岩石骨架（颗粒）之间相互接触及空隙中流体的导热过程，及空隙中流体的对流换热。这种对流换热可为强迫对流或自然对流，或是二者并存的混合对流，同时也包括相变换热，固体骨架（颗粒）或气体间的辐射换热。

当对热储的温度、压力、渗透性能和水化学类型及组分进行量化描述，对热储的径流补给通道的判断也具备一定的量化依据时，在建立热储水热系统模型时，需满足以下要求：

（1）热储的水热系统模型应符合水利学和热力学的基本原理。

（2）热储内流体的补给、径流、排泄方式应与区域水文地质特征相适应。

（3）温度、压力、渗透率、水化学特征等热储和流体的重要参数可以构成连续的二维平面分布图。

地球内部地质构造中的热传递过程以传导和对流为主。某些地热系统热传递以热导方式为主，而另一些地热系统以对流方式为主。假设单元体 $dV=(dx, dy, dz)$ 是各向同性的均质体，单元内除有传导热流通过外，还有流动的液体，单元体内的温度变化取决于传导的热量和液体质量流传递的热量。地壳中无相变时热传递微分方程为

$$\lambda\left(\frac{\partial^2 T}{\partial^2 x}+\frac{\partial^2 T}{\partial^2 y}+\frac{\partial^2 T}{\partial^2 z}\right)-\rho_f c_f\left(v_x\frac{\partial T}{\partial x}+v_y\frac{\partial T}{\partial y}+v_z\frac{\partial T}{\partial z}\right)=\rho c\frac{\partial T}{\partial z} \quad\quad (3-15)$$

式中　　λ——单元体的热导率，W/(m·℃)；

　　　　T——温度，℃；

　　　　ρ_f——单元体内流体介质的密度，kg/m³；

　　　　c_f——单元体内流体介质的比热容，kJ/(kg·℃)；

v_x, v_y, v_z——单元体内液体流速，m/s；

　　　　ρ——单元体的密度，kg/m³；

　　　　c——单元体的比热容，kJ/(kg·℃)。

4. 同位素在评价地热资源生成特性的应用

由于地热水温度较高，与围岩反应强烈，溶解的化学成分较为复杂，总矿化度较大。因此，地下热水化学成分里包含有大量的地质、地热信息。地球化学方法在地热资源的研究开发中得到广泛的应用。国内外的地热水化学特征研究成果表明，多种组分与温度相关，建立了多种温标计算方法。利用地球化学方法可以研究以下问题：划分地热系统的成因类型，确定补给源，估算热储温度，计算热水年龄，研究与热水成分的形成与演化有关的水热化学作用等。地热田的研究中可进行^{14}C的测定，逐渐扩大同位素和示踪剂的使用范围和方法，从单独的^{14}C扩大到^{13}C、^{6}D、^{618}O、^{3}H等。

在地球化学领域，有些同位素在从热源向取样点的运移过程中不受物理作用和化学作用影响，适宜作为热源位置的指示剂。另一些同位素对温度、水—岩作用、蒸汽散发、不同来源水的混合等变化很敏感，适宜作为这些地质过程的示踪剂。

同位素在研究地热水方面的应用主要表现在：①揭示地热水的补给机制，包括补给水来源、补给区、补给期、补给通道和补给速率等；②评价地热水年龄或者运动模式；③追溯地热水形成历史，包括古地理景观、古气候变迁和形成阶段等；④跟踪开采条件下地热水的动态变化，包括冷地下水的混入、补给区的移动和环境效应等。

5. 物探技术在地热勘查中的应用

物探技术作为地质研究中的一个重要手段，近年来在寻找和评价地热田方面起着越来越大的作用，人工地震、航磁、重力、大地电磁、电阻仪电法勘探都能直接或间接地应用于寻找地热田的各个阶段之中。物探方法可查明断裂位置，了解基底起伏，圈定火成岩体。目前，大地电磁法在美国、意大利、挪威、冰岛等国家普遍用来寻找地热资源，对于查明地热异常区的分布和火成岩体的分布都有明显的效果。

6. 热泵技术

热泵技术在地热应用中已经非常普遍，主要分为水源热泵和土壤源热泵。

（1）水源热泵的水源分为地热尾水和地下浅层地表水。目前，应用热泵技术地热尾水排放温度已由初级利用的40℃降至8℃左右，利用率平均可达到95%～100%，这是在地热利用中的重大突破。地热附加热泵调峰综合系统工艺如图3.40所示。

（2）土壤源热泵利用浅层地热能与热泵耦合，向建筑物提供热量和冷量。浅层地热能指地表以下一定深度范围内（一般为恒温带至200m埋深）、温度低于25℃、在当前技术经济条件下具备开发利用价值的地球内部的热能资源。与深层地热能相比，其突出优点是

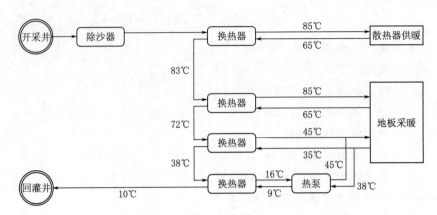

图 3.40　地热附加热泵调峰综合系统工艺图

分布广泛，温度恒定适中，储量巨大，再生迅速，开发利用投资少且价值大，符合循环经济发展需求。随着社会经济的发展，世界各国对环保问题的重视度越来越高，浅层地热能作为可再生能源，利用时可达到节能减排、保护环境的目的，日益受到人们的关注和成规模使用。土壤源热泵系统工艺如图 3.41 所示。

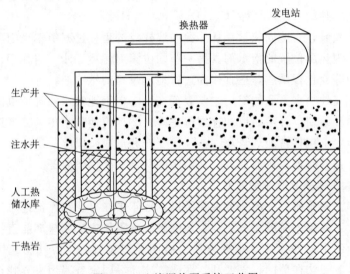

图 3.41　土壤源热泵系统工艺图

土壤源热泵系统的储水和热交换置于地下，不受建筑物限制，由于不需要冷却塔等地面设备，减少了建筑空间占用，美化了环境。土壤源热泵的节水效果也非常明显，在我国北方大部分地区，缺水问题十分突出，水源热泵系统由于冷却塔蒸发量较大，需要补充大量的冷却水；同时，白天和晚上的气温波动也会较大地影响机组运行效率。土壤源热泵采用闭路系统，夏天几乎不需要补充冷却水，是一种环保节能的空调系统。

3.3.3　干热岩地热系统发展现状及趋势

干热岩作为一种特殊的地热资源，已经被许多发达国家所关注。顾名思义，干热岩就是一种没有水或蒸汽的热岩体,它埋藏于距地表 2~6km 的深处,温度为 150~650℃,常见的干热岩有黑云母片麻岩、花岗岩、花岗闪、长岩等岩石类型。目前,干热岩主要用于发电,人们通过深井将高压水注入地下岩层,使其渗透进入岩层的缝隙并吸收地热能量,再通过另一个深井将岩石裂隙中的高温水、汽提取到地面,温度可达 150~200℃。整个过程在一个封闭的系统内进行。

干热岩在全球各大洲均有分布,但开发利用潜力最大的地方还是那些新的火山活动区,或地壳变薄的地区,这些地区主要位于全球板块的边缘。全球干热岩蕴藏的热能十分丰富,比浅层地热资源大得多,比煤炭、石油、天然气的热能总和还要大。

在较浅层的干热岩资源中,全球每年可获取的干热岩能量约为 255TW·h。这些能量是所有热液地热资源评估能量的八百多倍,是包括石油、天然气和煤炭在内的所有化石燃料能量的三百多倍。即使是在局部地区,干热岩的热能储量也十分惊人。

1. 国外干热岩开发现状及前景

(1) 早在 1970 年,美国人莫顿和史密斯就提出利用地下干热岩发电的设想。1972 年,美国在新墨西哥州北部打了两眼约 4000m 的深斜井,从一眼井中将冷水注入干热岩体,从另一眼井取出自岩体加热产生的蒸汽,功率达 2300kW,标志着干热岩的开发利用进入试验阶段。此后,这种技术引起了世界各国的关注,一些经济发达、能源消耗量大的国家,例如美国、欧洲一些国家、日本、澳大利亚等竞相开展干热岩发电技术的研发工作,甚至纳入国家开发研究计划当中,这些国家在干热岩研究和开发方面投入巨大。通过近些年来各国不断努力和互相合作,干热岩的研发工作不断取得新进展。

美国洛斯阿拉莫斯国家实验室和能源部在新墨西哥州芬顿山进行的干热岩发电试验是迄今为止最大的试验项目。该试验始于 1973 年,先后共有 110 位科学家和工程师参加,到 1990 年止,共投入约 1.5 亿美元,德国和日本投入该项目约 6000 万马克(约 3000 万美元)。芬顿山位于新墨西哥州一个火山口的东侧,这里的热流值大约为 250MW/m²,是地球表面平均热流值的 3 倍多。第一阶段试验是 1973—1979 年进行,实验室测试了干热岩最初的基本模型,就是在花岗岩中利用两眼 3000m 深的钻孔,井底温度 195℃,通过往一眼井内高压注水水力压裂,在两孔之间形成裂隙,进口和出口的距离约 90m,从而构成循环系统。水循环试验进行了大约 100 天,结果发现系统内几乎没有水流失,水流动阻力很小。这超出了人们的预料,证明在这里结晶岩本身的裂隙比较发育,对于干热岩试验起到重要作用。这次小型试验平均发电量大约 3MW,共从岩石中吸取热量 5GW·h,相当于一年内几百个家庭的能量消耗。此次试验之后,两个钻孔连接的裂隙延长到 300m,又进行了第二次试验,结果与第一次试验结果相同。

第二阶段的试验从 1980 年开始,试验目的是测试复杂裂隙条件下的干热岩模型。系统由两个 4500m 深倾斜的钻孔构成,井底温度 327℃,热交换系统深度选择在 3600m 深处。1986 年整个系统建设完成,试验证实其发电量可以达到 10MW。

2008 年初,美国麻省理工学院历时 3 年完成的研究报告《地热能的未来——21 世纪增强型地热系统(干热岩)对美国的影响》指出,增强型地热系统,或称工程型地热系统(即以前所称的干热岩),开发应用潜力巨大,不受地域限制,对环境影响最小,预示美国干热岩开发技术的商业化运行可望在 10~15 年内实现。

（2）澳大利亚自 2003 年开始开展有关干热岩利用的项目，项目的地点在库珀盆地，勘查结果显示在该盆地的热能储量高达 500 亿桶油当量。在 4500m 深处，干热岩的温度就高达 270℃。2003 年 9 月，澳大利亚投资 1160 万澳元钻了第一口注水井，而且通过注水成功地在花岗岩上生成了一系列永久的连通空隙，并计划钻第二口井进行水循环与发电的试验。2007 年完成的评价证实，单井潜力可达 7.6MW，该区总潜力为 400MW。

（3）德国于 1977—1986 年由欧共体出资，德国联邦研究和技术部在巴伐利亚东北部开展了一项干热岩研究，即在深度很浅的情况下研究岩石的自身裂隙、水压产生裂隙的机制以及水在这些裂隙中的运移机理。

自 1987 年以来，在阿尔萨斯地区地热能开发试验场，德国联合法国等国的力量对干热岩发电技术进行了深入研究，已打出两口深度分别为 3500m 和 5000m 的试验深井。结果证明，在非火山活动地区的一般地质条件下，可以应用该项技术，利用地热能稳定、可靠地提供电力。德国地热协会估计，德国至少有 1/4 的电能需求将可以通过干热岩发电得到满足。

2. 我国干热岩开发利用前景

我国地处亚欧板块的东南部，东濒太平洋西缘构造活动带，受太平洋板块和菲律宾板块的挤压作用。我国西部为地中海构造带的延续部分，除东边太平洋板块对其有影响之外，又叠加上南部印度板块强烈碰撞作用，而亚欧板块则产生向南的阻挡作用，在这三方面的应力作用下，形成我国西部独特的构造格局。根据我国区域地质背景，高热流区均处于板块构造带或构造活动带，在滇藏、东南沿海、京津冀、环渤海等地区分布有范围较大的火成岩体，说明我国具备干热岩地热资源形成的区域地质构造条件。

我国西南部受印度洋板块的挤压，形成了以 1cm/a 速度增高的喜马拉雅山，即著名的青藏高原地热异常带，该带中部有著名的西藏羊八井和云南腾冲地热异常带；东南沿海受菲律宾板块碰撞挤压，在我国台湾、海南和东南沿海形成了一个高地温梯度区；东部受太平洋板块挤压，形成长白山、五大连池等休眠火山或火山喷发区和京津、胶东半岛等高地温梯度区。由区域地质构造特征、大地热流分布特点、地温分布规律、高地温梯度分布及火山与岩浆活动的研究分析，我国存在或可能存在高温干热岩地热资源的地区主要是第四纪以来的火山活动区和年轻火成岩侵入区。尽管到目前为止，我国没有对干热岩地热资源进行过详细评价和开发，但这些地热异常区却存在着极丰富的高温地热资源，是干热岩地热资源优先开发区。据初步估算，我国干热岩在 2000～4000m 范围内的产热量大于 $8 \times 10^{16} J/km^2$，我国主要高热流区范围内干热岩所储存的地热资源为 $1.52 \times 10^{24} J$，相当于 516000 亿 t 标准煤。

3.3.4 地热开发利用对环境的影响

地热开发利用可能产生的环境污染主要有热污染、空气污染、水污染、土壤污染、放射性污染、地面沉降和诱发地震、噪声污染，同时存在地热水的可用性、固体废弃物、土地利用、对植物和野生动物的影响、经济和文化因素等问题。

1. 热污染

地热开发利用过程中，必然会向周围大气和水体排放大量的热量，使水体和空气的温度上升，影响环境和生物的生长和生存，破坏水体的生态平衡。温度较高的地热尾气排放到下水道等排污管道，还会造成细菌等各种微生物的大量繁殖。所以我国规定地热排水的水温不得高于 35℃。

2. 空气污染

在地热资源的开发利用过程中，热流体中所含的各种气体和悬浮物将排入大气中，其中的浓度较高、危害较大的有 H_2S、CO_2 等气体，少量地热流体中含有氨的成分，它也会对人体和某些动植物造成危害。

（1）H_2S 污染。多数地热流体，特别是温度较高的地热蒸汽和地热水，都不同程度地含有 H_2S 气体。H_2S 对人体危害很大，浓度低时，能麻痹人的嗅觉神经；浓度过高时，可以使人窒息而死。H_2S 还对铜材有严重的腐蚀作用。我国西藏羊八井地热电站在建站初期，许多电气设备的铜部件和铜接电曾被热田排放的蒸汽中的 H_2S 所腐蚀，操作人员也由于受到 H_2S 的刺激，眼、鼻、咽部黏膜多出现充血现象。H_2S 相对于密度大于空气，容易富集在地板和角落里，发出一种臭味，是可以被察觉到的。一般地说，只要通风条件好，是不易造成事故的。此外，若将含有 CO_2 的地热尾气排入水体，也将影响鱼类和藻类的生存。河北河间曾有一个地热点用地热水养鱼，初期，鱼池上加盖塑料棚，棚内 H_2S 浓度过高，活鱼大量死亡，就是明显的一例。

（2）CO_2 污染。在一些地热电站排放的尾气中的 CO_2 含量比化石燃料（煤炭、石油）电站排放的 CO_2 浓度还高，由于 CO_2 的大量排放会产生温室效应，因此，有的国家已在研究从地热水中提取 CO_2 制造干冰、甲醇和用于饮料的碳酸。

（3）氨污染。氨在地热蒸汽中含量较少，一般随着大气的运动，氨被迅速稀释，其浓度也就很快降低到可以接受的程度。但是，氨可能与其他化学物质起反应。例如，氨与 H_2S 反应可以生成硫酸铵，对人体和某些动植物可以造成伤害。

除了 H_2S、CO_2 和氨的污染外，在地热水闪蒸释放的蒸汽中还有甲烷、氮等气体，在水蒸气中还往往带有水雾状的有毒元素，如硼、砷、汞和氡等，这些元素都可能在周围土壤和水体中富集，对作物和人体健康造成危害。

3. 水污染

地热水中，一方面含有在医疗、工农业利用中的有益成分；另一方面，却也会含有有害的元素，如硼、砷、镉、氟、汞和氡等，其含量有的超过饮用水甚至灌溉水质标准，特别是地热水中含有的各类盐类很多，有的浓度很高，未经处理不但不能饮用，而且对种菜、养鱼等都危害很大。将含有这些有害元素的地热水排入河流和其他水体中去将造成水体污染。地热水的成因不同，其含有的有害元素的浓度也不同。例如西藏羊八井地热水中的砷含量高达 3.5mg/L，氟含量也高达 25mg/L，超出饮用水标准的 25 倍。河北高阳地区的地热水中的砷含量也高于其他地区。

地热水中的溶解固体一般均高出地下水或地表水数十倍，当利用后的地热尾气直接排入附近地表水体，如河川、湖泊，会使水体水质恶化，甚至会渗入地下水体，造成直接或间接的长远不利影响。

地热利用过程的水污染还表现在有毒物质的长期富集，它们通过食物链直接或间接地作用于生物和人体。例如地热水中的氟含量多数超过渔业用水标准的 3～7 倍，而无机氟化物是一种持久性生物累积物，也能被水体中的植物所吸收，若被鱼类长期吸食，氟将在鱼骨、鱼皮内富集，并通过食物链传入人体。

4. 土壤污染

地热水中都含有大量的盐类，排入农田会造成严重的土壤板结和盐碱化。事实证明，绝大多数地热水都不能直接利用于农田灌溉。天津和河北都曾有将地热排水直接浇灌菜地遭失败的例子，也发生过地热水长期渗入田地里，由于土壤板结和盐碱化而导致农作物难以生长的教训。

5. 放射性污染

在所有的地热流体中，特别是地热水中，都程度不同地含有氡、铀和钍等放射性物质，它们都有一定的半衰期。而氡又是铀和钍自然衰变形成的一种惰性气体。在它的衰变释放产物中有 γ 射线，对于人体危害性及危害值尚在分析研究中。但从医疗的角度看，矿水中含有少量的氡，在洗浴时可以治疗许多皮肤病。

6. 地面沉降和诱发地震

几乎从任何热储层中进行长期的热流体开采都可能使热储压力下降，从而导致软质松散地层或受水热长期侵蚀的岩层的地面沉降和水平位移。

新西兰怀拉开地热田附近的地面沉降就是一例。这个地区在 1956 年井孔试验后就开始进行地面沉降的测量工作，1963—1974 年间的地面下沉量最大，达到 45m 左右，发生在井东的 1500m 处。其影响范围达 $65km^2$，最大的水平移动达 0.4m，坡向沉降中心。幸运的是沉降区处在地热生产区和发电厂中间，未造成很大的损失。

对于大多数地热田，地面沉降看起来是比较缓慢，但不进行长期的细致测量，一旦由量变转为质变，将造成严重后果。资料表明，以液体（地热水）为主的地热田较之以蒸汽为主的地热田，其地面下沉问题要突出得多。

此外，由于地热能多产于地热异常地区，多是现代火山和近代岩浆活动地区或近代地壳构造运动活跃地区，其特点是常具备自然断裂通道及活断层。因此，地热资源开发的一大部分都是在区域地震活动性强的地区内进行（事实上，当前开发的地热资源一般都位于地震活动区），在世界许多主要的地热田附近都已观测到轻微地震（低于里氏 4 级）。

为了防止地面沉降，延长热储寿命和减轻地热水的环境污染，在有条件的情况下采取将地热弃水回灌将是一个可行的方法，但据资料表明，回灌也可能诱发地震，其原因可能是由于存在潜在的活动断层，当开采或注入大量流体时，一旦抽吸力或注入力超过了启动断层运动所需的临界力，地震就可能发生。

7. 噪声污染

噪声污染一般是由地热井放喷或水泵加压提水造成的。在分离压力大的井口（1MPa以上时），其噪声值可达到 120dB 以上，频率为 2000～4000 周波/s，在人和家畜等的痛苦听觉范围之内，对人和动物有一定的危害。因此在井口放喷处一般应进行消音处理。对于温度较低的地热水井，噪声问题不突出或不存在。

综上所述，地热能开发利用过程中引起的环境污染问题是不容忽视的。对于这些问题，只要人们正确认识，给予必要的重视，并且积极、认真地加以研究，采取各种有效的技术措施，严格检测和防治，是有可能解决或控制的。

3.4 生物质能

3.4.1 生物质能的产生

生物质是生物能源的一个术语，指地球上所有活的、死的生物物质及其新陈代谢产物的总称。广义上讲，生物质中可以被人们当作能源加以利用的部分均可视为生物质能。

生物质能是太阳能的一种能量形式，是由绿色植物通过光合作用将太阳能转化为化学能而储藏在生物质中的能量。即生物质利用空气中的 CO_2 和土壤中的水，经由光合作用将吸收的太阳能转换为碳水化合物和 O_2，其过程为

$$x CO_2 + y H_2 O \xrightarrow{\text{植物光合作用}} C_x (H_2O)_y + x O_2 \tag{3-16}$$

地球上植物光合作用每年产生的固碳量约 2×10^{11} t，含能量达 3×10^{21} J，相当于全球年耗能量的 10 倍。生物质遍布世界各地，蕴藏量极大。生物质能是继煤炭、石油和天然气之后的第 4 位能源，约占世界总能耗的 14%，在不发达地区占 60% 以上，全世界约 25 亿人口生活用能中 90% 以上是生物质能。

3.4.2 生物质能资源

世界上生物质种类繁多，数量庞大，每个国家都有某种形式的生物质存在，具体来说通常包括：

（1）农业和林业废弃物。

（2）禽畜粪便。

（3）食品加工和林产品加工的下脚料。

（4）城镇生活垃圾、工业废渣和废水。

（5）能源植物等。

但是能够作为能源用途的生物质才属于生物质能资源，其基本条件是资源的可获得性和可利用性。我国是一个农业大国，农业废弃物秸秆、果壳、果核、玉米芯、甜菜渣、蔗渣等的年产量约为 7 亿 t，目前仍未得到合理利用，在许多地区还因就地焚烧而污染环境，是造成近几年我国多地区雾霾严重的主要原因之一。此外，林业废弃枝丫、树皮、树根、落叶、木屑、刨花等，不包括薪炭林，年产量 0.5 亿 t；禽畜粪便等每年排放 26 亿 t；食品加工和林产品加工的下脚料，包括肉类加工厂和农作物加工厂废弃物，每年产生 1.5 亿 t；城镇生活垃圾每年排放量约 1.5 亿 t；工业废水和城镇生活用水每年排放达 400 多亿 t。这些有机废弃物普遍存在资源化利用水平低下、污染环境严重等问题，其清洁高效利用具有广阔的发展前景。

能源植物是指主要用作能源用途的作物和林木包括：①水生植物藻类、海草、浮萍等；②陆生植物甜高粱、木薯、麻风树、灌木林等。我国已在选择培育能源作物和林木方面开展了积极工作，取得明显成效，可望实现规模化发展能源农业及能源林业，以夯实和扩大生物质资源来源。

目前，各类农业、林业、工业和生活有机废弃物是目前生物质能利用的主要来源，能

源植物包括糖类、淀粉和纤维素类原料是未来建立生物质能工业的主要资源。居然发达国家对发展能源植物已有实践经验，但距离成为真正的生物质资源还比较遥远，是今后生物质资源发展的主要方向。

3.4.3　生物质的化学组成与特点

3.4.3.1　生物质的化学组成

1. 生物质的元素组成

生物质在狭义上讲，通常是指农业及林业废弃物。农林废弃物属于纤维素类生物质，主要由 C、H、O、N、S、P、K 等元素组成，被誉为即时利用的绿色煤炭。

（1）C。C 是生物质中的主要元素，其含量多少决定生物质热值的大小。在烘干的农业废弃物中，C 含量一般在 40% 左右。碳燃烧后变成 CO_2 和 CO，并放出大量的热。C 的存在形式有两种：一种是化合碳，即 C 与 H、N 等元素组成不稳定的碳氢化合物，比较容易燃烧，燃烧时析出挥发分；另一种是固定碳，这部分碳通常在挥发分物析出后的更高温度下才能燃烧。在柴草中，固定碳的含量比煤炭要少（柴草 12%～20%，煤炭 80%～90%），而挥发物的含量要多，因此，容易点燃，也容易烧尽。C 的热值为 33000kJ/kg，C 不易燃烧，所以含 C 量越高的燃料，它的燃点就越高，点火就越困难。

（2）H。H 是仅次于 C 的主要可燃物质，农业废弃物中含量约 6%，常以碳氢化合物的形式存在，燃烧时以挥发气体析出。H 的热值为 143000kJ/kg，但 H 的燃烧产物是水蒸气，水蒸气的气化潜热（约 22600kJ/kg）要带走一部分热量，因此 H 燃烧实际上放出的热量比上述数值要低。H 容易着火燃烧，所以柴草中含 H 越多，越容易燃烧。

（3）O 和 N。生物质中含有 O 和 N。O 和 N 自身都不能燃烧，但 O 可以增强燃烧反应，本身并不放出热量，所以它们的存在只会降低生物质的热值。农业废弃物中 N 的含量一般为 0.5%～1.5%，O 的含量为 20%～25%。

（4）S。S，也是可燃物质。S 的热值为 9210kJ/kg，其燃烧产物是 SO_2 和 SO_3，它们在高温下与烟气中的水蒸气发生化学反应，生成 H_2SO_3 和 H_2SO_4。这些物质对金属有强烈的腐蚀作用，污染大气，损伤动植物，危害人的皮肤。S 作为是一种有害的物质，在农业废弃物中含量并不大，一般为 0.1%～0.2%。

（5）P 和 K。P 和 K 是生物质燃料中特有的成分，都是可燃物质。农业废弃物中 P 的含量不多，一般为 0.2%～0.3%；K 的含量较大，一般在 10%～20%。P 燃烧后变成 P_2O_5，K 燃烧后变成 K_2O，它们就是草木灰中的磷肥和钾肥。

2. 生物质的成分分析

生物质的组成成分常用各成分的质量百分数来表示。在燃料分析计算时，由于取样的含水基准不同，各成分的重量比也就不同，因而表示方法有应用基、分析基、干燥基和工业分析法之分。

（1）应用基。应用基是按实际进入炉灶的样品分析计算所得到的组分质量百分比，表示时在该成分符号右上角加"y"字码，如 C^y、H^y，等。由于原料中自由水的变化幅度很大，故各组成成分的百分数值变化也很大，所以，这种表示方法仅在具体做测试计算时用，不便用于查用依据。

（2）分析基。分析基是以风干燃料为基准，实验计算后所得的各元素组成的数值，这是一般资料上给出的数据。原料风干后的水分含量保持稳定，组成成分比较稳定，所以数据比较稳定，分析基用在成分右上角加"f"字码表示，如 C^f、H^f 等。

（3）干燥基。干燥基是以完全干燥的原料为基准进行测定计算，它是在元素右上角加字码"g"来表示，如 C^g、H^g 等。

（4）工业分析法。工业分析法也称为近似分析法，它不是测定各元素的含量，而是测定原料的水分（W）、挥发分（V）、灰分（A）、固定碳的含量，以表示原料主要燃烧特性指标。其中挥发分是指原料在点火或在炉膛被加热时，随着温度的升高而分解释放出的大量可燃气体，包括 CO、H_2 和各种简单的碳氢化合物，如 CH_4、C_2H_2 等，也有少量不可燃的 CO_2、N_2 等其他气体。固定碳是指挥发分逸出后所剩余的可燃碳，即原料中除去水分、挥发分和灰分后所剩下的部分。我国主要生物质的工业分析、元素分析和分析基低位热值见表 3.9。

表 3.9　　　　主要生物质的元素分析、工业分析和分析基低位热值

燃料种类	元素分析 / %						工业分析 / %				低位热值 Q^{DW} /(kJ·kg^{-1})
	H	C	S	N	P	K_2O	水分	灰分	挥发分	固定碳	
杂草	5.24	41.00	0.22	1.59	1.68	13.60	5.43	9.40	68.27	16.40	16203
豆秸	5.81	44.79	0.11	5.85	2.86	16.33	5.10	3.13	74.65	17.12	16157
稻草	5.06	38.32	0.11	0.63	0.15	11.28	4.97	13.86	65.11	16.06	13980
玉米秸	5.45	42.17	0.12	0.74	2.60	13.80	4.87	5.93	71.45	17.75	15550
麦秸	5.31	41.28	0.12	0.65	0.33	20.40	4.39	8.90	67.36	19.35	15374
马粪	5.35	37.25	0.17	1.40	1.02	3.14	6.34	21.85	58.99	12.82	14022
牛粪	5.46	32.07	0.22	1.41	1.71	3.84	6.46	32.40	48.72	12.52	11627
杂树叶	4.68	41.14	0.14	0.74	0.52	3.84	11.82	10.12	61.73	16.83	14851
针叶林	6.20	50.50									18700
阔叶林	6.20	49.60									18400
烟煤	3.81	57.42	0.46	0.93			8.85	21.37	38.48	31.30	24300
无烟煤	2.64	65.65	0.51	0.99			8.00	19.02	7.85	65.13	24400

3. 生物质的化学组成

生物质也是一种复杂的高分子有机化合物的复合体，主要由纤维素、半纤维素、木质素、萃取物和无机矿物质等组成。

生物质的化学组成可大致分为主要成分和少量成分两种。主要成分是纤维素、半纤维素和木质素构成，存在于细胞壁中，通常被称为生物质的三组分，三者总量占其干重的90%左右。少量成分则是指可以用水、水蒸气或有机溶剂提取的提取物，也称"萃取物"。这类物质在生物质中的含量较少，大部分存在于细胞腔和胞间层中，所以也称非细胞壁萃取物。

纤维素、半纤维素和木质素相互穿插交织构成复杂的高聚物体系，在不同生物质、同一生物质不同部位分布也不同，成分也有较大差异。纤维素属于糖类天然高分子化合物，是生物质结构中最丰富的一种有机组分，在农作物秸秆中纤维素含量为35%～39%。它是

由 D-葡萄糖基通过相邻糖单元的 1 位和 4 位之间的 β—苷键连接起来的线性葡聚糖高分子聚合物，它构成纤维骨架结构，排列比较规则，聚合度在一般在 10000 以上，其化学分子式为 $(C_6H_{10}O_5)_n$。图 3.42 为纤维素分子的化学结构。

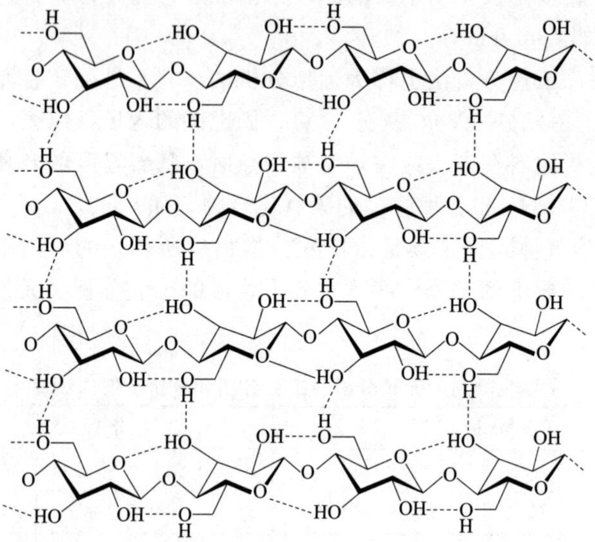

图 3.42　纤维素分子的化学结构

半纤维素和纤维素都是碳水化合物。半纤维素也广泛存在于植物中，在农作物秸秆中含量为 28%～33%。其化学性质与纤维素也比较类似，但半纤维素是由两种或两种以上单糖组成的不均一、无定型的主链和支链聚合物，聚合度一般为 150～200，其分子式通常以戊聚糖 $(C_5H_8O_4)_n$ 和己聚糖 $(C_6H_{10}O_5)_n$ 表示。图 3.43 为半纤维素的典型结构。

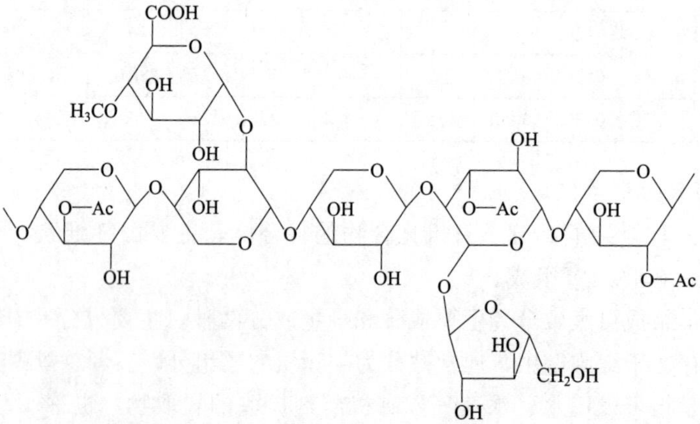

图 3.43　半纤维素的典型结构

木质素也广泛存在于生物质中，仅次于纤维素和半纤维素，农作物秸秆中含量为 12%～18%。木质素是 1838 年法国植物学家 Payen 用硝酸和碱处理木材时发现的。它是一种复杂的、非结晶的、三维空间网状结构的复杂无定型高聚物，由愈创木基（G）、紫丁香基（S）和对羟苯基（H）主体结构单元组成。图 3.44 为木质素的三种基本结构单元。

生物质的三组分，即细胞壁物质，目前还没有把这些物质彼此分离又不受到破坏的妥善办法。因此，现在任何方法分离出来的各种组分，实际上只能代表某一组分的主要部分。

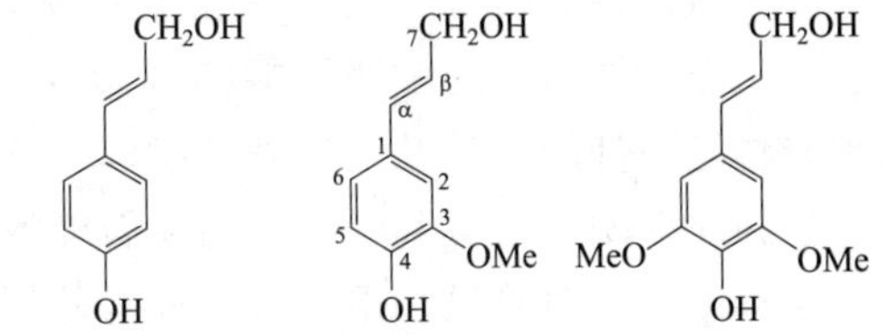

生物质中除了绝大多数为有机物质外，尚有极少量无机的矿物元素成分，如 K、Ca、Mg、Fe、Cu 等，它们在生物质热化学转换后，通常以氧化物的形态存在于灰分中。

图 3.44　木质素的三种基本结构单元

(a) 愈创木基　(b) 紫丁香基　(c) 对羟苯基

4. 生物质的组分分析

生物质三组分的含量也是用质量百分数来表示。现在常用的分析方法是范式组分分析方法。其原理是先用中性溶液对生物质洗涤，溶解并脱除糖、脂肪、淀粉和蛋白质等成分，剩余的固体组分称为中性洗涤纤维（NDF），主要成分是纤维素、半纤维素、木质素和硅酸盐；随后用酸性溶液洗涤去除掉半纤维素得到酸性洗涤纤维（ADF），剩余的固体组分中主要含有纤维素、木质素和硅酸盐；接着使用 72％的 H_2SO_4 溶液洗涤，溶去纤维素得到酸性洗涤木质素（ADL），剩余固体组分主要为木质素和少量不溶于酸的硅酸盐；最后将剩余的残渣在马弗炉焙烧后得到不溶于酸的灰分。

3.4.3.2　生物质能的特点

生物质能是地球上最普通的一种可再生能源，它遍布于世界陆地和水域的千万种植物之中，犹如一个巨大的太阳能化工厂，不断地把太阳能转化为化学能，并以有机物的形式储存于植物内部，从而构成这种储量极其丰富的可再生能源。

与化石能源相比，生物质能的优点总结如下：

（1）生物质为可再生物质，年产量极大。

（2）分布地域广，且种类繁多。

（3）挥发组分高，炭活性高，S、N 含量低，灰分低（0.1％～3％），是一种清洁的能源。

（4）生物质燃烧产生的 CO_2 可被植物再吸收，合成自身的生物质，因此生物质燃烧过程具有 CO_2 零排放的特点。

（5）从生物质能资源中提取或转化得到的能源载体更具有市场竞争力。生物质资源经深层转化后生成的乙醇、汽油、液氢柴油等燃料不含有害成分，适于内燃机使用，而若从石油或煤中提炼出零排放的液体燃料，其生产成本就会大大增加。

（6）开发生物质能资源可以促进经济发展，提高就业机会，具有经济与社会的双重效益。生物质能的开发与利用可以为农村和边远山区、林区就近提供廉价能源，以促进经济的发展和生活的改善。开发生物质能还具有向农村提供就业潜力的优势，农业的发展必然会造成劳动力的过剩，因此，保证就业就是繁荣农村的一个重要条件，比如巴西利用生物质的酒精工业提供了 20 万个工作岗位。

（7）在贫瘠的或被侵蚀的土地上种植能源作物或植被可以改善土壤，改善生态环境，提高土地的利用程度。

（8）城市内燃机车辆使用从生物质资源提取或生产出的甲醇、液态氢有利于保护环境。在工业化国家，对生物质能的观念也有了明显变化，过去被看作"穷人的燃料"，现在则看作是对环境、对社会有利的能源，并扩大了对生物质能的开发和利用。

生物质能源也具有其弱点。与化石能源相比，生物质能量密度低、体积大，给运输带来一定难度；同时受风、雨、雪、火等外界因素影响。生物质的保存也是目前亟待解决的问题。

3.4.4　生物质能的利用

当前化石能源在世界能源领域内仍占主导地位，生物能源仅占能源市场中很小份额，而成品生物燃料（乙醇、生物柴油等）仅占全部生物能源总量的 1.9％，但生物能源在未来具有巨大发展潜力。据国际能源署预测，全球生物燃料使用将从现在的 1Mb/d（百万桶）增长到 2035 年的 4.4Mb/d。同时，以第二代生物燃料为主的新型生物能源也会在不久的将来跻入生物能源主流。

生物质能的开发和利用已经成为世界研究热点，受到了各国政府和学者的关注。许多国家都制定了相应的开发研究计划，包括印度的绿色能源工程、美国的能源农场、巴西的乙醇能源计划和我国提出的"鼓励开发利用新能源和可再生能源"等发展计划。其他诸如丹麦、荷兰、德国、法国、加拿大、芬兰等国，多年来一直在进行各自的研究与开发，并形成了各具特色的生物质能研究与开发体系，拥有各自的技术优势。目前，国外的生物质能技术和装置多已达到了规模化产业经营，以美国、瑞典和奥地利 3 国为例，生物质转化为高品位能源利用已具有相当可观的规模，分别占该国一次能源消耗量的 4％、16％和 10％。

我国对生物质能技术的研发也非常重视，许多地方在"十二五"规划中明确指出，要把包括生物质在内的生物质产业作为主攻方向。2009 年 6 月国家出台的《促进生物产业加快发展的若干政策》明确表明：国家将对批准生产的非粮燃料乙醇、生物柴油、生物质热电等给予支持。我国发展生物能源产业坚持生态发展的原则，做到不与民争粮、不与粮争地，达到人、自然、生物能源的和谐发展。

生物质能利用技术主要有直接燃烧、热化学转化、生物化学转化 3 大类，具体如图 3.45所示。

1. 直接燃烧

直接燃烧是生物质利用的传统方式，研究开发工作主要是着重于提高直接燃烧的热效率。生物质在空气中燃烧是利用不同的设备（例如窑炉、锅炉、蒸汽涡轮机、涡轮发电机等）将储存在生物质中的化学能转化为热能、机械能或电能。生物质燃烧产生的热气体温度为 800～1000℃。但是实际上，只有水分小于 50％的生物质才可能燃烧，否则需将生物质进行预干燥，水分含量高的生物质最适合生物化学转化过程。大型的生物质工业燃烧装机规模为 100～300MW。生物质与煤炭在燃煤锅炉中的共燃是一个非常好的选择，因为共

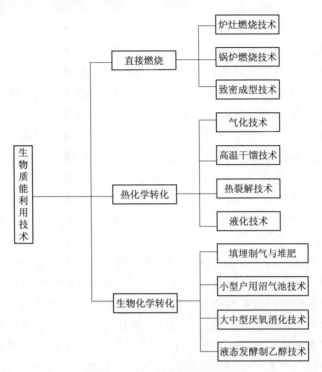

图 3.45 生物质能利用技术

燃过程的转化效率高，规模为 100MW 以上的燃烧系统或者是生物质与煤炭进行混烧才能得到较高的转化效率。由于生物质中含有较高的碱金属，在高温燃烧过程中将会给燃烧装置的正常运行带来危害。

直接燃烧方式中的致密成型技术也称生物质固化技术，是将疏散、低热值的生物质通过压力作用（加热或不加热）制成棒状、粒状、块状等成型燃料。原料挤压成型后，密度可达 $1.1 \sim 1.4 \mathrm{t/m^3}$，能量密度与中质煤相当，燃料特性明显改善，火力持久，黑烟小，炉膛温度高，便于运输。

2. 热化学转化

热化学转化的技术路线很多，与其他技术相比，具有功耗少、转化率高、转化强度高、工业化较容易等优点。生物质的热化学转化技术已成为世界各国开发利用生物质能的重点研究方向。生物质热化学转化包括气化高温干馏技术、热裂解技术和液化技术，其中气化和液化技术是生物质热化学转化的主要形式。

气化技术是通过生物质在高温（$800 \sim 900 \,^{\circ}\mathrm{C}$）下部分氧化生成 CO、H_2、CH_4 等可燃气体及 CO_2 的混合物的过程。产品气低热值为 $4 \sim 8 \mathrm{MJ/m^3}$，可直接用于燃烧或者作为燃气涡轮机的燃料，也可用作化工原料。最有前途的气化技术是生物质的 IGCC 技术，燃气涡轮机将气体燃料转化为电能的效率较高。IGCC 系统最大的特点是可燃气体在进入燃气涡轮机燃烧前需要净化，要求气体净化设备紧凑，造价及运行成本低。IGCC 系统的整体效率较高，一个装机容量为 $30 \sim 60 \mathrm{MW}$ 的机组的净效率为 $40\% \sim 50\%$。目前，IGCC 系统目前正处于示范阶段。

热裂解技术是将生物质在隔绝或少量供给 O_2 的条件下的加热分解的过程，这种热裂解过程所得产品主要有气体、液体、固体 3 类产品，其比例根据不同的工艺条件而发生变化。通过生物质热裂解及其相关技术，可生产焦炭、油、合成气和 H_2 等多种燃料。热裂解反应的特性往往决定产物的组成、分布与特征。通常按温度、升温速率、固体停留时间（反应时间）和颗粒大小等实验条件，可将热裂解分为慢热裂解和快热裂解 2 种方式。慢热裂解产物主要是焦炭，生物油为副产物（产量占 15%～20%）；快热裂解产物主要是生物油和气体，其产量占 70% 甚至更高。同时，根据是否加入反应性气体，可将热裂解分为反应性热裂解和惰性热裂解两种类型。随着人们对热裂解生产生物油的兴趣的不断增加，以获得最大液态产物油为目的的快热裂解技术的研究和应用越来越受重视，因为这种生物油可以用于内燃机和燃气涡轮机。将生物油作为原料进行精炼的研究也正在进行。但在转化过程以及生物油的利用过程中，需要克服生物油的热稳定性差及其腐蚀性的难题。

生物质液化在低温及高的反应气体压力下将生物质转化为稳定的液态碳氢化合物，可分为直接液化和间接液化。直接液化是在高温、高压和催化剂的共同作用下，在 H_2、CO 或其混合物存在的条件下，将生物质直接液化生成液体燃料；间接液化一般是先将生物质转换为适合化工生产工艺的合成燃料气，再通过催化反应合成碳氢液体燃料。生物质液化技术是最具有发展潜力的生物质能利用技术之一。国外已有多家机构开展了生物质液化的研究，并取得了阶段性成果。液化和热裂解这两个过程在概念上相近，表 3.10 为这两种过程的比较。

表 3.10   **生物质液化和热裂解过程的比较**

热化学过程	温度/℃	压力/MPa	是否干燥
液化	525～600	5.0～20.0	不需要
热裂解	650～800	0.1～0.5	需要

液化和热裂解都是将原料中的有机化合物转化为液体产品的热化学过程。对于液化，在催化剂存在的前提下，生物质原料中的大分子化合物分解成小分子化合物碎片，同时这些不稳定、活性高的碎片重新聚合成合适相对分子质量的油性化合物。而对于热裂解，一般不需催化剂，较轻的分解分子通过气相的均相反应转化成油性化合物。由于液化对反应器及其进料系统要求严格，且费用高，致使研究进展缓慢。

3. 生物化学转换

生物质的生物化学过程利用原料的生物化学作用和微生物的新陈代谢作用生产气体燃料和液体燃料，常见的产物是沼气、H_2 和以生物乙醇为代表的醇类燃料。其中，厌氧消化技术和液态发酵制乙醇技术较为常用。

厌氧消化是指富含碳水化合物、蛋白质和脂肪的生物质在厌氧条件下依靠厌氧微生物的协同作用转化成 CH_4、CO_2、H_2 及其他产物的过程。整个消化过程可分成 3 个步骤：首先将不可溶复合有机物转化成可溶化合物；然后可溶化合物再转化成短链酸与乙醇；最后经各种厌氧菌转化成气体（沼气）。一般最后的产物含 50～80% 的 CH_4，热值可高达 $20MJ/m^3$，是一种优良的气体燃料。厌氧消化技术又依据规模的大小设计为小型的沼气池技术和大中型厌氧消化技术。

发酵制乙醇技术依据原料的不同分为 2 类：一类是富含糖类的作物直接发酵转化为乙醇；另一类是以含纤维素的生物质原料做发酵物，先经过酸解转化为可发酵糖分，再经发酵生产乙醇。

3.4.5 生物质能利用对环境的影响

生物质能否合理利用，对环境有着重要的影响。例如农作物秸秆主要包括粮食作物、油料作物、棉花、麻类和糖料作物等 5 大类，是生物质资源最重要的来源之一。据统计，我国各种农作物秸秆年产量约 7 亿 t，占世界作物秸秆总产量的 20%～30%。但随着我国农村经济发展和农民收入增加，农村居民用能结构发生了明显变化，煤、油、气、电等商品能源得到越来越普遍的应用。秸秆的大量剩余致使每到夏秋两季，村村点火、处处冒烟的现象十分普遍。据调查，目前我国秸秆利用率约为 75%，其中经过技术处理后利用的仅约占 2.6%，有 25% 左右的秸秆被直接废弃或焚烧。秸秆的粗放燃烧方式导致 CO_2、CO、SO_2、NO、二噁英等气体的排放，造成了严重的环境污染。

而秸秆能源高效转化利用则可以做到 CO_2 "零" 排放，对解决农业、能源和环境问题，对保障国家能源安全、国民经济可持续发展和保护环境具有重要意义。

3.5 海 洋 能

3.5.1 海洋能分类及其特点

占地球总面积 70.8% 的海洋，拥有地球上最丰富的资源。随着海洋科学技术的发展，人类发现海洋中所蕴藏的各种能源资源，远远超过陆地上已知的同类资源的蕴藏量，且许多种类为海洋所特有。海洋除了拥有种类繁多的生物资源、矿产资源、化学资源，还有取之不尽的可再生能源——海洋能。

海洋能包括潮汐能、波浪能、温差能、海流能、盐度梯度能等能源。这些能源依附在海水中，通过各种物理过程接收、储存和散发能量。潮汐能和海流能源自月球、太阳和其他星球引力，其他海洋能均源自太阳辐射。巨大的海洋能资源，在化石能源逐渐消耗殆尽的将来，具有很好的开发前景。

利用海洋能的主要方式是发电。小功率海洋能装置可用于海岛灯塔、航道灯标以及海洋观测浮标系统；大功率海洋能装置可实现并网或独立供电，为偏远海岛及海洋资源开发设施等提供清洁能源。

海洋能的特点如下：

(1) 海洋能源储量大。地球表面积约 $5.1 \times 10^8 km^2$，海洋面积达 $3.61 \times 10^8 km^2$ 以海平面计，全球陆地的平均海拔约为 840m，海洋的平均深度为 380m，整个海水的容积多达 $1.37 \times 10^8 km^2$。据估计，全球潮汐能 27 亿 kW、波浪能 25 亿 kW、温差能 20 亿 kW、海流能 50 亿 kW、盐度梯度 26 亿 kW。我国海洋能十分丰富、潮汐能约为 1.9 亿 kW，波浪能的开发潜力约为 1.3 亿 kW（沿岸波浪能约为 0.7 亿 kW）、温差能约为 1.5 亿 kW、海流能约为 0.5 亿 kW、盐度梯度能约为 1.1 亿 kW。

（2）海洋能具有可再生性。海洋能来源于太阳辐射能与天体间的万有引力，只要太阳、月球等天体与地球共存，这种能源就会再生。

（3）海洋能能流密度低，分布不均。海洋能的强度比常规能源低。海水温差小，海面与 500~1000m 深层水之间的较大温差仅为 20℃左右；潮汐、波浪水位差小，较大潮差仅 7~10m，较大波高仅 3m；潮流、海流速度小，较大流速仅 2~3.5m/s。海洋能分散在广阔的地理区域上，而且大部分均蕴藏在远离用电中心区的海域，因此只有小部分海洋能资源能够得以开发利用。

（4）能量随时间、地域变化，但有规律可循。各种海洋能按各自的规律发生变化。就空间而言，各种海洋能即因地而异，此有彼无，此大彼小，各有各自的富集海域。如温差能主要集中在赤道两侧的大洋深海水域，我国主要在南海 800m 深的海区（远海、深海），潮汐能主要集中在沿岸海，潮流速度以群岛中的狭窄海峡、水道为最大；海流能主要集中在北半球太平洋和大西洋的西侧；盐度梯度能主要集中在世界著名的大江河入海口附近的沿岸，如亚马逊河和刚果河河口。就时间而言，除温差能和海流能较稳定外，其他海洋能均明显地随时间变化。潮汐能的潮差具有明显的半日和半月周期变化，潮流的流速不但量值与潮差同时变化，并且方向也同样变化；盐度梯度能的入海淡水量具有明显的季节变化；波浪能是一种随机发生的周期性运动。人们根据潮汐、潮流变化规律，编制出各地逐日逐时的潮汐与潮流预报，预测未来各个时间的潮汐大小与潮流强弱。潮汐电站与潮流电站可根据预报表安排发电运行。

（5）一旦开发后，其本身对环境污染影响很小。开发利用海洋能就是把海洋中蕴藏的各种动力能源直接或间接地加以利用，现阶段主要将海洋能转化成电能利用。目前，潮汐能发电技术已经较为成熟，商用化已经全面展开；波浪能装置已经制成。而海流发电、温差发电、盐度梯度发电尚处于实验阶段，仍有很长的路要走。

3.5.2 潮汐能

3.5.2.1 潮汐及其应用

潮汐是海水受太阳、月球和地球间引力的相互作用后所发生的周期性涨落现象。习惯上把海面铅直方向涨落称为潮汐，而海水在水平方向的流动称为潮流。在海洋中，月球的引力使地球的向月面和背月面的水位升高。由于地球的旋转，这种水位的上升以周期为 12h25min 和振幅小于 1m 的深海波浪形式由东向西传播。太阳引力的作用与此相似，但是作用力小些，其周期为 12h。当太阳、月球和地球在一条直线上时，就产生大潮；当它们成直角时，就产生小潮。除了半日周期潮和月周期潮的变化外，地球和月球的旋转运动还产生许多其他的周期性循环。同时地表的海水又受到地球运动离心力的作用，月球引力和离心力的合力正是引起海水涨落的引潮力。潮汐是因地而异的，不同的地区常有不同的潮汐系统，它们都是从深海潮波获取能量，但具有各自特征。人们可以对任何地方的潮汐进行准确预报。

因月球引力的变化引起潮汐现象，潮汐导致海水平面周期性地升降，因海水涨落及潮水流动所产生的能量称为潮汐能。只有在地理条件适于建造潮汐电站的地方出现大潮时，从潮汐中提取能量才有可能。虽然这样的场所并不是到处都有，但世界许多国家已选定了相当数量的适宜开发潮汐能的站址。据最新的估算，有开发潜力的潮汐能每年约200TW·h。

3.5.2.2 世界及我国潮汐能的分布特点

深海大洋的潮汐能都不大，太平洋、印度洋、大西洋的潮汐能总共只有 100 万 kW。由世界上具有较大开发潜力的潮汐电站站址可知，浅海和狭窄的海湾地带的潮汐能蕴藏量丰富，其中英吉利海峡就约有 8000 万 kW，马六甲海峡有 5500 万 kW，黄海有 5500万 kW，芬迪湾有 2000 万 kW。

我国海岸曲折，沿海还有 6000 多个大小岛屿，组成 1.4×10^4 km 的海岸线，漫长的海岸蕴藏着十分丰富的潮汐能资源。我国潮汐能资源的地理分布十分不均匀，沿海潮差以东海为最大，黄海次之，渤海南部和南海最小。以地区而言，主要集中在华东沿海，其中以福建、浙江及上海长江北支为最多，占全国可开发潮汐能的 88%。除需要潮汐量大、潮差大的条件，外建潮汐电站还需要选择地形条件好的海湾或河口，构筑大坝，修建潮汐水库。我国沿海主要为平原型和港湾型两类，以杭州湾为界，杭州湾以北，大部分为平原海岸，海岸线平直，地形平坦，并由沙或淤泥组成，潮差较小，且缺乏较优越的港湾坝址；杭州湾以南，港湾海岸较多，地势险峻，岸线岬湾曲折，坡陡水深，海湾、海岸潮差较大，且有较优越的发电坝址。

从潮差和坝址条件看，我国沿海可开发的潮汐能源坝址达 398 处，浙江和福建分别占73 处和 88 处，是开发潮汐能地形条件最好的省份。

3.5.2.3 潮汐电站工作原理及发电形式

1. 工作原理

潮汐能利用可利用潮汐的动能，直接利用潮流前进的力量来推动水车、水泵或水轮发电机；也可利用潮汐的势能，在电站上下游有落差时引水发电。由于利用潮汐的动能比较困难，效率很低，所以潮汐发电一般采用利用潮汐势能的方式。潮汐发电原理是通过储水库在涨潮时将海水储存在水库内，以势能的形式保存，然后在落潮时放出海水，利用高、低潮位之间的落差，推动水轮机旋转，带动发电机发电（图 3.46）。

2. 发电形式

潮水的流动与河水的流动不同，它是不断变换方向的，潮汐发电有以下形式：

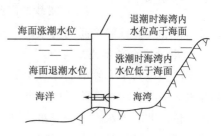

图 3.46 潮汐电站示意图

（1）单库单向发电。在海湾出口或河口处，建造堤坝、发电厂房和水闸，将海湾与外海隔开形成水库。在涨潮时开启闸门，潮水充满水库；落潮时当外海潮位下降，控制水库与潮位保持一定落差，利用该落差流经厂房时推动机组发电。这种电站建造一个水库，一般只在落潮时发电。单库单向电站每昼夜发电 2 次，停电 2 次，平均日发电 9～11h。因为采用单向机组，机组结构比较简单，发电水头较大，机组效率较高。我国多数小型潮汐电站采用单库单向发电形式，如图 3.47 所示。

（2）单库双向发电。为了使潮汐电站在涨潮时也可以发电，可采用单库双向发电。这种电站一般有两种形式：一种是设置双向发电的水轮发电机组，一种是仍采用单向发电机组，但从水工建筑物布置上使流道在涨潮或是落潮时，都使水流按同一方向进入和流出水轮机，从而使涨潮和落潮时都能发电。单库双向潮汐电站每昼夜发电 4 次，停电 4 次，平均日发电 14～16h。由于兼顾双向发电，所以平均发电水头比单库单向小，相应机组造价也比单库单向高。由于技术要求较高，这一形式一般在大中型电站使用，如图 3.48 所示。

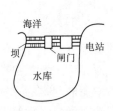

图 3.47　单库单向发电示意图

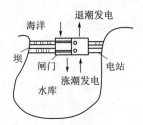

图 3.48　单库双向发电潮汐电站

（3）双库连续发电。在海湾或河口处建造相邻的两个水库，各与外海用一个水闸相通，高水库在涨潮时进水，低水库在退潮时泄水，在两个水库之间有中间堤坝并设置发电厂房相连通，在潮汐涨落中，控制进水闸和出水闸，使高水库与低水库间始终保持一定落差，从而在水流由高水库流向低水库时连续不断发电。其缺点是要建两个水库，投资大且工作水头降低，这一形式一般在大中型电站使用，如图 3.49 所示。

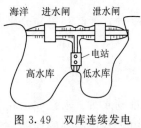

图 3.49　双库连续发电
潮汐电站

潮汐发电的关键技术主要包括低水头、大流量、变工况水轮机组设计制造；电站的运行控制；电站与海洋环境的相互作用，包括电站对环境的影响和海洋环境对电站的影响，特别是泥沙冲淤问题；电站的系统优化，协调发电量、间断发电以及设备造价和可靠性等之间的关系；电站设备在海水中的防腐等。

3. 潮汐发电与水力发电异同点

潮汐发电与水力发电的原理相似，都是利用水的势能转换为电能。在涨潮时将海水储存在水库中，此时潮汐能就以势能的形式储存下来。在海水退潮时，水库中的水位就高于海水水位，此时将水库中的海水放出。由于水位高低不同，水库中的海水在流出时就带有一定的能量，可以带动水轮机旋转，为发电机供给能量，使机组发电。

潮汐发电与水力发电也有一定的差异，最大的差异在于水力发电中水位差较大，而潮汐发电时水库中的水位相较于外部海水位高度相差较小，但是水流量较大，所以在设计建设潮汐电站时，水轮机需选用适合水位相差较小，且水流量相差较大的机组，以满足潮汐发电的要求。

3.5.2.4　潮汐能开发的历史、现状及展望

潮汐能是人类所利用的古老能源中的一种。早期在多瑙河上出现了潮汐磨坊，用机械力做功来碾谷物、锯木或提升重物。某些较成熟的磨坊在涨潮落潮时都可以获取能量，同时也有利用潮水水平运动获取机械能的装置。到目前为止，各国建成投产的商业用潮汐电站不多。然而，由于潮汐能巨大的蕴藏量和潮汐发电的许多优点，人们还是非常重视对潮汐发电的研究和试验。

20世纪初，欧美一些国家开始研究潮汐发电。第一座具有商业实用价值的潮汐电站是法国朗斯电站。该电站位于法国圣马洛湾朗斯河口。朗斯河口最大潮差为13.4m，平均潮差为8m。朗斯潮汐电站机房中安装有24台双向涡轮发电机，涨潮、落潮都能发电。图3.50所示为朗斯潮汐电站的总体布置图。

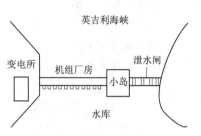

图3.50　朗斯潮汐电站的总体布置图

1968年，苏联在其北方摩尔曼斯克附近的基斯拉雅湾建成了一座800kW的试验潮汐电站。1980年，加拿大在芬迪湾兴建了一座20MW的中间试验潮汐电站，为兴建更大的实用电站做论证和准备。世界上适于建设潮汐电站的20余处站址都在研究、设计建设潮汐电站，其中包括美国阿拉斯加州的库克湾、加拿大芬迪湾、英国塞文河口、阿根廷圣约瑟湾、澳大利亚达尔文范迪门湾、印度坎贝河口、俄罗斯远东鄂霍茨克海品仁湾、韩国仁川湾等地。随着技术进步和潮汐发电成本的不断降低，进入21世纪将不断会有大型现代潮汐电站建成使用。表3.11所示为世界主要已建潮汐电站情况。

我国潮汐能的理论蕴藏量达到1.1亿kW，其中浙江、福建两省蕴藏量最大，约占全国的80.9%。我国的江厦潮汐实验电站建于浙江省乐清湾北侧的江厦港，装机容量为3200kW，1980年正式投入运行。

表3.11　　　　　　　　　　　　世界主要已建潮汐电站情况

站　　名	所　在　地	装机容量/MW	运　行　方　式
朗斯	法国	24×10	单库双向
安纳波利斯	加拿大	1×20	单库单向
始华	韩国	25.4×10	单库单向
加露林	韩国	25×20	单库单向
沙山	中国浙江	0.04	单库单向
幸福洋	中国福建	1.28	单库单向

3.5.2.5　潮汐发电的特点

1. 潮汐发电的优点

（1）潮汐能是一种可再生的清洁能源，它的使用不会造成环境污染。潮水每日涨落，周而复始，能量源源不断。

（2）潮汐能是一种相对稳定的可靠能源，很少受气候、水文等自然因素的影响，全年总发电量相对稳定。

（3）潮汐电站不需淹没大量农田构成水库，因此不存在人口迁移、淹没农田等复杂问题。而且可用拦海大坝，促淤围垦，把水产养殖、水利、海洋化工、交通运输结合起来，开展综合利用。

（4）潮汐电站水库的水位不会过高，因此即使水坝遭到破坏，也不会对城市、农田、人民生命财产等造成严重危害。

（5）潮汐能发电的动力来源是潮汐能，不需要其他的燃料、运输成本，因此发电较为低廉，具有良好的经济效益和社会效益。

（6）机组台数多，不用设置备用机组。

2. 潮汐发电的缺点

（1）潮差和水头在一日内经常变化，出力有间歇性，给用户带来不便。

（2）潮汐存在半月变化，潮差有时相差 2 倍，因此为发动机提供的原动力会在一定范围内波动，使得发电机组所发出的电量不稳定。

（3）潮汐电站建在港湾海口，通常水深坝长，而且在施工时还要注意淤泥治理等问题，所以潮汐电站一般建造成本较高。

（4）潮汐电站是低水头、大流量的发电形式。涨、落潮水流方向相反，故水轮机体积大，耗钢量多，进出水建筑物结构复杂。而且因浸泡在海水中，海水、海生物对金属结构物和海工建筑物有腐蚀和黏污作用，需作特殊的防腐和防海生物黏附处理。

（5）潮汐变化周期为太阴日（24h50min），月循环约为 14 天，故与按太阳日给出的日需电负荷图配合较差。

因此，筹划、设计、规划和建造潮汐电站，不仅要看到潮汐发电的优点，还要对其技术的可行性、经济性、适用条件和社会效益进行切实可行的论证。

3.5.3　波浪能

3.5.3.1　波浪能及其应用

波浪是由于风、气压和水的重力作用等形成的起伏运动，它具有一定的动能和势能。风传递给海水的能量取决于风的速度、风与海水作用的时间及风与海水作用的路程长度。波浪能与波长、波浪的运动周期以及迎波面的宽度等多种因素有关。结合海浪理论可以算出一个波长范围内的波动动能等于波动势能，即

$$E_k = E_p$$

与其他能源相比，波浪能具有以下几个特点：

（1）波浪能作为一种机械能，和其他能源相比，品质较高。

（2）波浪能的能流密度最大，在太平洋、大西洋东海岸某些地方达到 100kW/h。

（3）分布十分广泛，可通过较小的装置利用。

（4）具有随机性，能量不稳定。

波浪可以推动涡轮机做功进而发电。此外，波浪能还可以用于抽水、供热、海水淡化（原理如图 3.51 所示）以及制氢等。

3.5.3.2　波浪能利用发展及现状

从 20 世纪 70 年代石油危机开始，各国开始将注意力转移到利用本地资源和寻找适宜的廉价能源上。波浪发电是继潮汐发电之后发展最快的海洋能利用形式。到目前为止，世界上已有日本、英国、爱尔兰、挪威、西班牙、瑞典、丹麦、印度、美国等国家相继在海上建立了波浪发电装置。一百多年来，各国科学家发明了各种各样的波浪发电装置，但普

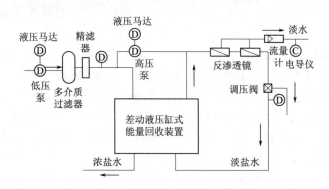

图 3.51 波浪能海水淡化系统示意图

遍存在发电功率小、发电质量差、单机容量在 kW 级以下等缺陷,因而波浪发电技术仍未达到普及的应用水平。大洋中的波浪能是难以提取的,因此可供利用的波浪能资源仅局限于靠近海岸线的地方。

我国波浪发电技术研究始于 20 世纪 70 年代,80 年代以来获得较快发展,航标灯浮用微型波浪发电装置已趋商品化,与日本合作研制的后弯管型浮标发电装置技术处于国际领先水平。在珠江口大万山岛上研建的岸边固定式波浪电站,第一台装机容量为 3kW 的发电装置在 1990 年已试发电成功。"八五"科技攻关项目总装机容量为 20kW 的岸式波浪试验电站和 8kW 摆式波浪试验电站均已试建成功。总之,我国波浪发电虽起步较晚,但发展很快。微型波浪发电技术已经成熟,小型岸式波浪发电技术已进入世界先进行列。

3.5.3.3 波浪能开发的原理与装置

波浪能利用装置的种类繁多,但这些装置大部分源于几种基本原理

(1) 利用物体在波浪作用下的振荡和摇摆运动。

(2) 利用波浪压力的变化。

(3) 利用波浪的沿岸爬升将波浪能转换成水的势能等。

经过 20 世纪 70 年代对多种波浪能装置进行的实验研究和 20 世纪 80 年代进行的实海况试验及应用示范研究,波浪发电技术逐步接近实用化水平,研究的重点也集中于 3 种被认为是有商品化价值的装置,包括振荡水柱装置、摆式装置和聚波水库装置。

(1) 振荡水柱装置。振荡水柱装置可分为漂浮式和固定式两种。目前已建成的振荡水柱装置都利用空气作为转换的介质,其一级能量转换机构为气室,二级能量转换机构为空气涡轮机。气室的下部开口在水下与海水连通,气室的上部也开口与大气连通。在波浪力的作用下,气室下部的水柱在气室内做强迫振动,压缩气室的空气往复通过喷嘴,将波浪能转换成空气的压能和动能。

(2) 摆式装置。摆式装置也可分为漂浮式和固定式两种。摆体是摆式装置的一级能量转换机构。在波浪的作用下,摆体作前后或上下摆动,将波浪能转换成摆轴的动能。与摆轴相连的通常是液压装置,它将摆体的动能转换成液力泵的动能,再带动发电机发电。摆体的运动很适合波浪大推力和低频的特性,因此,摆式装置的转换效率较高,但机械和液压机构的维护较为困难。摆式装置的另一优点是可以方便地与相位控

制技术相结合。相位控制技术可以使装置吸收到装置迎波宽度以外的波浪能,从而大大提高装置的效率。

（3）聚波水库装置。聚波水库装置利用喇叭形的收缩波道作为一级能量转换机构。波道与海连通的一面开口宽,然后逐渐收缩通至储水库。波浪在逐渐变窄的波道中,波高不断被放大,直至波峰溢过边墙,将波浪能转换成势能储存在储水库中。收缩波道具有聚波器和转能器的双重作用。水库与外海间的水头落差可达3～8m,利用水轮发电机组可以发电聚波水库装置的优点是一级转换没有活动部件,可靠性好,维护费用低,系统出力稳定。不足之处是电站建造对地形有要求,不易推广。

除了上述装置外,目前较为成功的波浪能装置还有振荡浮子式、筏式与液压系统的组合。例如英国的 Pelamis 装置（图 3.52）采用筏式、液压系统,并用了储能器,输出稳定,抗风浪冲击能力强,装机容量能够达到 700kW,是目前世界上装机容量最大的波浪能发电装置,转换效率为 50% 左右,高于振荡水柱装置,建造成本和难度也低于同等容量的振荡水柱波浪能系统。图 3.53 为部分波浪能发电装置。

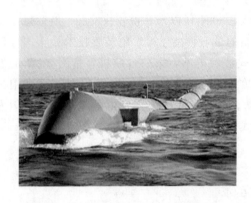

图 3.52　英国的 Pelamis 发电装置

图 3.53　部分波浪能发电装置

波浪能利用中的关键技术主要包括波浪的聚集与相位控制技术,波浪能装置的波浪载荷及在海洋环境中的生存技术,波浪能装置建造与施工中的海洋工程技术,不规则波浪中的波浪能装置的设计与运行优化,以及往复流动中的涡轮机研究等。

3.5.3.4　波浪能的开发与利用

1910 年,法国建成世界第一座波浪电站。目前,波浪能是研究开发最活跃的一种海洋能,已接近商业化。日本是研究建造波浪电站最多的国家,先后建造了漂浮式振荡水柱装置、固定式振荡水柱装置和摆式装置十余座。1988 年建造了一座振荡水柱阵列电站。弯管式波浪能装置是日本的一项创新,由日本著名波浪能装置发明家益田善雄提出,1987 年进行海上试验。随后,益田善雄与中国科学院广州能源研究所合作开发这种装置。20 世纪 90 年代初,日本开始设计"巨鲸"波浪能装置（图 3.54）,它是一种经改进的后弯管漂浮式装置。20 世纪 90 年代初,英国在苏格兰伊斯莱岛和奥斯普雷建成 75kW 和 20MW 振荡水柱式和岸基固定式波浪电站。世界上首台商用波浪发电机于 1995 年 8 月在英国克莱德河口海湾开始发电,装机容量达 2000kW。2000 年 11 月,世界上第一个波浪发电厂在苏格兰 Islay 岛附近建成并开始运行。英国科学家弗朗西斯·法利和罗德·雷尼发明了一种利用海水起伏产生的波浪来发电的独特装置，葡萄牙于 2008 年引进了这种发电机组取名"海蛇"（图 3.55 和图 3.56），采用筏式和液压系统，装机容量达 700kW。

图 3.54 日本的"巨鲸"波浪能装置

图 3.55 葡萄牙的"海蛇"海浪发电站

3.5.3.5 波浪能的前景

波浪能是一种密度低、不稳定、无污染、可再生、储量大、分布广、利用难的能源。目前的波浪发电的装置可为海水养殖场、海上灯船、海上孤岛、海上气象浮标、石油平台等提供能源，部分还并入电网。要使波浪能具有更强的竞争优势，必须使波浪能开发利用的发电成本降低，稳定性提高。

由于目前波浪能的利用地点大都局限在海岸附近，因此还容易受到海洋灾害性气候的侵袭。波浪

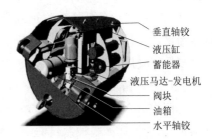
图 3.56 "海蛇"内部装置

发电开发成本高，规模小，社会效益好但经济效益一般，投资回收期相对较长，这些都在一定程度上限制了波浪能应用的大规模商业化开发利用和发展，因此总体而言波浪能应用技术尚不成熟。

3.5.4 温差能

3.5.4.1 温差能及其发电原理

海水温度增高的主要原因是吸收了太阳的辐射能，一般随着纬度的增高，辐射减弱，温度降低。海水温差能是指海洋表层海水和深层海水之间水温差的热能，是海洋能的一种重要形式。海洋的表面把太阳的辐射能大部分转化为热能并储存在海洋的上层，同时，接近冰点的海水在不到 1000m 的深度大面积地从极地缓慢地流向赤道。低纬度的海面水温较高，与深层水形成温度差，可产生热交换。温差能能量与温差的大小和热交换水量成正比。

温差发电是利用海水温差能的主要方式。将海洋表面的温水引进真空锅炉，这时因压力突然大幅度下降，温度不高的温水也立即变成蒸汽。利用这种温度不高的蒸汽可以推动汽轮发电机发电，然后用深层的冷海水冷凝蒸汽继续使用。从理论上说，冷、热水的温差在 16.61℃ 即可发电，但实际应用中一般都需在 20℃ 以上。

温差能利用的最大困难是温差太小，能量密度低，换热面积大，建设费用高。根据热动力学定律，海洋热能提取技术的效率很低，因此可利用的能源量是非常小的，目前各国仍在积极探索相关技术。即使这样，海洋热能的潜力仍相当可观。随着现代科学技术的发展，这种新型能源正在被人们认识和利用。

3.5.4.2　温差发电装置

温差发电的基本原理就是借助一种工作介质，使表层海水中的热能向深层冷水中转移，从而做功发电。根据热力循环系统所用流程及工质不同，可分为以下几种循环系统：

（1）开式循环发电系统。开式循环发电系统主要包括真空泵、温水泵、冷水泵、闪蒸器、冷凝器、涡轮发电机等组成部分。真空泵先将系统内抽到一定程度的真空，接着启动温水水泵把表层的温水抽入闪蒸器，由于系统内已保持有一定的真空度，所以温海水就在闪蒸器内沸腾蒸发，变为蒸汽。蒸汽经管道由喷嘴喷出推动涡轮机运转，带动发电机发电，从涡轮机排出的低压蒸汽进入冷凝器，被从深层海水中抽上来的冷海水所冷却，重新凝结为水，并排入海中。在此系统中，海水由泵吸入闪蒸器蒸发，推动涡轮机做功，然后经冷凝器冷凝后直接排入海中，如图 3.57 所示。

（2）闭式循环发电系统。来自表层的温海水先在换热器内将热量传递给低沸点工质——丙烷、氨等，使之蒸发，产生的蒸汽再推动汽轮机做功。深层冷海水仍作为冷凝器的冷却介质。这种系统是目前海水温差发电中常采用的循环，如图 3.58 所示。

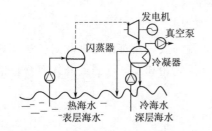

图 3.57　开式循环发电系统

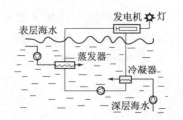

图 3.58　闭式循环发电系统

（3）混合循环发电系统。混合式循环发电系统的温海水先经过一个闪蒸蒸发器，使其中一部分温海水转变为水蒸气，随即将水蒸气导入第二个蒸发器，水蒸气在此被冷却并释放潜能，此潜能再将低沸点的工作流体蒸发，工作流体与此循环而构成一个闭式系统。设计混合式循环发电系统的目的在于避免温海水对换热器所产生的生物附着。该系统在第二个蒸发器中还可以有淡水副产品的产出。

海洋温差发电设备大致分成陆上设备型和海上设备型两类，其中海上设备型又分成三类，即浮体式、着底式和海上移动式。陆上设备型把发电机设置在海岸，把取水泵延伸到 500～1000m 或更深的深海处；海上设备型把吸水泵从船上吊挂下去，发电机组安装在船上，电力通过海底电缆输送，如图 3.59 所示。图 3.60 所示为科学家设想的温差发电系统。

图 3.59　美国夏威夷"mini OTEC"发电装置

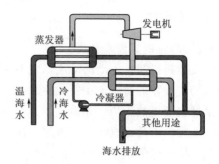

图 3.60　温差发电系统

3.5.4.3　温差发电的历史及展望

　　首次提出利用海水温差发电设想的是法国物理学家阿松瓦尔，1926 年阿松瓦尔的学生克劳德利用海水温差发电试验成功。1930 年，克劳德在古巴海滨建造了世界上第一座海水温差发电站，获得了 10kW 的功率。1933 年，在法国的一个实验室里，科学家在室温下利用 30℃温差推动小型发动机发电，点亮了几个小灯泡，首次证实自然温差作为能源的可能性。1979 年，美国在夏威夷的一艘海军驱船上安装了一座温差发电试验台，发电功率 53.6kW。1981 年，日本在南太平洋的瑙鲁岛建成了一座 100kW 的温差发电装置，1990 年又在鹿儿岛建起了一座兆瓦级的同类电站。1986 年，经过约 10 年的试验研究，日本建成了世界上第一座以自然冷能制冷的冷藏库。20 世纪 90 年代，美国伍兹霍尔海洋研究所和威勃公司的研究人员成功地在海洋中对第一个环境动力型的航行器进行了试航，新的海洋"滑翔器"从海洋中获取能量推动自身运动，可以在水中航行数千米，能够在海中巡航数年，它将可能为海洋研究带来一场革命。图 3.61 所示为威勃公司研制生产的温差驱动的水下"滑翔器"。

　　温差能与太阳能、地热发电系统一样，运营费用低，但是建设费用高。图 3.62 所示为其建设费用和运行费用在整个费用中所占的比例及与其他发电方式的比较。

　　在实际应用中，高效、廉价的储能是利用自然温差能源的关键。目前，人类已经发现了多种多样的有效储能体。其主要可分为两大类：一类是丙酸醇等有机材料；另一类是无机材料，如复合盐水、硫酸钙等物质。这些物质可以把吸收来的自然温差能储存起来，在需要的时候释放。

图 3.61　温差驱动的水下滑翔器

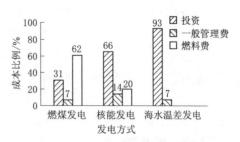

图 3.62　三种发电方式费用比较

145

3.5.5 海流能

3.5.5.1 海流的成因及种类

海流能是指海水流动的动能,主要是指海底水道和海峡中较为稳定的流动以及由于潮汐导致的有规律的海水流动所产生的能量,是另一种以动能形态出现的海洋能。

地球表面受热不均,赤道气温高,两极气温低。由于空气流动,赤道地区空气上升,向两极流去,于是形成了一个大气环流。同时受地球自转影响,原本正南正北的风也发生了变化,使地球形成了风带。而连续不断的风吹水动,形成了风海流。海流一旦形成又会受海水深度、地形变化等因素的影响。

海流一般分为三种:由海水密度不同而产生运动为梯度流;由风的"拉力"作用而使海水产生运动的风海流;由潮汐、内波、假潮、海啸等海水运动产生的长波潮流。

3.5.5.2 海流能资源及其特点

全世界海流能的理论估算值约为 10^8 kW 量级。我国沿海属于世界上海流能功率密度最大的地区之一,其中辽宁、山东、浙江、福建和台湾沿海的海流能较为丰富,不少水道的能量密度为 $15\sim30$ kW/m^2,具有良好的开发价值。

海流能发电原理和风力发电相似。海流发电设备拥有特殊的功能,在 $1\sim3$ m/s 的流速时能自动保持正常转速,一般流速都可利用,又利用了叶片优化设计,推力大,转换效率高。由于海流中的能量密度在同比情况下比空气流多,因此,同样大小的机型,海流发电机是风力发电机功率的很多倍。而且海流发电比风力发电稳定、持久和连续,不像风力发电具有随机性和间歇性,不像水电站受来流影响很大。同风力发电和波浪发电不同的是,海流发电几乎不受天气的影响。由于海流发电装置转动速度较低,对海洋生物的影响也十分小。通过设备技术的进一步发展,一般是用锚、索和浮筒把水轮机和发电机固定在海面上,由海流推动螺旋桨旋转发电。海流发电机一般有轴流式和垂直式。

3.5.5.3 海流能开发利用

海流能与流速的平方和流量成正比。相对波浪能而言,海流能的变化比较稳定且有规律。最大流速 2m/s 以上的水道,其海流能具有开发

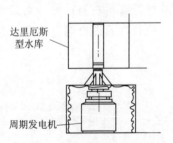

达里厄斯型水库

周期发电机

图 3.63　达里厄斯型水车示意图

价值。海流能的利用方式主要是发电,由于海水的密度约为空气的 1000 倍,而且装置必须放在水下,故海流发电存在一系列技术问题,包括安装维护、电力输送、防腐、海洋环境中载荷与安全性等。海流发电装置可以安装在海底,也可以安装在浮体的底部。从事海流能技术研究开发的主要有美国、英国、加拿大、日本、意大利和中国等。其中,日本大学在来岛海峡安装的实验装置为海底设置型,采用了效率较高的达里厄斯型水车,

最大额定功率为 5kW(图 3.63)。

3.5.5.4 海流能的发展

世界首台海流发电机已经在英国斯特兰福德湾安装就位。这款名为"SeaGen"的

新型海流涡轮发电机由英国工程师彼得·弗伦克尔设计,长约 37m,形似倒置的风车。斯特兰福德湾的海水流速超过 13km/h,发电机在 500m 宽的入口处安装就位后,将利用进出海湾的海流发电,能供 1140 户家庭使用。图 3.64 所示为其效果图。

2004 年,英国 MCT 有限公司制造了第一台并网型,额定容量 300kW 的水下海流发电机组,2005 年又开发了 1MW 机组,并在 2006 年安装 10 台 1MW 的机组,构造小型的水下发电场。水下海流发电机组通过叶轮捕获海流能,当海水流经桨叶时,产生垂直于水流方向的升力,使叶轮旋转,通过机械传动机构带动发电机转动发出电能。对于水下海流发电机组,一般只要海流最大流速超过 2m/s,便可进行开发利用。图 3.65 所示为其水下海流发电机组安装方式。

图 3.64 "SeaGen" 的新型海流能涡轮发电机

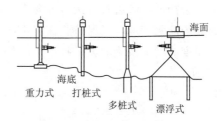

图 3.65 水下海流发电机组安装方式

3.5.6 盐度梯度能

3.5.6.1 盐度梯度能资源及利用

盐度梯度能是指海水和淡水之间或两种含盐浓度不同的海水之间的化学电位差能,是以化学能形式出现的海洋能,主要存在于河海交界处。同时,淡水丰富地区的盐湖和地下盐矿也可以利用盐度梯度能。据估计,世界各河口区的盐度梯度能达 30TW,可能利用的有 2.6TW。我国的盐度梯度能估计为 1.1×10^8 kW,主要集中在各大江河的入海处。同时,我国青海省等地还有不少内陆盐湖可以利用盐度梯度能。盐度梯度能的研究以美国、以色列的研究为先,中国、瑞典和日本等也开展了一些研究。但总体上,对盐度梯度能这种新能源的研究还处于实验室水平,离示范应用还有较长的距离。

盐度梯度能是海洋能中能量密度最大的一种可再生能源,主要用于发电。其基本方式是将不同盐浓度的海水之间的化学电位差能转换成水的势能,再利用水轮机发电,主要有渗透压式、蒸汽压式和反电渗析电池式等。其中渗透压式方案最受重视,将一层半透膜放在不同盐度的两种海水之间,通过这个膜会产生一个压力梯度,迫使水从盐度低的一侧通过膜向盐度高的一侧渗透,从而稀释高盐度的水,直到膜两侧水的盐度相等为止。常见的渗透压式盐度梯度能转换方法如下:

(1)水压塔渗透压系统。水压塔渗透压系统主要由水压塔、半透膜、海水泵、水轮机、发电机组等组成。其中水压塔与淡水间由半透膜隔开,而塔与海水之间通过海水泵、连通系统的工作过程如下：先由海水泵向水压塔内充入海水，此时，由于渗透压的作用，淡水从半透膜向水压塔内渗透，使水压塔内水位上升；当塔内水位上升到一定高度后，便从塔顶的水槽溢出，冲击水轮机旋转，带动发电机发电。为了使水压塔内的海水保持一定的盐度，必须用海水泵不断向塔内打入海水，以实现系统连续工作，扣除海水泵等的动力消耗，系统的总效率为 20% 左右。具体如图 3.66 所示。

（2）强力渗透压系统。强力渗透压系统的能量转换方法是在河水与海水之间建两座水坝，分别称为前坝和后坝，并在两水坝之间挖一个低于海平面约 200m 的水库。前坝内安装水轮发电机组，使河水与低水库相连，而后坝底部则安装半透膜渗流器，使低水库与海水相通。系统的工作过程为：当河水通过水轮机流入低水库时，冲击水轮机旋转并带动发电机发电；同时，低水库的水通过半透膜流入海中，以保持低水库与河水之间的水位差。理论上这一水位差可以达到 240m。但实际上要在比此压差小很多时，才能使淡水顺利通过透水而不透盐的半渗透膜直接排入海中。此外，薄膜必须用大量海水不断地冲洗才能将渗透过薄膜的淡水带走，以保持膜在海水侧的水的盐度，使发电过程可以连续。这种渗透压式盐度梯度能发电系统的关键技术是膜技术和膜与海水界面间的流体交换技术。具体如图 3.67 所示。

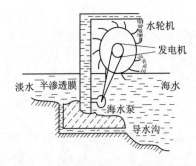

图 3.66　水压塔渗透压系统示意图

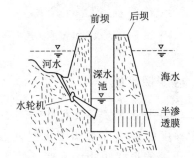

图 3.67　强力渗透压系统示意图

（3）压力延滞渗透发电系统。压力延滞渗透发电系统如图 3.68 所示。运行前压力泵先把海水压缩到某一压力（小于海水和淡水的渗透压差）后进入压力室。运行时在渗透压作用下，淡水透过半渗透膜渗透到压力室，同海水混合，渗入的淡水部分获得了附加的压力。混合后的海水和淡水与海水比具有较高的压力，可以在流入大海的过程中推动涡轮机做功。

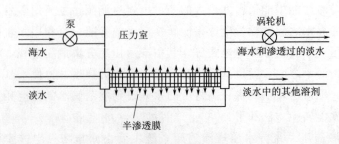

图 3.68　压力延滞渗透发电系统示意图

现在人们正在研究一种新的蒸汽压式盐度梯度能发电系统。在同样条件下，淡水蒸发的速率远大于海水，因此淡水一侧的饱和蒸汽压力要高于海水侧的，这样，蒸汽在一个空室内会很快从淡水一侧流向海水一侧，就可以推动汽轮机做功。采用旋转筒状物使盐水和淡水溶液分别浸湿换热器（铜片）表面，这样蒸汽就会不断地从淡水一边向盐水一边流动以驱动汽轮机。实验证明这种装置模型的功率密度为 $10W/m^2$。

　　同时，人们认为反电渗析电池法是目前盐度梯度能利用中最有希望的技术。它由阴阳离子交换膜、阴阳电极、隔板、外壳、浓溶液和稀溶液等组成。这种电池利用由带电薄膜分隔的浓度不同的溶液间形成的电位差发电，由于需要采用面积大而昂贵的交换膜，因此，发电成本很高。同时研究表明，受生物淤塞、水动力学、电极反应、膜性能和对整个系统的操作等许多未知因素的影响，这一技术的商业化还有很大的障碍。

3.5.6.2　盐度梯度能开发利用展望

　　1939 年，美国人提出利用海水和河水的渗透压或电位差发电。1954 年，利用盐度梯度能发电的装置建造并试验成功，最大输出功率为 15MW。1973 年，利用渗透压发电的报告问世。1975 年以色列建造并试验了一套装置。由于现有最好的开发系统也非常昂贵，因此盐度梯度能的利用距离实用化还有一段距离。随着世界对新能源需求的增加，近年来欧洲许多国家重新开始关注盐差能发电的研究。强力渗透压发电和水压塔渗透压发电由于装置规模较大、投资较高，研究的报道不多，蒸汽压发电方法由于要消耗大量的淡水也很少有人研究，目前研究较多是压力延滞渗透发电和反电渗析发电。

思　考　题

1. 简述 Smith – Putnam 风电机组的特点。
2. 什么是"丹麦概念风电机组"？
3. 风能具有哪些特点？
4. 什么是水平轴风电机组？什么是垂直轴风电机组？
5. 简述大型水平轴并网风电机组的基本结构。
6. 什么是风电机组认证？
7. 简述太阳能的特点以及我国太阳能资源的分布情况。
8. 简述太阳能储存的几种方法。
9. 列举太阳能热利用的几种形式。
10. 简述太阳能集热器的工作原理和类型。
11. 简述太阳能热水系统的分类和应用领域。
12. 简述太阳房的分类和特点。
13. 简述太阳池的工作原理和结构。
14. 简述太阳能干燥的工作原理和分类。
15. 简述太阳能制冷系统的分类。

16. 简述太阳能热力发电的工作原理、分类和特点。
17. 简述太阳能电池的工作原理和类型。
18. 简述太阳能光伏发电的类型和应用场合。
19. 简述太阳能利用的途径和发展前景。
20. 海洋能包含哪些能源？有何特点？
21. 简述潮汐能利用现状和主要技术。

第4章 环境污染与防治

4.1 大气污染与防治

人类在生存和发展的几百万年的漫长历史长河中不断利用各种能源地谋求创造和改善自己的生活条件。当今社会，能源是发展农业、工业、国防、科学技术和提高人民生活水平的重要物质基础。能源利用的深度和广度是衡量一个国家或地区生产力水平的重要标志。随着经济的发展和人民生活水平的提高，能源的需求量会越来越多，必然会对环境产生极大影响，会造成自身生存环境的破坏，如大气、水体受到污染，生活和生产所排出的固体废物会侵占人类生存的空间，同时所蒸发出的有毒物质威胁着人类及生物的生命安全。面对越来越严重的能源危机和环境问题，人们不得不思考引起这些问题的原因以及应对措施。

本章主要讨论大气污染、水污染、土壤污染的来源以及各种污染的影响和防治。

大气是人类生存环境的重要组成部分，是满足人类生存的基本物质，是必不可少的重要资源。随着社会的发展，人们在生产和生活实践中不断地影响着周围大气环境的质量。人与大气环境之间在不断地进行着物质和能量交换，大气环境质量直接影响着人与动植物的生存。

4.1.1 大气的组成与结构

4.1.1.1 大气的组成

大气是由多种成分组成的混合气体。除去水汽和杂质的空气称为干洁空气（干燥清洁空气），它的主要成分为 N_2、O_2、Ar 和 CO_2，体积含量占全部干洁空气的 99.996%；次要成分为 Ne、He、Kr、Xe、H、O_3 等，体积含量只占 0.004% 左右，见表 4.1。

由于空气的垂直运动、水平运动以及分子扩散，使得干洁空气的组分比例直到距地面 $90\sim100km$ 的高度还基本保持不变。因此可看作为大气中的恒定组分。

N_2 和稀有气体的性质不活泼，而自然界中由于燃烧、氧化、岩石风化、呼吸、有机物腐解所消耗的氧基本上又由植物光合作用释放的氧所补偿。

大气中的水汽含量随时间、地域、气象条件的不同而变化。水汽在干旱地区可低到 0.02%，而在温湿地带可高达 6%。大气中的水汽含量虽然不大，但对天气变化却起着重要的作用，因而也是大气中的重要组分之一。

悬浮微粒是指由于自然因素和人为活动而
生成的颗粒物，如岩石的风化、火山爆发、物
质燃烧、宇宙落物以及海水溅沫等。无论是它
的含量、种类，还是化学成分都是变化的。

根据以上组分含量可以很容易判定大气
中的外来污染物。若大气中某个组分的含量
远远超过上述标准含量时，或自然大气中本
来不存在的物质在大气中出现时，即可判定
它们是大气的外来污染物。在上述各个组分
中，一般不把水分含量的变化看作外来污
染物。

表 4.1　　　　干洁空气的组成	
主要成分	体积含量%
N_2	78.09
O_2	20.95
Ar	0.93
CO_2	0.03
次要成分	体积含量%
Ne	$18×10^{-6}$
He	$5.3×10^{-6}$
CH_4	$1.2×10^{-6}$
Kr	$0.5×10^{-6}$
NO_2	$0.02×10^{-6}$
H_2	$0.5×10^{-6}$
Xe	$0.08×10^{-6}$
O_3	$(0.01\sim0.04)×10^{-6}$

4.1.1.2　大气的结构

大气层中空气质量的分布是不均匀的，总
体来看，海平面处的空气密度最大，随高度的
增加，空气密度逐渐变小。在超过 1000～
1400km 处的高空，气体已非常稀薄，因此，通常是把从地球表面到 1000～1400km 处作
为大气层的厚度，超过 1400km 就是宇宙空间了。

大气在垂直方向上的温度、组成与物理性质也是不均匀的。根据大气温度垂直分布的
特点，在结构上可将大气分为 5 层，从地表往上分别为对流层、平流层、中间层、热成层
和散逸层。

1. 对流层

对流层是大气圈中最接近地面的一层。对流层的厚度从赤道向两极减少，低纬度地
区为 17～18km，高纬度地区为 8～9km，其平均厚度约为 12km。对流层集中了占大气
总质量 75% 的空气和几乎全部的水蒸气，是天气变化最复杂的一层。对流层具有如下
特点：

（1）气温随高度增加而降低。由于对流层的大气不能直接从太阳辐射中得到热能，但
能从地面反射得到热能而使大气增温，因而靠近地面的大气温度高，远离地面的大气温度
低，高度每增加 100m，气温约下降 0.65℃。对流层顶温度为 −83～−53℃。

（2）大气具有强烈的对流运动。近地层的大气接受地面的热辐射后温度升高，与高空
冷空气发生垂直方向的对流，构成了本层大气的强烈对流运动，一旦大气中进入污染物，
则能够通过大气对流得到扩散和稀释。

对流层中存在着极其复杂的天气现象，如雨、雪、霜、雹、云、雾等。人类活动排放
的污染物主要是在对流层聚集，大气污染主要也是在这一层发生。因而对流层的状况对人
类生活影响最大，与人类关系最密切，是我们研究的主要对象。

2. 平流层

对流层顶至高度为 50～55km 处为平流层。平流层内空气比较干燥，几乎没有水气和

尘埃，大气透明度好，是现代超音速飞机飞行的理想场所。平流层内温度先是随高度增加变化很小，直到高度为 30～35km 处温度约为 −55℃，再向上温度随高度的增加而升高，到平流层顶升至 −3℃ 以上。这是因为在高度为 15～35km 处存在着厚度约为 20km 的臭氧层。臭氧层中臭氧能够强烈吸收来自太阳的紫外线，同时在紫外线的作用下被分解为分子氧和原子氧，这些分子氧和原子氧又能很快地重新化合生成臭氧，释放出大量的热量，造成了气温的上升。所以臭氧层使地球生物免受紫外线的照射，同时又对地球起保温作用。由于平流层的空气无垂直对流运动，主要是平流运动，一旦进入污染物则难以扩散。

3. 中间层

平流层顶至高度为 85km 处为中间层。由于该层的臭氧稀少，而且氮、氧等气体所能直接吸收的太阳短波辐射大部分已被上层大气吸收，其温度垂直分布的特点是气温随高度的增加而迅速降低，其顶部气温可低于 −113～−83℃。这种温度分布下高上低的特点，使得中间层空气再次出现强烈的垂直对流运动。

4. 热成层

热成层（又称暖层）位于高度 85～800km 处。这一层空气更加稀薄，气体在宇宙射线作用下处于电离状态，因此又将其称为电离层。由于电离后的氧能强烈地吸收太阳的短波紫外线辐射，使空气迅速升温，因此气温是随高度的增加而增加。电离层能将地面发射的无线电波反射回地面，对全球的无线电通信具有重要意义。

5. 散逸层

热成层顶以上的大气统称为散逸层，也称为外层。该层大气极为稀薄，气温高，分子运动速度快。有的高速运动的粒子能克服地球引力的作用而逃逸到太空中去，所以称其为散逸层。

4.1.2 大气污染及污染源

4.1.2.1 大气污染

1. 大气污染的概念

按照国际标准化组织（ISO）作出的定义为：大气污染通常是指由于人类活动或自然过程引起某种物质进入大气中，呈现出足够的浓度，达到了足够的时间，并因此而危害了人体的舒适、健康和福利或危害了环境的现象。

定义中指明了造成大气污染的原因是人类活动和自然过程。人类活动不仅包括生产活动，而且也包括生活活动，其中生产活动又是造成大气污染的主要原因。自然过程则包括了火山活动、森林火灾、海啸、土壤和岩石的风化以及大气圈的空气运动等。一般来说，由于自然环境的自净作用，自然过程造成的大气污染经过一段时间后自动消除。所以说，大气污染主要是人类活动造成的。

2. 大气污染的类型

（1）根据污染的范围大小分类：

1）局部性大气污染。如某个工厂烟囱排气所造成的直接影响。

2）区域性大气污染。如工矿区或其附近地区的污染，或整个城市的大气污染。

3）广域性大气污染。是指更广泛地区、更广大地域的大气污染，在大城市及大工业区可能出现这种污染。

4）全球性大气污染。指跨国界乃至涉及整个地球大气层的污染，如温室效应、臭氧层破坏、酸雨等。

（2）根据污染物的化学性质及存在状况分类：

1）还原型大气污染（煤烟型）。这种大气污染常发生在以使用煤炭为主，同时也使用石油的地区，它的主要污染物是 SO_2、CO 和颗粒物。在低温、高湿度的阴天，风速很小，并伴有逆温存在情况下，一次污染物受阻，容易在低空聚积，生成还原性烟雾。伦敦烟雾事件就属于这类还原型污染，故这类污染又称伦敦型污染。

2）氧化型大气污染（汽车尾气型）。这种类型的污染多发生在以使用石油为燃料的地区，污染物的主要来源是汽车排气、燃油锅炉以及石油化工企业。主要的一次污染物是 CO、NO_x 和碳氢化合物。这些大气污染物在阳光照射下能引起光化学反应，生成臭氧、醛类、过氧乙酰硝酸酯等二次污染物。这些物质具有较强的氧化性，对人的眼睛黏膜有强烈的刺激作用。洛杉矶光化学烟雾就属于这种类型的污染。

（3）根据燃料性质和污染物的组成分类：

1）煤炭型大气污染。煤炭型污染的主要污染物是由煤炭燃烧时放出的烟尘、SO_2 等构成的一次污染物，以及由这些污染物发生化学反应而生成的硫酸、硫酸盐类气溶胶等二次污染物。造成这类污染的污染源主要是工业企业烟气排放；其次是家庭炉灶等取暖设备的烟气排放。

2）石油型大气污染。石油型大气污染的主要污染物来自汽车排气、石油冶炼及石油化工厂的排放，主要污染物是 NO_2、烯烃、链状烷烃、醇、羰基化合物等，以及它们在大气中形成的臭氧、各种自由基及其反应生成的一系列中间产物与最终产物。

3）混合型大气污染。混合型大气污染的主要污染物来自以煤炭为燃料的污染源排放、以石油为燃料的污染源排放，以及从工矿企业排出的各种化学物质等。例如，日本横滨等地区发生的污染事件就属于此种污染类型。

4）特殊型大气污染。特殊型大气污染是指有关工厂企业排放的特殊气体所造成的污染。这类污染常限于局部范围之内。如生产磷肥的企业排放的特殊气体所造成的氟污染，氯碱厂周围形成的氯气污染等。

4.1.2.2 大气污染源

1. 大气污染源的概念

关于污染源，目前还没有一个通用的确切定义。按一般理解，它含有"污染物发生源"的意思，如火力发电厂排放 SO_2，为 SO_2 的发生源，因此就将发电厂称为污染源。它的另一个含义是"污染物来源"，如燃料燃烧对大气造成了污染，则表明污染物来源于燃料燃烧。通常所说的污染源指的是前者。大气污染源从总体来看，分为自然源和人为源，主要是人为源。大气污染物的排放源和排放量的情况见表4.2。

表 4.2   大气污染物的排放源和排放量

污染物名称	自然源		人为源		大气中背景浓度
	排放源	排放量/($t \cdot a^{-1}$)	排放源	排放量/($t \cdot a^{-1}$)	
SO_2	火山活动	未估计	煤和油的燃烧	146×10^6	0.2×10^{-9}
H_2S	火山活动、沼泽中的生物作用	100×10^6	化学过程污水处理	3×10^6	0.2×10^{-9}
CO	森林火灾、海洋、萜烯反应	33×10^6	机动车和其他燃烧过程排气	304×10^6	0.1×10^{-6}
NO、NO_2	土壤中的细菌作用	$NO:430 \times 10^6$ $NO_2:658 \times 10^6$	燃烧过程	53×10^6	$NO:(0.2 \sim 4) \times 10^{-9}$ $NO_2:(0.5 \sim 4) \times 10^{-9}$
NH_3	生物腐烂	1160×10^6	废物处理	4×10^6	$(6 \sim 20) \times 10^{-9}$
N_2O	土壤中的生物作用	590×10^6	无	无	0.25×10^{-6}
C_mH_n	生物作用	$CH_4:1.6 \times 10^9$ 萜烯:200×10^6	燃烧和化学过程	88×10^6	$CH_4:1.5 \times 10^{-6}$ 非 CH_4:烃$<1 \times 10^{-9}$
CO_2	生物腐烂,海洋释放	10^{12}	燃烧过程	1.4×10^{19}	320×10^{-9}

2. 大气污染源分类

为了满足污染调查、环境评价、污染物治理等不同方面的需要,对人为源进行了多种分类。

(1) 按污染源存在形式分:

1) 固定污染源。排放污染物的装置、处所位置固定,如火力发电厂、烟囱、炉灶等。

2) 移动污染源。排放污染物的装置、处所位置移动,如汽车、火车、轮船等。

(2) 按污染物的排放形式分:

1) 点源。集中在一点或在可当作一点的小范围内排放污染物的污染源,如高烟囱。

2) 线源。沿着一条线排放污染物的污染源,如汽车、火车等。

3) 面源。在一个大范围内排放污染物的污染源,如低烟囱、民用煤炉。

(3) 按污染物排放空间分:

1) 高架源。在距地面一定高度上排放污染物的污染源,如烟囱。

2) 地面源。在地面上排放污染物的污染源,如煤炉、锅炉等。

(4) 按污染物排放时间分:

1) 连续源。连续排放污染物污染源,如火力发电厂的排烟。

2) 间断源。间歇排放污染物污染源,如某些间歇生产过程的排气。

3) 瞬时源。无规律地短时间排放污染物的污染源,如事故排放。

(5) 按污染物发生类型分(最常用的方法):

1) 工业污染源。工业用燃料燃烧排放的废气及工业生产过程的排气等。

2) 农业污染源。农用燃料燃烧的废气、某些有机氯农药对大气的污染,施用的氮肥分解产生的 NO_x 等。

3) 生活污染源。民用炉灶及取暖锅炉燃煤排放污染物(烟尘和有害气体),焚烧城市垃圾的废气、城市垃圾在堆放过程中由于厌氧分解排出二次污染物等。

4) 交通污染源。交通运输工具燃烧燃料排放污染物，如 CO、碳氢化合物等。

4.1.2.3　大气中主要污染物

排入大气的污染物种类很多，据不完全统计，目前被人们注意到或已经对环境和人类产生危害的大气污染物大约有 100 种。其中影响范围广、对人类环境威胁较大、具有普遍性的污染物有颗粒物、SO_2、NO_x、CO、碳氢化合物、氟化物及光化学氧化剂等。

依照与污染源的关系，可将其分为一次污染物与二次污染物。若大气污染物是从污染源直接排出的原始物质，进入大气后其性质没有发生变化，则称其为一次污染物或原发性污染物，如颗粒物、SO_2、CO、NO_x、碳氢化合物等；若由污染源排出的一次污染物与大气中原有成分，或几种一次污染物之间发生了一系列的化学变化或光化学反应，形成了与原污染物性质不同的新污染物，则所形成的新污染物称为二次污染物或继发性污染物，如伦敦型烟雾中的硫酸、光化学烟雾中的过氧乙酰硝酸酯（PAN）、酸雨中的硫酸和硝酸等。这类污染物颗粒小，一般为 $0.01 \sim 1.0 \mu m$，其毒性比一次污染物还强。大气中主要污染物见表 4.3。

表 4.3　　　　　　　　　　　　大气中主要污染物

类　别	一 次 污 染 物	二 次 污 染 物
颗粒物	含重金属元素、多环芳烃	含 H_2SO_4、SO_4^{2-}、NO_3^-
含硫化合物	SO_2、H_2S	SO_3、H_2SO_4、MSO_4
含氮化合物	NO、NH_3	NO_2、HNO_3、MNO_3
碳氧化物	CO、CO_2	无
碳氢化合物	$C_1 - C_5 H_n$ 化合物	醛、酮、PAN
含卤素化合物	HF、HCl	无

注：MSO_4、MNO_3 分别表示一般的硫酸盐和硝酸盐。

1. 颗粒物

颗粒物是除气体之外的包含于大气中的固体和液体物质。

(1) 总悬浮颗粒物（TSP）

总悬浮颗粒物指分散在大气中的各种颗粒物的总称，其粒径绝大多数小于 $100 \mu m$。是指用标准大容量颗粒采样器（流量在 $1.1 \sim 1.7 m^3/min$）连续采集 24h，在滤膜上所收集到的颗粒物的总质量，单位是 mg/m^3 或 $\mu g/m^3$。是目前大气质量评价中的一个重要指标。

(2) 飘尘

飘尘指粒径小于 $10 \mu m$，能在大气中长期飘浮的悬浮颗粒物质，包括煤烟、烟气和雾等。由于飘尘粒径小，能被人直接吸入呼吸道内造成危害；又由于它能在大气中长期飘浮，易被带到很远的地方，导致污染范围扩大，同时在大气中还可以为化学反应提供载体。故飘尘是环境科学工作者所关注的研究对象之一。

(3) 降尘

降尘指粒径大于 $10 \mu m$，靠重力作用能在短时间内沉降到地面的颗粒物。它反映颗粒物的自然沉降量，用每个月沉降于单位面积上颗粒物的重量表示，即 $t/(km^2 \cdot 月)$。它主要产生于固体破碎、燃烧产物的颗粒结块及研磨粉碎的细碎物质。

2. 含硫化合物

硫常以 SO_2 和 H_2S 的形式进入大气，也有一部分以亚硫酸及硫酸（盐）微粒形式进入大气。人为排放硫的主要形式是 SO_2。SO_2 是一种无色、具有刺激性气味的不可燃气体，是一种分布广、危害大的主要大气污染物。SO_2 刺激眼睛、损伤器官、引起呼吸道疾病、直至死亡；SO_2 和飘尘具有协同效应，两者结合起来对人体危害作用增加 $3\sim4$ 倍，所以空气质量标准中采用"SO_2 浓度与微粒浓度的乘积"标准。

SO_2 主要来源于人为活动中含硫燃料的燃烧过程，以及硫化物矿石的焙烧、冶炼过程。火力发电厂、有色金属冶炼厂、硫酸厂、炼油厂和所有烧煤或油的工业锅炉、炉灶等都排放 SO_2 烟气。每年人类活动排放的 SO_2 约为 1.5×10^8 t。在各种污染物中，其排放总量仅次于 CO，排在第二位，其中 2/3 来自煤的燃烧，约 1/5 来自石油的燃烧，特别是火力发电厂的排放量约占 SO_2 排放量的一半。

SO_2 在大气中不稳定，最多只能存在 $1\sim2$ 天。相对湿度比较大且有催化剂存在时，可发生催化氧化反应，生成 SO_3，进而生成毒性比 SO_2 大 10 倍的硫酸或硫酸盐，硫酸盐在大气中可存留 1 周以上，能飘移至 100km 以外或被雨水冲刷，造成远离污染源以外的区域性污染；或抵达地面，造成土壤、水体酸化，影响植物、水生生物的生长，给人类生产和生活造成危害。所以 SO_2 是形成酸雨的主要因素。

3. 含氮化合物

含氮氧化合物主要以氮氧化物为主，氮氧化物是 NO、NO_2、N_2O、NO_3、N_2O_4、N_2O_5 等的总称，通常所指的氮氧化物主要是 NO 和 NO_2 的混合物，用 NO_x 表示。

全球每年排放氮氧化物总量约为 10^9 t，其中 95％ 来自于自然源，即土壤和海洋中有机物的分解；人为源主要是化石燃料的燃烧，如飞机、汽车、内燃机及工业窑炉使用燃料的燃烧以及来自生产、使用硝酸的过程，如氮肥厂、有机中间体厂、有色及黑色金属冶炼厂等。

NO 毒性不太大，与 CO 类似，可使人窒息。NO 进入大气后可被缓慢地氧化成 NO_2，NO_2 的毒性约为 NO 的 5 倍。NO_x 对环境的损害作用极大，它既是形成酸雨的主要物质之一，又是形成光化学烟雾的引发剂和消耗臭氧的重要因子。

N_2O 俗称笑气，是一种温室气体，具有温室效应。

4. 碳氧化合物

碳氧化合物主要是 CO 和 CO_2。CO_2 是大气中的正常组成成分，CO 则是大气中排放量很大的污染物。全世界 CO 每年排放量约为 2.10×10^8 t，排放量为大气污染物之首。

CO 是无色、无味、无嗅的有毒气体，主要来源于燃料的燃烧和加工、汽车排气。CO 化学性质稳定，在大气中不易与其他物质发生化学反应，可以在大气中停留较长时间。大气中的 CO 虽然可转化为 CO_2，但速度很慢，而几个世纪以来大气中的 CO 平均浓度变化不大，这说明自然界肯定有强大的消除机制。主要可能是土壤微生物的代谢作用。一般城市空气中的 CO 水平对植物及有关的微生物均无害，但对人类则有害，因为它能与血红蛋白作用生成羧基血红素。实验证明，CO 与血红蛋白的结合能力比 O_2 与血红蛋白的结合能力大 $200\sim300$ 倍，因此它能使血液携带氧的能力降低而引起缺氧，使人窒息。

CO_2 是一种无毒气体，对人体无显著危害作用。主要来源于生物呼吸和矿物燃料的燃烧。在大气污染问题中，CO_2 之所以引起人们普遍关注，原因在于它能引起全球性环境的演变，如温室效应等。

5. 碳氢化合物

碳氢化合物包括烷烃、烯烃和芳烃等复杂多样的含碳和氢的化合物。大气中碳氢化合物主要是 CH_4，约占 70% 左右。大部分碳氢化合物来源于植物的分解，人类排放的量虽然小，却很重要。碳氢化合物的人为源主要是石油燃料的不充分燃烧过程和蒸发过程，其中汽车排放量占有相当的比重。

目前，虽未发现城市中的碳氢化合物浓度对人体健康的直接影响，但已发现它是形成光化学烟雾的主要成分。碳氢化合物中的多环芳烃化合物 3, 4 -苯并芘具有明显的致癌作用，已引起人们的密切关注。另外，CH_4 也具有温室效应，且比同样量的 CO_2 大 20 多倍。

6. 含卤素化合物

大气中以气态存在的含卤素化合物主要是卤代烃和其他含氯、溴化合物及氟化物。

（1）卤代烃。大气中卤代烃包括卤代脂肪烃和卤代芳烃。其中一些高级的卤代烃，如有机氯农药 DDT、六六六、以及多氯联苯（PCB）等以气溶胶形式存在。2 个或 2 个以下碳原子的卤代烃呈气态。卤代烃如三氯甲烷、二氯乙烷、四氯化碳、氯乙烯等是重要的化学溶剂，也是有机合成工业的重要原料和中间体，在生产和使用过程中因挥发而进入大气，海洋也排放相当的三氯甲烷。氟氯烷烃（CFC）的商品名是氟利昂，广泛用于制冷、喷雾剂等。CFC 也具有温室效应，更引人注目的是其破坏臭氧层的危害。

（2）其他含氯化合物。大气中含氯的无机物主要是 Cl_2 和 HCl。Cl_2 主要由化工厂、塑料厂、自来水净化厂等产生，火山活动也排放一定量的 Cl_2。HCl 主要来自盐酸制造、焚烧等。HCl 在空气中可形成盐酸雾，除硫酸和硝酸外，盐酸也是构成酸雨的成分。

（3）氟化物。氟化物主要是指 HF 和 SiF_4，主要来源于炼铝工业、钢铁工业以及磷肥和氟塑料生产等化工过程。

HF 是无色、有强烈刺激性和腐蚀性的有毒气体，极易溶于水，还能溶于醇和醚。SiFi 是无色的窒息性气体，遇水分解为硅酸和氟硅酸。

HF 对人的呼吸器官和眼结膜有强烈的刺激性，长期吸入低浓度的 HF 会引起慢性中毒。目前在氟污染地区，氟对人体健康的危害通常以植物为中间介质，即植物吸收大气中的氟并在体内积累，然后通过食物链进入人体产生危害，最典型的是引起牙齿酸蚀的"斑釉齿症"和使骨骼中钙的代谢紊乱的"氟沉着症"。

7. 氧化剂

此外，大气中还有一类氧化能力特别强的氧化剂，如臭氧、过氧化物、过氧乙酰硝酸酯（PAN）等统称为氧化剂。它们都是二次污染物。

大气中臭氧浓度平均为 $(0.01 \sim 0.03) \times 10^{-6}$，当发生光化学烟雾时，它的浓度可达 $(0.2 \sim 0.5) \times 10^{-6}$，能危害人体的健康、生物的生存。臭氧主要伤害人的气管及肺部，对心脏及脑组织也有一定影响。但低浓度臭氧可杀灭某些病菌或原生动物，如链球杆菌在臭氧为 0.025×10^{-6}，相对湿度为 $60\% \sim 80\%$ 时，经 30min 90% 死亡。

PAN 和过氧苯酰硝酸酯（PBN）（化学式分别为 $CH_3COOONO_2$、$C_6H_5COOONO_2$）强烈刺激眼睛，使之发生炎症，流泪不止。

4.1.2.4 光化学烟雾（洛杉矶烟雾）

汽车、工厂等排入大气中氮氧化物、碳氢化合物等一次污染物，在太阳紫外线的作用下发生光化学反应，生成浅蓝色的混合物（一次污染物和二次污染物）的污染烟雾现象称为光化学烟雾。光化学烟雾的表观特征是烟雾弥漫，大气能见度低。一般发生在大气相对湿度较低、气温为 $24 \sim 32℃$ 的夏季晴天。

光化学烟雾首先出现在美国的洛杉矶，以后陆续在世界其他地区出现。一般发生在中纬度（亚热带）车辆高度密集的城市，例如蒙特利尔、渥太华、波恩、悉尼、东京等。20 世纪 70 年代我国兰州西固石油化工区也出现了光化学烟雾。

光化学烟雾成分很复杂，主要成分是臭氧、PAN、高活性自由基以及某些醛、酮，总称为光化学氧化剂。光化学烟雾形成条件包括：

（1）大气中存在 NO_2 和碳氢化合物（特别是烯烃），这是形成烟雾的前提。

（2）必须有充足的阳光产生 $290 \sim 430nm$ 的紫外线辐射，使 NO_2 光解。但近地层的太阳辐射受天顶角的影响。一般来说，天顶角越小，紫外辐射越强。所以地理纬度超过 $60°$ 的地区，由于天顶角较大，小于 $430nm$ 的光很难到达地表面，这些地区就不易产生光化学烟雾。就时间而论，夏季的天顶角比冬天小，所以夏季中午前后光线强时出现光化学烟雾的可能性最大。

（3）地理气象条件，天空晴朗、高温低湿和有逆温层存在，或由于地形条件，导致烟雾在地面附近积聚不散者，易于形成光化学烟雾。

光化学烟雾的发生机制十分复杂。有人用烟雾室模拟，发现其化学反应式多达 242 个。光化学烟雾反应除生成臭氧、PAN、甲醛、酮、丙烯醛之外，近来还发现了一种与 PAN 类似的物质 PBN。此外，大气中 SO_2 也会被 HO、HO_2 和臭氧氧化生成硫酸和硫酸盐，它们也是光化学烟雾气溶胶中的重要组分。

光化学烟雾的危害非常大。烟雾中的甲醛、丙烯醛、PAN、臭氧等能刺激眼睛和上呼吸道，诱发各种炎症。臭氧浓度超过嗅觉阈值 $(0.01 \sim 0.015) \times 10^{-6}$ 时，会导致哮喘发作。臭氧还能伤害植物，使叶片上出现褐色斑点。PAN 则能使叶背面呈银灰色或古铜色，影响植物的生长，降低其抵抗害虫的能力。此外，PAN 和臭氧还能使橡胶制品老化，染料褪色，并对油漆、涂料、纺织纤维、尼龙制品等造成损害。

4.1.2.5 室内空气污染

越来越多的科学研究表明，居室与其他建筑物内的空气比室外空气的污染程度更为严重，甚至在一些工业化程度很高的国家情况也是这样。一些室内空气污染物和污染源被认为对人体健康十分不利，这些污染物包括石棉、甲醛、挥发性农药残余物、氯仿、全氯乙烯（四氯乙烯，主要来源于干洗）、对二氯苯以及一些致病生物体，见表 4.4 所示。

表 4.4　　　　　　　　　　　　　　　**室内空气污染物来源与影响**

污染物	来　源	影　响
石棉	天花板与地板瓷砖,绝缘物与填料型化合物	易吸入肺,危害肺部或产生肺癌
CO	煤炭、汽油燃烧,通风不好的车库,吸烟	降低携氧能力,削弱视力与警觉能力
NO_2	燃气用具,壁炉,燃煤火炉等	视力与呼吸道过敏,抗呼吸道感染能力下降,慢性支气管炎
氡	建筑材料、地基土壤、岩石和地下深处	肺癌
铅	老的房屋装修油漆,老的铅管线与铅制品,镀铅的玩具等	儿童学习或行为障碍,高血压,关节疼,生殖问题
吸烟废气	香烟、雪茄、间接烟气	眼睛、鼻子和喉咙过敏,头疼与恶心,咳嗽、胸闷不适,呼吸道感染,肺癌
生物污染物与微生物	不适当的持续加热与制冷系统,盥洗室、湿度调节器、宠物、花草	过敏性疾病与皮肤过敏,急性哮喘等
甲醛	泡沫塑料绝缘体、树脂、复合地板等	头昏眼花,头疼,疲劳,窒息死亡
挥发性有机物	油漆、黏合剂、溶剂、室内装潢和织物纤维,建筑材料、清洁剂、干洗衣服、农药等	视力和呼吸道过敏,肾与肝损坏等

注：表中的影响为长期暴露和高浓度条件下的影响。

1. 居室内生活燃料的污染

随着城市基础设施水平的提高,城市的能源结构也有了较大的变化。截至 2004 年年底,城市燃气普及率已达到 81.5%。生活燃料气化率的提高可减少居室内的污染。但是,城市住宅厨房空气的污染,除了燃料燃烧的产物造成污染外,炒菜过程中油烟等污染物在厨房不通风或通风不良时大部分进入室内。据北京、沈阳、西安等地抽样监测表明,厨房中苯并芘浓度大大高于室外大气中的最高浓度值,使用液化石油气为能源的厨房更为严重。即使使用电炉做饭也会因"电化反应"产生大量的 NO_2,它与人体呼吸道中的碱性物质反应,生成硝酸和亚硝酸。因此毫不夸张地说,在人类所有能够正常生活的建筑空间里,住宅厨房的空气污染是最严重的。

我国农村相当多的住户在室内安装炉灶供取暖烧饭之用,大量室内炉灶不装烟囱,造成室内空气污染严重,直接危害人体健康。有的地区燃煤中含氟量高,燃烧后导致室内高氟环境,造成氟中毒。

生活燃料引起的室内空气污染使污染物在室内扩散和积累,一部分通过室内外空气的通风换气排出室外,使大气环境污染加重;另一部分则弥散在整个居室空间,造成居室空气的污染。居室受污染的程度与住宅的建筑结构也有密切关系。居室的通风状况、气象条件等也对居室污染有一定影响。

2. 吸烟的污染

吸烟对人体健康危害很大。据估计,美国每年大约有 35 万人死于肺气肿、心脏病、肺癌或其他由吸烟造成的疾病,禁止吸烟可能将比其他污染控制措施拯救更多的生命。

吸烟是居室的主要污染源之一。吸烟不仅对吸烟者本人有害,而且危及周围的其他人,有关专家进行了大量的科学研究,获得一些有说服力的资料,认为吸烟不仅仅是部分人的嗜好，而是社会一大公害。

烟草中含有一种特殊的生物碱——尼古丁，对人的神经细胞和中枢神经系统有兴奋和抑制作用，人在吸入一定量的尼古丁后就会产生"烟病"。烟草中尼古丁的含量为 $0.8\% \sim 5\%$，毒性很大，是吸烟致病的主要物质之一。烟草在燃烧过程中产生大量烟雾，烟雾中含有多环芳烃类，如苯并芘 $[\alpha]$ 等焦油物质，一支烟能收集 $10 \sim 40mg$ 的焦油。烟气中除焦油外还有各种气体，如 CO、CO_2、NO_x、氢氰酸、NH_3、烯、烷、醇、醚等气体。据调查，吸烟者的总死亡率比不吸烟者要高 $30\% \sim 80\%$，其中以 $45 \sim 54$ 岁年龄组死亡率增加最为明显。不吸烟的人在吸烟污染的室内同样会受到烟气的危害，这就是通常所说的被动吸烟。所以，在公共场所应禁止吸烟。

3. 居室装修污染

随着生活水平的提高，居住环境的改善，住房装修已成为时尚，但由此产生的室内空气污染也越来越受到关注。一份权威的监测结果表明：过去是生物型和煤烟型因素污染室内空气，而现在以化学型为特征的第三代室内空气污染因素已逐渐影响到现代家庭。2001年对新建及新装修的室内进行监测发现室内空气质量合格率仅为 34.7%。其中在不合格的室内空气中，NH_3 的污染最为严重，其次是甲醛、苯系物（甲苯、二甲苯等）。NH_3 的污染主要来自于冬季施工时加入建材中的防冻液（氨水），甲醛的污染主要来自于装修使用的各种人工板材。苯系物的污染主要来自内墙涂料、油漆等。另外室内还存在地板瓷砖、保温材料造成的石棉污染；大理石的放射性污染；油漆、黏合剂、建筑材料等的挥发性有机物污染等。这些污染物可导致人头疼、疲劳、视力下降以及与呼吸道过敏、窒息死亡等，也可导致肺癌、肾脏与肝脏的损伤等。现在提倡使用无污染或少污染的装饰材料，即环保材料。

4. 建筑物结构的影响

最近的研究表明，增强建筑物的越冬御寒性能以减少热量的损失与节约燃料的消耗，却是加重室内空气污染的另一重要因素。因为大多数老建筑物，新鲜空气可以通过周围的门、窗户以及建筑物的裂缝与孔洞与室内交换，室内的空气大约每小时就可完全更新一次。然而，越冬御寒性能加强的建筑物，室内空气完全更新一次大约需要 $5h$。虽然这样的建筑物节能效果好，但却延长了大气污染物在室内的滞留时间。

人们大约 90% 的时间待在室内，但是室内的空气污染的控制研究却远远落后于室外大气污染控制与管理的研究。在美国，国家环保署正在进行一项研究，以识别与归类人体健康的各要素，避免人们过多地暴露于单独室内污染物和多种室内污染物混合物之中。

4.1.3 大气污染的影响

大气是一切生物生存的最重要的环境要素。随着人为活动的增强，大气质量发生了很大改变，大气污染越来越严重。混入了许多有毒害物质的大气不但危害人体健康、影响动植物生活、损害各种各样的材料、制品，而且对全球气候的改变也产生了极大的影响。

4.1.3.1 大气污染对人体健康的影响

大气被污染后，由于污染物的来源、性质、浓度和持续时间的不同，污染地区的气象条件、地理环境等因素的差别，甚至人的年龄、健康状况的不同，对人会产生不同的危害。

　　大气中有害物质主要通过以下述途径侵入人体造成危害：①通过人的呼吸直接进入人体；②附着在食物上或溶于水，随饮水、饮食而侵入人体；③通过接触或刺激皮肤而进入人体，尤其是脂溶性物质更易从皮肤渗入人体。大气污染对人体的影响，首先是感觉上受到影响，随后在生理上显示出可逆性反应，再进一步就出现急性危害的症状。大气污染对人的危害大致可分急性中毒、慢性中毒、"三致"作用三种。

　　1. 急性中毒

　　存在于大气中的污染浓度较低时，通常不会造成人体的急性中毒，但是在某些特殊条件下，如工厂在生产过程中出现特殊事故，大量有害气体逸出，或外界气象条件突变等，便会引起居民人群的急性中毒。

　　2. 慢性中毒

　　大气污染对人体健康慢性毒害作用的主要表现是污染物质在低浓度、长期连续作用于人体后所出现的一般患病率升高。目前，虽然直接说明大气污染与疾病之间的因果关系还很困难，但临床发病率的统计调查研究证明，慢性呼吸道疾病与大气污染有密切关系。

　　城市居民呼吸系统疾病也明显高于郊区。通过北京市交通民警与园林工人呼吸道疾病的比较，无论是肺结核，还是慢性鼻炎或咽炎，交通民警的发病率都显著高于园林工人。另外，据比较，城市支气管炎患者也要比没有受到污染的农村高一倍。

　　如果大气受氟化物污染，可以使人鼻黏膜溃疡出血，肺部有增殖性病变，儿童牙齿形成斑釉，严重时导致骨质疏松，易发生骨折。例如，内蒙古沙德盖村由于一年四季遭受包头钢铁厂的氟污染，儿童氟斑牙患病率达 97％以上。

　　3. "三致"作用

　　随着工业、交通运输业的发展，大气中致癌物质的含量和种类日益增多，比较确定有致癌作用的物质有数十种。例如，某些多环芳烃（如 3，4 -苯并芘）、脂肪烃类、金属类（如砷、铍、镍等）。

　　"三致"作用是由于污染物长时间作用于肌体，损害体内遗传物质，而引起突变。如果诱发成肿瘤，称致癌作用；如果是使生殖细胞发生突变，后代机体出现各种异常，称致畸作用；如果引起生物体细胞遗传物质和遗传信息发生突然改变作用，称致突变作用。

　　20 世纪 50 年代以来各国城市肺癌发病率普遍增高，我国城市居民肺癌发病率也很高。这主要是由城市大气烟尘污染严重和汽车废气排放量急剧增加所致。

4.1.3.2　大气中主要污染物对农业的影响

　　当大气污染物达到一定浓度时，不仅直接或间接地危害人体健康，而且也危及农业生产，造成农作物、果树、蔬菜等生产的损失。有时这种危害并不直接表现出来，而是污染物在植物体内积累，动物摄入了这样的植物饲料后，发生病害或使污染物进入食物链并得以富集，最终危害人类。大气污染对农业的危害首先表现在植物生产上。

　　大气污染对植物的危害随污染物的性质、浓度和接触时间、植物的品种和生长期、气象条件等的不同而异。气体污染物通常都是经叶背的气孔进入植物体，然后逐渐扩散到海绵组织、栅栏组织，破坏叶绿素，使组织脱水坏死或干扰酶的作用，阻碍各种代谢机能，抑制植物的生长。颗粒污染物则能擦伤叶面、阻碍阳光，影响光合作用，影响植物的正常生长。

经初步鉴定发现，对植物生长危害较大的大气污染物主要是 SO_2、NO_x、氟化物和光化学烟雾（O_3 和 PAN），典型症状见表 4.5。

表 4.5   大气污染物对植物生长危害的典型症状

大气污染物	典 型 症 状	敏感和抗性植物
SO_2	首先从叶背气孔周围细胞开始，逐渐扩散到海绵和栅栏组织细胞，使叶绿素破坏，组织脱水坏死，形成许多点状、块状或条状褐色斑点，受害部位与健康组织之间界限分明。受害的植物，初期主要在叶脉间出现白色伤斑，轻者只在叶背气孔附近，重者则从叶背到叶面均出现伤斑，后期叶脉也褪成白色，叶片脱水，逐渐枯萎。 植物光合作用旺盛时最易出现可见受害症状，白天中午前后危害作用最大	敏感的植物有大麦、小麦、棉花、大豆、梨、落叶松等。麦类的麦芒对 SO_2 极为敏感，在叶片仅出现轻微伤害时，麦芒的前半部就褪色、干枯，出现白尖，这一特点可用于大气 SO_2 污染的生物监测。 抗性的植物有玉米、马铃薯、柑橘、黄瓜、洋葱等
NO_x	一般不会对植物产生急性伤害。受害症状表现为在叶脉间或叶缘出现形状不规则的水渍斑，逐渐坏死，而后干燥变成白色、黄色或黄褐色斑点，逐步扩展到整个叶片。 植物受危害的程度与光照强度有关，在弱光照天气，植物对 NO_2 的敏感程度提高，阴天植物受害程度常常较晴天成倍地增加	敏感植物有扁豆、番茄、莴苣、芥菜、烟草、向日葵等。 抗性植物有柑橘、黑麦等
氟化物	对植物的危害症状表现为与叶片内钙质反应。生成难溶性氟化钙，从而干扰酶的活性，阻碍代谢机制，破坏叶绿素和原生质，使得遭受破坏的叶肉因失水干燥变成褐色。当植物在叶尖、叶缘出现症状时，受害植物在数小时内便出现萎缩现象，同时绿色消退，变成黄褐色，两三天后变成深褐色。较低浓度的氟化物就能对植物造成危害，同时它能在植物体内积累，在有限浓度内，接触时间越长，氟化物积累越多，受害就越重	敏感的植物有玉米、苹果、葡萄、杏等。 抗性的植物有棉花、大豆、番茄、烟草、扁豆、松树等
O_3	对植物的危害主要是从叶背气孔侵入，通过周边细胞、海绵细胞间隙，到达栅栏组织，使其首先受害，然后再侵害海绵细胞，形成透过叶片的密集的红棕色、紫色、褐色或黄褐色的细小坏死斑点。同时，植物组织机能退，生长受阻，发芽和开花受到抑制，并发生早期落叶、落果现象。一般 O_3 浓度超过 0.1×10^{-6} 时，便对植物造成危害	对 O_3 敏感的植物有烟草、番茄、马铃薯、花生、大麦、小麦、苹果、葡萄等，其中烟草对 O_3 最为敏感，常被用于 O_3 大气污染的生物监测。 对 O_3 有抗性的植物有胡椒、银杏、甜菜、松柏等
PAN	对植物的毒性很强。它在中午强光照时反应强烈，夜间作用降低。PAN 危害植物的症状表现为叶子背面海绵细胞或下表皮细胞原生质被破坏，使叶背面逐渐变成银灰色或古铜色，而叶子正面却无受害症状。PAN 还能够促进植物整株老化，抑制植物生长发育	对 PAN 敏感的植物有番茄、扁豆、莴苣、芥菜、芹菜、马铃薯等。 对 PAN 抗性强的植物有玉米、棉花、黄瓜、洋葱等

4.1.4 全球大气环境问题

全球性大气污染问题目前主要包括酸雨、臭氧层的破坏与全球气候变暖（即温室效应）。

4.1.4.1　酸雨

酸雨是指 pH 值小于 5.6 的雨、雪或其他降水，是大气污染的一种表现。由于人类活动的影响，大气中含有大量 SO_2 和 NO_x 酸性氧化物，通过一系列化学反应转化成 H_2SO_4 和 NHO_3，随着雨水的降落而沉降到地面，故称酸雨。天然降水中由于溶解了 CO_2 而会呈现弱酸性，正常雨水的 pH 值为 5.6。一般认为是大气中的污染物使降水 pH 值降低至 5.6 以下的，所以酸雨是大气污染的后果之一。

1. 世界酸雨分布

从 20 世纪 50 年代开始，美国东北部、西欧和北欧陆续发现酸雨增多的现象，对环境造成严重威胁。1974 年，欧洲科西嘉岛测得过一次 pH 值为 2.4 的酸雨，这已经与食醋的 pH 值相同。20 世纪 70 年代初，北欧斯堪的纳维亚的许多湖泊中鳟鱼和鲑鱼神秘死亡，调查发现瑞典 15000 个湖泊被酸化，挪威许多生长马哈鱼的河流被酸化，比利时、荷兰、丹麦、英国和联邦德国环境酸化程度超过正常值的 10 倍以上。科学家们发现这些环境变化都是酸雨造成的，同时还发现北欧酸雨是英国和西欧排放的 SO_2 造成的。20 世纪 80 年代，酸雨成为北美洲严重的环境污染问题。1982 年美国 17% 的河流和 20% 的湖泊由于酸化而处于危险状态；有 15 个州的降水 pH 值在 4.8 以下。加拿大的酸雨受害面积达 120～150 万 km^2，使 14000 个湖泊和许多地方的地下水酸化，加拿大政府称这是美国东北部工业区排出的大气污染物造成的，因而美国东北部的酸雨已经成为美加关系中的一个重大问题，有人称之为"政治污染"。在亚洲地区，日本和中国都已发现酸雨范围正在扩大。南美洲委内瑞拉多年来酸性物质大量排放，地表水和土壤大部分已被酸雨污染，酸化严重。

2. 我国酸雨概况

我国是一个燃煤大国，又处于经济迅速发展的时期，所以酸雨问题日益突出，目前，我国与日本已成为继北欧、北美后的世界第三大酸雨区。

据 2016 年中国环境公报，474 个城市（区、县）开展了降水监测，降水 pH 年均值低于 5.6 的酸雨城市比例为 19.8%，酸雨频率平均为 12.7%，酸雨类型总体仍为硫酸型，酸雨污染主要分布在长江以南—云贵高原以东地区。

我国酸雨特点如下：

（1）以长江为界，南方酸雨多于北方。我国南方酸雨现象十分普遍，而且有自北向南逐渐加重的趋势；我国北方酸雨现象很少，即使是在 SO_2、NO_x 排放量很大的地区，也几乎没有酸雨出现。

（2）我国酸雨属硫酸型，硝酸含量不足总酸量的 10%，但随着城市汽车的增加，酸雨中硝酸的成分有增加的趋势。

（3）降水酸度有明显的季节性，一般冬季雨水 pH 值低，夏季 pH 值高。

（4）城区的酸雨比郊区严重。这说明城市的工业化活动对酸雨的形成是有影响的。

3. 酸雨对环境的影响

（1）对水生生态系统的影响。酸雨对水生生态系统的危害最为严重。酸雨使水体酸化，一方面使鱼卵不能孵化或成长，微生物组成发生改变，有机物分解缓慢，浮游植物和动物减少，食物链发生改变，鱼的品种与数量减少，严重时使所有鱼类死绝；另一方面，由于水体酸化，许多金属的溶解加速，例如加拿大和美国的一些研究表明，在酸性水体中的金属离子浓度增高，一旦超过了鱼类生存的环境容量，也将导致鱼类大量死亡。

（2）对陆生生态系统的影响。酸雨对陆生生态系统的影响表现在以下方面：

1）土壤酸化。经常降落的酸雨使土壤 pH 值降低，这种土壤酸化现象导致了一系列环境问题。

a. 土壤贫瘠化。在土壤酸化过程中，土壤里的营养元素 K、Mg、Ca 等不断溶出、洗刷并流失；同时，由于土壤酸化，土壤中的微生物受到不利的影响，使微生物固氮和分解有机质的活动受到抑制，这都将导致土壤贫瘠化过程的加速，从而影响陆生生态系统中最重要的生产者——绿色植物的生存及产量。

b. 土壤中有毒元素的溶出。土壤酸化的结果将使许多有毒元素进入土壤溶液，例如 Al、Cu、Ge 等，其中有的伤害植物的根系，使树木不能吸收足够的水分和养料；有的对树干、树叶有伤害作用；还可能降低植物抗病虫害的能力，减少陆生生态系统的生产量。

2）森林破坏。由于土壤酸化和酸雨的降落，陆生生态系统受到严重影响。其中最为严重的是森林。酸雨对森林的危害可以分为四个阶段：①酸雨增加了 S 和 N，使树木生长呈现受益倾向；②长年酸雨使土壤中和能力下降，土壤酸化，K、Ca、Mg 等元素淋溶，使土壤贫瘠；③土壤中的 Al 和重金属元素被活化，对树木生长产生毒害。有研究证实，当植物根部的 Ca/Al 比率小于 0.15 时，所溶出的 Al 具有毒性，抑制树木生长，而且在酸性条件下有利于病虫害的扩散，危害树木；④当树木遇到持续干旱等诱发因素，土壤酸化程度加剧，就会引起植物根系严重枯萎，树木将会大面积死亡。

酸雨对森林的破坏已经造成了无法挽回的损失。例如欧洲森林已有 10 万 km^2 受酸雨危害遭破坏，50 万 km^2 受损伤，据估计，由此造成的经济损失高达 90 亿美元；北美加拿大南部也发生森林破坏现象。我国有代表性的例子是四川万县地区的 65000hm^2 松林中，已有 26% 的松树枯死，还有 55% 的松树遭到严重危害；峨眉山山顶的冷松也因酸雨侵害部分枯死。

（3）对农作物的影响。土壤酸化影响农作物生长，酸雨直接降落到植物叶面也会使植物受害或死亡，造成作物减产。有报道称，pH 值为 3.2 的模拟雨水大大降低了菜籽的生长速度，也影响大豆植物芽和根的生长，还会大大减少豆科植物上固氮菌所产生的根瘤。当雨水的 pH 值从 5.6 下降到 3.0 时，萝卜根的生长速度大约降低 50%。

（4）对各种材料的侵蚀作用。

1）对建筑材料的侵蚀。大理石的主要化学成分是 $CaCO_3$，其遭受酸性侵蚀后生成 $CaSO_4$ 和 $Ca(NO_3)_2$。$CaSO_4$ 大部分被雨水冲走或以结壳形式沉积于大理石表面，而且很容易脱落，$Ca(NO_3)_2$ 则全部被雨水冲走。

19 世纪 90 年代从埃及迁移到纽约的埃及方尖碑，是说明酸雨和大气污染对古建筑影响的一个例证。纽约市盛行西风，纪念碑东面的碑文仍清晰可见，而西面的碑文已被大气和酸雨中的污染物破坏。SO_2 和酸雨对古建筑的破坏已有许多证据，我国故宫的汉白玉雕塑、雅典巴特农神殿和罗马的图拉真凯旋柱都已受到酸性沉降物的侵蚀。有人估算，近几十年来酸雨对古建筑的侵蚀作用超过以往几百年甚至上千年。

2）对金属的侵蚀。酸雨对金属材料的侵蚀分为化学腐蚀和电化学腐蚀两种。化学腐蚀指活泼的金属与氢离子之间产生的置换反应，但大多数情况下还是产生电化学腐蚀，被腐蚀的金属生成难溶的金属氧化物，或生成离子被雨水带走。许多金属氧化物是疏松的附着层，完全没有阻挡进一步腐蚀的作用。研究表明，广州地区降水 pH 值下降 1.0，四种碳钢的腐蚀速度增加 $3.49\sim7.24\mathrm{mg/m^2}$。

4. 对人体的危害

酸雨对人体健康的影响是间接的。例如许多国家由于酸雨的溶浸作用，使地下水中 Al、Cu 等金属元素的浓度超出正常值的 $10\sim100$ 倍，饮用这样的水必然对人体健康有害。此外，由于食物链的作用，如果食用受过酸性水污染的鱼类，则也可能对人的健康造成危害。

4.1.4.2　臭氧层破坏

1. 臭氧层破坏现状

臭氧层中 O_3 浓度很低，最高浓度仅 10×10^{-6}（体积比），若把其集中起来并校正到标准状态，平均厚度仅为 0.3cm。O_3 在大气中的分布主要集中在平流层 $15\sim35\mathrm{km}$ 附近。O_3 在大气中的分布不均匀，低纬度较少，高纬度较多，且无论在时间上还是在空间上其形状及浓度都处于变化中。就是这样一个 O_3 层却吸收了 99％的来自太阳的高强度紫外线，保护了人类和生物免受紫外线的伤害。

自 1958 年人类对 O_3 层进行观察以来，发现高空 O_3 层有减少的趋势。20 世纪 70 年代后，减少加剧，全球 O_3 都呈现减少趋势，且冬季减少率大于夏季。1985 年英国科学家总结 10 年的观测结果，首次发现南极上空在 $9\sim10$ 月平均臭氧含量减少 50％左右，并出现了巨大的臭氧空洞。此后观测到全球性平流层 O_3 浓度下降。南纬 $39°\sim60°$ 减少 5％～10％；近赤道地区减少 1.6％～2.1％；北纬 $40°\sim64°$ 减少 1.2％～1.4％。我国华南地区减少 3％；华东、华北地区减少 1.7％；东北地区减少 3％。我国设在昆明、北京的 O_3 观测站在 1980—1987 年间也观测到昆明上空 O_3 平均含量减少 1.5％，北京减少 5％。总之，从 20 世纪 70 年代以来，全球臭氧层的破坏（损耗）已是客观事实，其原因目前还存在着不同的认识，但比较一致的看法认为：人类活动排入大气的某些化学物质与 O_3 发生作用，导致了 O_3 的耗损。这些物质主要有 NO、CCl_4、哈龙（溴氟烷烃）以及氟利昂（氟氯烷烃，CFC）等。越来越多的科学证据证实氯和溴在平流层通过催化化学过程破坏 O_3 是造成南极 O_3 空洞的根本原因。最典型的是哈龙类物质和氟利昂。1989 年多国北极臭氧层考察队在北极发现了高活性粒子 ClO 和 BrO 浓度的升高与臭氧浓度的降低有着显著的对应关系，也支持了这种观点。

2. 氟利昂和哈龙

人类大规模地生产氟利昂和哈龙主要有三方面用途：①用于制冷和空调；②用作气溶胶（如刮面、美发用的泡沫气溶胶）或喷雾剂、灭火剂；③用作发泡剂，如合成泡沫塑料聚苯乙烯、聚氨酯等。

氟利昂常用放在 CFC 后面的数字构成某种组成氯氟烃的代号。其数字的含义是：个位数代表氟原子数，十位数代表氢原子数加 1，百位数代表碳原子数减 1，由这三位数的组合不难得出氯原子的个数。例如，CFC - 12 代表 CF_2Cl_2，CFC - 11 代表 $CFCl_3$，

CFC-113 代表 $C_2F_3Cl_3$。

哈龙类物质的化学式按 C、F、Cl、Br 原子个数顺序组成四位数，放在哈龙的后面，构成某种哈龙的代号，例如哈龙-1301（HalOn-1301）代表 CF_3Br，哈龙-1211（HalOn-1211）代表 CF_2ClBr。

1925 年美国化学家 T. 米德奇雷以门捷列夫元素周期表为指导，经过 2 年多的努力，制出沸点为 $-29.8℃$，化学性质相当稳定的 CF_2Cl_2，1930 年美国杜邦公司投入生产。1960 年以后，CFC-11、CFC-12 等开始大量生产和使用，广泛用作制冷剂、喷雾剂、发泡剂和清洁剂。哈龙则是高效灭火剂。这类物质无毒，不燃烧、化学性质稳定，价格低廉，又有广泛用途，所以生产量直线上升，20 世纪 80 年代中期其生产和使用达到高峰。

氟利昂和哈龙的分子都比空气分子重，但这些化合物在对流层几乎是化学惰性的，自由基对其氧化作用也可以忽略。因此，它们在对流层十分稳定，不能通过一般的大气化学反应去除。经过一两年的时间，这些化合物会在全球范围内的对流层均匀分布，然后主要在热带地区上空被大气环流带入到平流层，风又将它们从低纬度地区向高纬度地区输送，从而在平流层内混合均匀。

在平流层内，强烈的紫外线照射使氟利昂和哈龙分子发生解离，释放出高活性原子态的氯和溴，氯和溴原子也是自由基。氯原子自由基和溴原子自由基就是破坏臭氧层的主要物质，他们对臭氧的破坏是以催化的方式进行，即

$$Cl + O_3 \longrightarrow ClO + O_2$$
$$ClO + O \longrightarrow Cl + O_2$$

总反应：　　　$O_3 + O \xrightarrow{\ Cl\ } 2O_2$

据估算，一个氯原子自由基可以破坏 $10^4 \sim 10^5$ 个 O_3 分子，而由哈龙释放的溴原子自由基对 O_3 的破坏能力是氯原子的 30～60 倍。而且，氯原子自由基和溴原子自由基之间还存在协同作用。

为了评估各种臭氧消耗物质对全球臭氧层破坏的相对能力，国际上用臭氧破坏系数（ODP）表示，ODP 又称消耗臭氧潜能值，它是指在某种物质的大气寿命期间内，该物质造成的全球 O_3 损失相对于相同质量的 CFC-11 排放所造成的 O_3 损失的比值，依据臭氧消耗物质到臭氧层所需的时间及对臭氧层的潜在破坏作用而定的一个指标。其值越大，对臭氧层的破坏作用也越大。

各种臭氧消耗物质中含氢的氟氯烷烃的 ODP 值远较氟利昂低，而许多哈龙类物质对臭氧层的破坏能力大大超过氟利昂。这些研究为决策者制定臭氧层消耗物质的淘汰战略和替代方案提供了有力的科学依据。但是目前使用的许多替代品具有较高的温室效应。因此还不是理想的臭氧层消耗物质的替代物，在选择臭氧层消耗物质的替代品时，除了必须考虑该物质的 ODP 值外，还必须考虑它的温室效应情况，及其经过大气化学过程后的最终产物的环境效应，在这方面还有许多工作有待完成。

3. 臭氧层破坏造成的危害

随着对臭氧层功能的深入研究，臭氧层破坏后造成的危害日益引起人们的忧思，这些危害主要表现在以下方面：

（1）对人类健康的影响。

1）致癌作用。研究表明，平流层 O_3 浓度减少 1%，紫外线辐射量将增加 2%，皮肤癌发病率将增加 7%，肤色浅的人种比其他人种更容易患各种由阳光诱发的皮肤癌。

2）损伤人体免疫系统。由于紫外辐射的强烈作用会损伤人体的免疫系统，可能导致传染性疾病增加或者自身免疫系统混乱等。

3）对眼的损伤。过量的紫外线照射会引起白内障、雪盲、视网膜伤害和角膜肿瘤等多种眼部疾病。平流层 O_3 浓度减少 1%，白内障发病率将增加 $0.2\%\sim1.6\%$。

（2）对植物的影响。植物过多地暴露在紫外线照射下也会有各种不良反应。科学家对 200 多种植物进行实验的结果表明，大约 2/3 的植物表现出有影响。接受额外紫外辐射的植物，其生长速度下降 $20\%\sim50\%$，叶绿素含量减少 $10\%\sim30\%$，有害突变的频率增加 20 倍，幼苗受到的伤害更为严重。大豆在紫外线照射下更易受到杂草和病虫害的损害，减少产量。紫外线 B 还可改变某些植物的再生能力及产品的质量。还有实验表明，豌豆、大豆等豆类，南瓜等瓜类，西红柿和白菜科等农作物对紫外线特别敏感，而花生及小麦等植物有较强的抵抗能力。

（3）对水生生态系统的影响。处于海洋生物食物链最底部的小型浮游植物大多在水的上层，紫外线太强将影响这些生物的光合作用，对水生生态系统造成破坏；同时，水中微生物的减少会导致水体自净能力降低。

单细胞藻类对光照最敏感，有些藻类甚至在自然阳光下也只能暴露几小时，若加强紫外辐射，则预计存活时间要减少 1/2。此外紫外线过强，可能杀死幼鱼、小虾和小蟹。有研究表明，若 O_3 量减少 9%，由于紫外线的增强，约有 8% 的幼鱼死亡。

（4）其他影响。

1）臭氧层破坏对气候的影响。对流层的温度变化规律是上冷下热，而平流层因为吸收紫外光的缘故正好相反，是逆温层，臭氧层一旦发生较大变化，必然影响下面的对流层，可能会使地球表面气温和降水发生变化。

2）加剧环境污染。在大气污染中，光化学烟雾的形成与阳光有密切的关系。臭氧层破坏，则紫外光将长驱直入大气层，可能会增加大气污染。一个模拟实验表明，若平流层臭氧减少 1/3，温度会升高 $4℃$，美国费城及纳什维尔的光化学烟雾将增加 30% 或更多。

3）使材料加速破坏。光照可以引起许多化学反应，紫外线能量比可见光高，所以更容易引发各种化学破坏，例如塑料老化、涂料变色、钢铁材料加速腐蚀等。

因此，臭氧层的损耗已经造成了对人体的伤害，并使农作物减产，使海洋生态平衡受到影响。

4. 臭氧层破坏防治对策

大气中臭氧层的破坏主要是由消耗臭氧层的化学物质引起的，因此对这些物质的生产量及消费量应加以限制。减少或停止向大气的排放，将是防止臭氧层破坏的有效措施。

1987 年签订的《消耗臭氧层物质的蒙特利尔议定书》对氟利昂及哈龙两种类型中的 8 种物质进行了限控（表 4.6），并于 1989 年 1 月 1 日生效。由于该议定书的不完善，又于

1990 年对其进行了修正。受控物质增加到 6 类几十种，把四氯化碳、三氯乙烷等都列为限控物质（表 4.7），并规定发达国家到 2000 年完全停止使用这些物质，发展中国家在 2010 年完全停止使用这些物质。1992 年 11 月，90 个国家在哥本哈根对《蒙特利尔议定书（修正案）》做了进一步修订，把受控 ODS 扩大到 7 类上百种，新增加了氢氯氟烃（HCFC），氢溴氟烃（HBrFC）和 CH_3Br 三类，并再次提前了禁用时间：1994 年停用哈龙类（潜艇、飞机、宇航等必要场合除外）；1995 年起，把 CH_3Br 用量冻结在 1991 年水平；1996 年停用氟利昂、CCl_4、CH_3CCl_3、HBrFC；对于 HCFC，2005 年减少 35%，2010 年减少 65%，2030 年停用。在进行这样的限定后，预计到 2050 年北极 O_3 减少速率低于现在，而到 2100 年以后，南极臭氧洞将消失。

表 4.6 限控氟利昂和哈龙类物质

名　称	分子式	ODP	名　称	分子式	ODP
CFC - 11	CCl_3F	1.0	CFC - 115	$CClF_2CF_3$	0.6
CFC - 12	CCl_2F_2	1.0	HalOn - 1211	CF_2ClBr	3.0
CFC - 113	CCl_2FCClF_2	0.8	HalOn - 1301	CF_3Br	10.0
CFC - 114	$CClF_2CClF_2$	1.0	HalOn - 2402	$C_2F_4Br_2$	6.0

表 4.7 新增加的限控氟利昂类物质

名　称	分子式	ODP	名　称	分子式	ODP
CFC - 13	$CClF_3$	1.0	CFC - 214	$C_3Cl_4F_4$	1.0
CFC - 111	C_2Cl_5F	1.0	CFC - 215	$C_3Cl_3F_5$	1.0
CFC - 112	$C_2Cl_4F_2$	1.0	CFC - 216	$C_3Cl_2F_6$	1.0
CFC - 211	C_3Cl_7F	1.0	CFC - 217	C_3ClF_7	1.0
CFC - 212	$C_3Cl_6F_2$	1.0	四氯化碳	CCl_4	1.0
CFC - 213	$C_3Cl_5F_3$	1.0	1,1,1 - 三氯乙烷	$C_2H_3Cl_3$	0.1

我国在 1991 年宣布加入蒙特利尔议定书（修正案），按照有关国际规定，我国应在 1999 年将氟利昂的生产量和消费量冻结在 1995—1997 年 3 年平均水平的基础上，到 2010 年将氟利昂和哈龙等主要 ODS 的生产量和消费量消减为零，目前已完成目标。为了履行国际公约，1993 年国务院批准了《中国消耗臭氧层物质逐步淘汰国家方案》和《中国淘汰哈龙战略》，并进入实施阶段，且与有关国际组织密切合作，认真实施淘汰计划，按照规定的期限，控制和禁止 ODS 的生产、进口和使用，并陆续发布了在使用灭火器和在气溶胶行业、泡沫塑料行业中禁用和淘汰 ODS 的通知，发布了禁止新建生产、使用 ODS 设施的通知，认真履行了《蒙特利尔议定书（修正案）》的规定。除此之外，我国还积极开展了 ODS 替代品及替代技术的开发与研究工作，目前我国已有自己的 ODS 替代品生产线。

4.1.4.3　全球气候变暖

1. 温室效应与温室气体

大气层中的某些微量气体组分能使太阳的短波辐射透过，加热地面，而地面增温后所放出的热辐射却被这些组分吸收，使大气增温，这种现象称为温室效应。这些能使地球大气增温的微量气体组分，称为温室气体，主要的温室气体有 CO_2、CH_4、N_2O、氟利昂等。20 世纪 80 年代已有研究结果表明，人为造成的各种温室气体对全球的温室效应所起作用的比例不同，其中 CO_2 的作用占 55％、氟利昂占 24％、CH_4 占 15％、N_2O 占 6％，因此 CO_2 的增加是造成全球变暖的主要因素。

值得注意的是 7500～13000nm 波段的长波不被 CO_2 及 H_2O 等低层大气中含量较多的多原子分子所吸收，所以科学家称此波段为"大气窗口"，也就是说这部分波段的长波得以辐射到高空，据估算在 7500～13000nm 间的长波辐射约有 70％～90％可以通过"大气窗口"散失到宇宙空间。CO_2 在波长 12500～17000nm 处有强吸收，使地球射出的长波受到很大削弱，转换成热能，提高了气温。而在大气窗口 7500～13000nm 间，CO_2 虽然无吸收，但 O_3、CH_4、N_2O 及氟利昂等微量气体在这一波段有吸收带，一旦这些微量气体大量增多，则 7500～13000nm 的地球长波辐射也将被大量吸收，即"大气窗口"将关闭，温室效应加强，地球温度就会上升。进入 20 世纪以来，这些被称为温室气体的物质在大气中的浓度都有所上升，全球变暖的事实与此联系起来，大气污染导致气温上升的看法就不是"杞人忧天"了。

2. 全球气候变化现状与趋势

地球的大气本来就存在着温室效应，它使地球保持了一个适于人类生存的正常温度环境。只是由于人类活动的规模越来越大，向大气排放了过量的温室气体，使温室效应增强，从而在全球范围内引发了一系列问题。

首要的问题是全球气候变暖，近百年来，全球地面平均气温增加了 0.3～0.6℃。20 世纪 80 年代成为 20 世纪最热的 10 年，1988 年的全球平均气温比 1949—1979 年的多年平均值高 0.34℃，比 20 世纪初高了 0.59℃。这些都证明全球气候确有变暖趋势。

大气中温室气体的浓度上升已是既定的事实，温室效应导致了全球气候变暖的说法，也已被大多数人所接受。但由于影响全球气候的因素很多，这些因素的综合效应对未来气候的影响尚存在着不同看法，除了地球变暖的学说外，还有地球"变冷说"和"波动说"。此外，对地球变暖的原因，究竟是温室效应的结果，还是属于气候的自然波动，或是两者兼而有之，也仍然存在着科学的不确定性。因此，完全准确地判断温室效应的影响趋势也是困难的。

有些预测表明，如果大气中 CO_2 浓度增加 1 倍，全球温度将上升 3～5℃，而到 21 世纪，大气中 CO_2 浓度完全可以翻一番。据政府间气候委员会（IPCC）对全球气候变化判断，21 世纪全球气温每 10 年将上升 0.3℃，到 2050 年，全球气温将上升 1℃；海平面每年上升 6cm，到 2070 年，海平面将上升 65cm，但不同海域相差较大。由此可见随着温室气体排放量的增加，全球气候变暖的趋势仍然存在，由此而导致的各种影响也会继续增加，因此对温室气体的排放问题，需认真对待。

3. 全球变暖对世界的影响

科学家估计，全球变暖对世界的影响集中在以下方面。

（1）海平面上升。气候的变暖引起了海平面的上升。当前，世界大洋温度正以每年 0.1℃的速度上升，全球海平面在过去的百年里平均上升了 14.4cm，我国沿海的海平面也平均上升了 11.5cm，海平面的升高将严重威胁低地势岛屿和沿海地区人民的生产、生活和财产。首当其冲的是数十个小岛国家，如马尔代夫；其次是沿海城市，包括重要的国际大都市上海、曼谷、伦敦、纽约等。据报道，2002 年 4—5 月一个月的时间内，南极冰川中面积相当于一个上海市的"拉森 B"冰架坍塌融化了。冰川融化可造成海平面上升，海平面若上升 1m，我国珠江三角洲、长江三角洲、渤海湾地区将会被淹没。海平面上升，除了失去领土外还可能产生海水倒灌、洪水排泄不畅、土地盐渍化等问题，航运和水产养殖业也可能受到影响。

（2）气候变化。全球变暖将引起世界温度带的移动，大气运动也会产生相应的变化，降水情况也发生改变。气候变化的明显特点如下：

1）大部分地区温度上升但也有例外。温度升高在远离赤道的地区最为明显，例如纬度 70°～80°的极地高纬度地区，可能更频繁地出现更大的暴风雪天气。

2）全球降雨量增加。全球陆地降雨量增加了 1‰，但对某些地区却可能带来更频繁的干旱天气，如美国的中西部农场带，可能由于蒸发迅速而变得更为干燥。

3）沿海岸的亚热带地区会出现更潮湿的季风。

4）台风的强度增强。

5）飓风更频繁、更强大，并向高纬度地区发展。

（3）对生物多样性的影响。全球气候的变化必然给生物圈造成多种冲击，生物群落的纬度分布和生物带都会有相应的变化，很可能有部分植物、高等真菌物种会处于濒临灭绝和物种变异的境地，植物的变异也必然影响到动物群落。还有专家预测，气候变暖会使森林火灾更为频繁和严重，这对地球上正在迅速消失的森林来说无异于雪上加霜。

（4）对人类的影响。全球气候变暖导致自然界变化，也必将影响到人类，这种影响很难估计。目前，已经提出的一些问题如下：

1）对农业的影响。全球变暖将出现更多的气候反常，这些异常的干旱、洪水、酷热或严寒、暴风雨雪或飓风必将导致更多的自然灾害，造成农作物歉收、病虫害流行、鱼类和其他水产品减少。

2）威胁沿海城市、岛屿和平原。沿海地带往往是国家的中心和经济、交通、文化的枢纽，所以全球变暖造成的威胁对这些国家的影响是很大的。例如，如果海平面上升 0.8～1.8m，菲律宾的马尼拉的大部分可能位于 1m 深的水下，而印尼雅加达的 330 万居民需撤离市区。我国科学家首次证实，上海及邻近海域海平面上升速度正在加快，1993—1994 年间，东海海平面上升速率每年 0.39cm，预计从 1990 年算起，至 2030 年、2050 年上升幅度将分别达到 42cm、53cm，所以气候变化对我国许多城市和广阔平原将构成严重威胁。

3）传染性疾病可能扩大分布范围。随着气候的变暖和反常，被称为"传病媒介"的动物、微生物和植物可能扩大分布范围，造成更多的致病病毒和细菌向人进攻，出现全球性流行传染病，如登革热、黄热病、疟疾和盘尾丝虫病等。

4）改变水资源的分布和水量。全球气候变化可能引起水量的减少和洪水的泛滥。当今世界水资源缺乏的国家日益增多，如果气候变化，很可能造成更多的缺水国和缺水地区，由此而引起的冲突将会增多，环境安全将成为国际性问题，甚至引发战争。

4. 全球变暖控制对策

控制全球变暖，就必须要减少大气中的温室气体含量，其中关键的问题是控制 CO_2 的含量。

（1）基本控制对策。

1）能源对策。提高能源效率与节能，这是控制 CO_2 排放的重要措施，也是目前控制 CO_2 排放量的最经济可行的办法。

a. 发展核能与氢能。从减少 CO_2 排放量的角度而言，核能可能是理想的能源，并且是目前最可能成为取代化石燃料而大规模使用的唯一能源。氢能是通过电解水的方法获得的，利用水分解后的氢气作能源，氢气燃烧后重新生成水。目前有关氢能的获得与利用，虽仍处于研究阶段，但将其作为一种大规模清洁能源的前景是十分乐观的。

b. 开发利用新能源。主要有利用太阳能与风能。这些能源不仅可控制 CO_2 的排放，而且是保证持续发展的长期可利用能源。

c. 开发替代能源。主要指水力发电。

2）绿色对策。充分利用森林及绿色植被对温室效应的调节作用。为此，不仅要保护现有的森林，而且要扩大世界森林面积。

（2）发达国家负有减少温室气体的主要责任。大气中的温室气体，特别是 CO_2 的增加，是发达国家近百年来工业化积累的结果，就是在当前，发达国家也是温室气体的主要排放者。占世界人口不到 24% 的发达国家，消费了世界能源的 75%，它们向大气中排放的 CO_2 的绝对量，远远高于其他国家。若以 CO_2 的人均排放量计算，发达国家的相对量更高。以美国为例，占世界人口不到 5%，CO_2 排放量却占世界的 24%。而对于一些发展中国家，它们的人口占世界的 76%，而 CO_2 的排放量还不到世界的 28%，由此可以看出，这些国家是工业化国家所造成的 CO_2 增加的受害者。发达国家对削减温室气体排放负有不可推卸的责任和义务。

我国是《联合国气候变化框架公约》的缔约国之一。1997 年 12 月我国参加了在日本京都召开的该公约第三次缔约方会议，我国支持通过一项符合公约的议定书，但反对给发展中国家增加任何新的义务。根据该会议通过的京都议定书，要求 38 个国家以 1990 年排放的温室气体为基数，在 2008—2012 年实现平均减排 5.2%，已完成目标。

尽管我国到 2000 年人均 CO_2 排放量不到 1989 年世界人均水平（1.2t/人）的一半，不及工业化国家人均水平（3.3t/人）的 1/6，但仍努力履行公约规定的义务。我国已开展了有关温室气体排放状况分析及对策的研究，自"九五"始深入研究控制温室气体排放的技术和装备，大力节能，提高能源利用率并改善能源结构。此外还要大力开展植树造林，增加对 CO_2 的吸纳能力并尽量回收工业 CO_2 废气，以利于减少温室气体排放。

4.1.5　大气污染综合防治

4.1.5.1　大气污染控制技术

1. 颗粒污染物的治理技术

从废气中将颗粒物分离出来并加以捕集、回收的过程称为除尘。实现上述过程的设备装置称为除尘器。

（1）技术参数。

1）烟尘的浓度。根据烟气中含尘量的大小，烟尘浓度可表示为以下形式：

a. 烟尘的个数浓度。单位气体体积中所含烟尘颗粒的个数，称为烟尘个数浓度，单位为个/cm^3。在粉尘浓度极低时用此单位。

b. 烟尘的质量浓度。每单位标准体积气体中悬浮的烟尘质量，称为烟尘质量浓度，单位 mg/m^3。

2）除尘处理量。该项指标表示的是除尘装置在单位时间内所能处理烟气量的大小，是表明装置处理能力大小的参数。烟气量一般用标准状态下的体积流量表示，单位 m^3/h 或 m^3/s。

3）除尘效率。除尘效率是表示装置捕集粉尘效果的重要指标，也是选择、评价装置的最主要的参数。

a. 除尘总效率。除尘总效率是指在同一时间内，由除尘装置除下的粉尘量与进入除尘装置的粉尘量的百分比，常用符号 η 表示。实际上，总效率所反映的是装置净化程度的平均值，它是评定装置性能的重要技术指标。

b. 除尘分级效率。分级效率是指装置对某一粒径 d 为中心、粒径宽度为 Δd 的烟尘的除尘效率。具体数值用同一时间内除尘装置除下的该粒径范围内的烟尘量占进入装置的该粒径范围内的烟尘量的百分比来表示，符号用 η_d。

c. 除尘通过率（除尘效果）。通过率是指没有被除尘装置除下的烟尘量与除尘装置入口烟尘量的百分比，用符号 ε 表示。

d. 多级除尘效率。在实际应用的除尘系统中，为了提高除尘效率，往往把两种或多种不同规格或不同型式的除尘器串联使用，这种多级净化系统的总效率称为多级除尘效率，一般用 $\eta_总$ 表示。

（2）除尘装置。依照除尘器工作原理可将其分为机械式除尘器、过滤式除尘器、湿式除尘器、静电除尘器等 4 类。

1）机械式除尘器。机械式除尘器是通过质量力的作用达到除尘目的的除尘装置。质量力包括重力、惯性力和离心力，主要除尘器形式为重力沉降室、惯性除尘器和离心式除尘器等。

a. 重力沉降室。重力沉降室是各种除尘器中最简单的一种，含尘气流通过横断面比管道大得多的沉降室时，流速大大降低，气流中大而重的尘粒，在随气流流出沉降室之前，由于重力的作用，缓慢下落至沉降室底部而被清除。该类型除尘器只能捕集粒径较大的尘粒，只对 $40\mu m$ 以上的尘粒具有较好的捕集作用，因此除尘效率低，只能作为初级除尘手段。

b. 惯性除尘器。利用粉尘与气体在运动中的惯性力不同，使粉尘从气流中分离出来的方法为惯性力除尘。常用方法是使含尘气流冲击在挡板上，气流方向发生急剧改变，气流中的尘粒惯性较大，不能随气流急剧转弯，便从气流中分离出来。

一般情况下，惯性除尘器中的气流速度越高，气流方向转变角度愈大，气流转换方向次数愈多，则对粉尘的净化效率愈高，但压力损失也会愈大。

惯性除尘器适于非黏性、非纤维性粉尘的去除。设备结构简单，阻力较小，但其分离效率较低，约为 $50\%\sim70\%$，只能捕集 $10\sim20\mu m$ 以上的粗尘粒，故只能用于多级除尘中的第一级除尘。

c. 离心式除尘器。使含尘气流沿一定方向作连续的旋转运动，粒子在随气流旋转中获得离心力，使粒子从气流中分离出来的装置为离心式除尘器，也称为旋风除尘器。

在机械式除尘器中，离心式除尘器是效率最高的一种。它适用于非黏性及非纤维性粉尘的去除。对大于 $5\mu m$ 以上的颗粒具有较高的去除效率，属于中效除尘器，且可用于高温烟气的净化，因此是应用广泛的一种除尘器。多应用于锅炉烟气除尘、多级除尘及预除尘。其主要缺点是对粒径小于 $5\mu m$ 的尘粒的去除效率较低。

2）过滤式除尘器。过滤式除尘是使含尘气体通过多孔滤料，把气体中的尘粒截留下来，使气体得到净化的方法。按滤尘方式有内部过滤与外部过滤之分。内部过滤是把松散多孔的滤料填充在框架内作为过滤层，尘粒是在滤层内部被捕集，如颗粒过滤器就属于这类过滤器。外部过滤是用纤维织物、滤纸等作为滤料，通过滤料的表面捕集尘粒，故称为外部过滤。这种除尘方式的最典型的装置是袋式除尘器，是过滤式除尘器中应用最广泛的一种。

用棉、毛、有机纤维、无机纤维的纱线织成滤布，用此滤布做成的滤袋是袋式除尘器中最主要的滤尘部件，滤袋形状有圆形和扁形两种，应用最多的为圆形滤袋。

袋式除尘器广泛用于各种工业废气除尘中，属于高效除尘器，除尘效率大于 99%，对细粉有很强的捕集作用，对颗粒性质及气量适应性强，同时便于回收干料。袋式除尘器不适于处理含油、含水及黏结性粉尘，同时也不适于处理高温含尘气体，一般情况下被处理气体温度应低于 $100\,^\circ\!C$。在处理高温烟气时需预先对烟气进行冷却降温。

过滤式除尘器在冶金、水泥、陶瓷、化工、食品、机械制造等工业和燃煤锅炉烟气净化中有广泛应用。

3）湿式除尘器。湿式除尘也称为洗涤除尘。该方法是用液体（一般为水）洗涤含尘气体，使尘粒与液膜、液滴或雾沫碰撞而被吸附，聚集变大，尘粒随液体排出，气体得到净化。

由于洗涤液对多种气态污染物具有吸收作用，因此它既能净化气体中的固体颗粒物，又能同时脱除气体中的气态有害物质，这是其他类型除尘器所无法做到的。某些洗涤器也可以单独充当吸收器使用。

湿式除尘器种类很多，主要有各种形式的喷淋塔、离心喷淋洗涤除尘器和文丘里式洗涤器等。湿式除尘器结构简单，造价低，除尘效率高，在处理高温、易燃、易爆气体时安全性好，在除尘的同时还可去除气体中的有害物。湿式除尘器的不足是用水量大，易产生腐蚀性液体，产生的废液或泥浆需进行处理，并可能造成二次污染；在寒冷季节易结冰。

4）静电除尘器。静电除尘是利用高压电场产生的静电力（库仑力）的作用实现固体粒子或液体粒子与气流分离的方法。

静电除尘器是一种高效除尘器，对细微粉尘及雾状液滴捕集性能优异，捕集粒径范围为 $0.01\sim100\mu m$。粉尘粒径大于 $0.1\mu m$ 时，除尘效率达 99% 以上；对于小于 $0.1\mu m$ 的粉尘粒子，仍有较高的去除效率。由于静电除尘器的气流通过阻力小，所消耗的电能是通过静电力直接作用于尘粒上，因此能耗低。静电除尘器处理气量大，又可应用于高温、高压的场合，因此被广泛用于工业除尘。静电除尘器的主要缺点是设备庞大、占地面积大，因此一次性投资费用高。目前静电除尘器在冶金、化工、水泥、建材、火力发电、纺织等工业部门得到了广泛应用。

各种除尘设备原理不同，性能各异，使用时应根据实际需要加以选择或配合使用，主要考虑因素为尘粒的浓度、直径、腐蚀性等，以及排放标准和经济成本。

2. 气态污染物的治理技术

工农业生产、交通运输和人类生活活动中所排放的有害气态物质种类繁多，依据这些物质不同的化学性质和物理性质，需采用不同的技术方法进行治理。

（1）SO_2 废气治理技术。燃烧过程及一些工业生产排出的废气中 SO_2 的浓度较低，而对低浓度 SO_2 的治理，目前还缺少完善的方法，特别是对大量的烟气脱硫更需进一步进行研究。目前常用的脱除 SO_2 的方法有抛弃法和回收法两种。抛弃法是将脱硫的生成物作为固体废物抛掉，方法简单，费用低廉，美国、德国等一些国家多采用此法。回收法是将 SO_2 转变成有用的物质加以回收，成本高，所得副产品存在着应用及销路问题，但对环境保护有利。在我国，从国情和长远出发，应以回收法为主。

目前，在工业上已应用的脱除 SO_2 的方法主要为湿法，即用液体吸收剂洗涤烟气，吸收所含的 SO_2；其次为干法，即用吸附剂或催化剂脱除废气中的 SO_2。

1）湿法。

a. 氨法。用氨水作吸收剂吸收废气中的 SO_2。由于氨易挥发，实际上此法是用氨水与 SO_2 反应后生成的亚硫酸铵水溶液作为吸收 SO_2 的吸收剂，生成 NH_4HSO_3；通入氨后再反应生成 $(NH_4)_2SO_3$。

对吸收后的混合液用不同方法处理可得到不同的副产物。若用浓硫酸或浓硝酸等对吸收液进行酸解，所得到的副产物为高浓度 SO_2、$(NH_4)_2SO_4$ 或 NH_4NO_3，该法称为氨—酸法。

若用 NH_3、NH_4HCO_3 等将吸收液中的 NH_4HSO_3 中和为 $(NH_4)_2SO_3$ 后，经分离可得副产物结晶的 $(NH_4)_2SO_3$，此法不消耗酸，称为氨—亚铵法。

若将吸收液用 NH_3 中和，使吸收液中的 NH_4HSO_3 全部变为 $(NH_4)_2SO_3$，再用空气对 $(NH_4)_2SO_3$ 进行氧化，则可得副产品 $(NH_4)_2SO_4$，该法称为氨—硫铵法。

氨法工艺成熟，流程、设备简单，操作方便，副产物 SO_2 可生产液态 SO_2 或制硫酸。硫铵可作化肥，亚铵可用于制浆造纸代替烧碱，是一种较好的方法。该法适用于处理硫酸生产尾气，但由于氨易挥发，吸收剂消耗量大，因此缺乏氨源的地方不宜采用此法。

b. 钠碱法。用 $NaOH$ 或 Na_2CO_3 的水溶液作为开始吸收剂，与 SO_2 反应生成的 Na_2SO_3 继续吸收 SO_2，生成 $NaHSO_3$，生成的吸收液为 Na_2SO_3 和 $NaHSO_3$ 的混合液。用不同的方法处理吸收液，可得不同的副产物。

将吸收液中的 $NaHSO_3$ 用 $NaOH$ 中和，得到 Na_2SO_3。由于 Na_2SO_3 溶解度较 $NaHSO_3$ 低，它则从溶液中结晶出来，经分离可得副产物 Na_2SO_3。析出结晶后的母液作为吸收剂循环使用。该法称为亚硫酸钠法。

若将吸收液中的 $NaHSO_3$ 加热再生，可得到高浓度 SO_2。作为副产物而得到的

Na_2SO_3 结晶，经分离溶解后返回吸收系统循环使用。此法称为亚硫酸钠循环法或威尔曼洛德钠法。

钠碱吸收剂吸收能力大，不易挥发，对吸收系统不存在结垢、堵塞等问题。亚硫酸钠法工艺成熟、简单、吸收效率高，所得副产品纯度高，但耗碱量大，成本高，因此只适于中小量烟气的治理。而亚硫酸钠循环法可处理大量烟气，吸收效率可达 90% 以上，在国外是应用最多的方法之一。

c. 钙碱法。用石灰石、生石灰或消石灰的乳浊液为吸收剂吸收烟气中 SO_2 的方法，对吸收液进行氧化可得副产物石膏，通过控制吸收液的 pH 值，可得副产物半水亚硫酸钙。

该法所用吸收剂价廉易得，吸收效率高，回收的产物石膏可用作建筑材料，而半水亚硫酸钙是一种钙塑材料，用途广泛，因此成为目前吸收脱硫应用最多的方法。该法存在的最主要问题是吸收系统容易结垢、堵塞；另外，由于石灰乳循环量大，使设备体积增大，操作费用增高。

2）干法。

a. 活性炭吸附法。在有氧及水蒸气存在的条件下，用活性炭吸附 SO_2。由于活性炭表面具有催化作用，使吸附的 SO_2 被烟气中的 O_2 氧化为 SO_3，SO_3 再和水蒸气反应生成硫酸。生成的硫酸可用水洗涤下来；或用加热的方法使其分解，生成浓度高的 SO_2，此 SO_2 可用来制酸。

活性炭吸附法虽然不消耗酸、碱等原料，又无污水排出，但由于活性炭吸附容量有限，因此对吸附剂要不断再生，操作麻烦。另外为保证吸附效率，烟气通过吸附装置的速度不宜过大。当处理气量大时，吸附装置体积必须很大才能满足要求，因而不适于大气量烟气的处理，而所得副产物硫酸浓度较低，需进行浓缩才能应用，以上这些限制了该法的普遍应用。

b. 催化氧化法。在催化剂的作用下可将 SO_2 氧化为 SO_3 后进行净化。催化氧化法可用来处理硫酸尾气，技术成熟，已成为制酸工艺的一部分。但用此法处理电厂锅炉烟气及炼油尾气，则在技术上、经济上还存在一些问题需要解决。

（2）NO_x 废气治理技术。对含 NO_x 的废气也可采用多种方法进行净化治理（主要是治理生产工艺尾气）。

1）吸收法。目前常用的吸收剂有碱液、稀硝酸溶液和浓硫酸等。

常用的碱液有氢氧化钠、碳酸钠、氨水等。碱液吸收设备简单，操作容易，投资少，但吸收效率较低，特别是对 NO 吸收效果差，只能消除 NO_2 所形成的黄烟，达不到去除所有 NO_x 的目的。

用"漂白"的稀硝酸吸收硝酸尾气中的 NO_x，不仅可以净化排气，而且可以回收 NO_x 用于制硝酸，但此法只能应用于硝酸的生产过程中，应用范围有限。

2）吸附法。用吸附法吸附 NO_x 已有工业规模的生产装置，可以采用的吸附剂为活性炭与沸石分子筛。活性炭对低浓度 NO_x 具有很高的吸附能力，并且经解吸后可回收浓度高的 NO_x，但由于温度高时活性炭有燃烧的可能，给吸附和再生造成困难，限制了该法的使用。

丝光沸石分子筛是一种极性很强的吸附剂。当含 NO_x 废气通过时，废气中极性较强的 H_2O 分子和 NO_2 分子被选择性地吸附在表面上，并进行反应生成硝酸放出 NO。新生成的 NO 和废气中原有的 NO 一起，与被吸附的 O_2 进行反应生成 NO_2，生成的 NO_2 再与 H_2O 进行反应，重复上一个反应步骤。经过这样的反应后，废气中的 NO_x 即可除去。对被吸附的硝酸和 NO_x，可用水蒸气置换的方法将其脱附下来，脱附后的吸附剂经干燥、冷却后，即可重新用于吸附操作。

分子筛吸附法适于净化硝酸尾气，可将浓度为 $(1500 \sim 3000) \times 10^{-6}$ 的 NO_x 降低到 50×10^{-6} 以下，而回收的 NO_x 可用于 HNO_3 的生产，因此是一个很有前途的方法。该法的主要缺点是吸附剂吸附容量较小，因而需要频繁再生，限制了它的应用。

3）催化还原法。在催化剂的作用下，用还原剂将废气中的 NO_x 还原为无害的 N_2 和 H_2O 的方法称为催化还原法。依还原剂与废气中的 O_2 发生作用与否，可将催化还原法分为以下两类：

a. 非选择性催化还原。在催化剂的作用下，还原剂不加选择地与废气中的 NO_x 与 O_2 同时发生反应。作为还原剂气体可用 H_2 和 CH_4 等。该法由于存在着与 O_2 反应过程，放出热量大，因此在反应中必须使还原剂过量并严格控制废气中的氧含量。

b. 选择性催化还原。

在催化剂的作用下，还原剂只选择性地与废气中的 NO_x 发生反应，而不与废气中的 O_2 发生反应。常用的还原剂气体为 NH_3 和 H_2S 等。

催化还原法适用于硝酸尾气与燃烧烟气的治理，并可处理大气量的废气，技术成熟、净化效率高，是治理 NO_x 废气的较好方法。由于反应中使用了催化剂，对气体中杂质含量要求严格，因此对废气需进行预处理。用该方法进行废气处理时，不能回收有用的物质，但可回收热量。应用效果好的催化剂一般均含有铂、钯等贵金属组分，因此催化剂价格比较昂贵。

除此之外，还有催化分解法和热炭层法等。

（3）汽车尾气治理技术。汽车发动机排放的废气中含有 CO、碳氢化合物、NO_x、醛、有机铅化合物、无机铅、苯并芘等多种有害物。控制汽车尾气中有害物排放浓度的方法有两种：一种方法是改进发动机的燃烧方式，使污染物的产生量减少，称为机内净化；另一种方法是利用装置在发动机外部的净化设备，对排出的废气进行净化治理，称为机外净化。从发展角度说，机内净化是解决问题的根本途径，也是今后应重点研究的方向。机外净化采用的主要方法是催化净化法。

1）一段净化法。一段净化法又称为催化燃烧法，即利用装在汽车排气管尾部的催化燃烧装置，将汽车发动机排出的 CO 和碳氢化合物，用空气中的 O_2 氧化成为 CO_2 和 H_2O，净化后的气体直接排入大气。显然，这种方法只能去除 CO 和碳氢化合物，对 NO_x 没有去除作用，但这种方法技术较成熟，是目前我国应用的主要方法。

2）二段净化法。二段净化是利用两个催化反应器或在一个反应器中装入两段性能不同的催化剂，完成净化反应。由发动机排出的废气先通过第一段催化反应器（还原反应器），利用废气中的 CO 把 NO_x 还原为 N_2；从还原反应器排出的气体进入第二段反应器（氧化反应器），在引入空气的作用下，将 CO 和碳氢化合物氧化为 CO_2 和 H_2O。

按这种先进行还原反应，后进行氧化反应顺序的二段反应法，在实践中已得到了应用，但该法的缺点是燃料消耗增加，并可能对发动机的操作性能产生影响，而在氧化反应器中，由于副反应的存在，将会导致 NO_x 含量的回升。

3）三元催化法。三元催化法是利用能同时完成 CO、碳氢化合物的氧化和 NO_x 还原反应的催化剂，将三种有害物一起净化的方法。采用这种方法可以节省燃料、减少催化反应器的数量，是比较理想的方法。但由于需对空燃比进行严格控制以及对催化剂性能的要求高，因此从技术上来说还不十分成熟。

4.1.5.2　大气污染综合防治对策

目前我国城市和区域大气污染仍然十分严重，而形成这种状况的原因是能耗大，能源结构不合理，污染源不断增加、来源复杂以及污染物种类繁多等多种因素。因此，只靠单项治理或末端治理措施解决不了大气污染问题，必须从城市和区域的整体出发，统一规划并综合运用各种手段及措施，才有可能有效控制大气污染。

1. 城市大气污染综合防治

（1）制定综合防治规划，实现"一控双达标"。大气污染控制是一项综合性很强的技术，由于影响大气环境质量的因素很多，因此要控制大气环境污染，无论是对一个国家，还是一个地区或城市，都必须有全面而长远的大气污染综合防治规划。所谓大气污染综合防治规划是指从区域（或城市）大气环境整体出发，针对该地域内的大气污染问题（如污染类型、程度、范围等），根据对大气环境质量的要求，以改善大气环境质量为目标，抓住主要问题，综合运用各种措施，组合、优化确定大气污染防治方案。制定大气污染综合防治规划，是在新形势下实施可持续发展战略、全面改善城市大气环境质量的重要措施。

"一控双达标"的含义为："一控"即实施污染物排放总量控制；"双达标"是指所有工业污染源都要达标排放，直辖市、省会城市、经济特区城市、沿海开放城市和重点旅游城市的环境空气和地面水环境质量，按功能分区分别达到国家标准。

（2）调整工业结构，推行清洁生产。工业结构是工业系统内部各部门、各行业间的比例关系，是经济结构的主体，主要包括工业部门结构、行业结构、产品结构、原料结构、规模结构等。工业部门不同、产品不同、生产规模不同，则单位产值（或产品）污染物的产生量、性质和种类也不同。因此在经济目标一定的前提下，通过调整工业结构可以降低污染物排放量。一些城市的实践证明，因地制宜地优化工业结构，可削减排污量 10%～20%。合理、适宜地调整地区（或城市）的工业结构，将能改善该地区（或城市）的生态结构、促进良性循环。

在调整工业结构的同时，必须同时实施清洁生产。所谓清洁生产，可以概括为采用清洁的能源和原材料，通过清洁的生产过程，制造出清洁的产品。清洁生产把综合预防的环境策略持续地应用于生产过程和产品中，从而减少排放废物对人类和环境带来的风险，可以提高资源利用率，降低成本并可降低处理处置费用，既是减少排污、实现污染物总量控制目的的重要手段，又是促进经济增长方式转变的重要手段。

（3）改善能源结构，大力节约能源。目前我国城市空气质量仍处于较重的污染水平，这主要是由于能源仍以煤炭为主，且能耗大，浪费严重，而汽车尾气的污染又日益突出。

因此要有效地解决城市大气污染问题，必须要改善能源结构并大力节能，可采取如下措施：

1）集中供热。根据热源不同，城市集中供热可分为热电厂集中供热系统和锅炉房集中供热系统两种。集中供热比分散供热可节约 30％～35％ 的燃煤，且便于提高除尘效率和采取脱硫措施，减少烟尘和 SO_2 的排放量。在有条件的城市进行规划、建设和改造中，特别是在新建工业、居民小区等的建设中都应积极发展集中供热。

2）城市煤气化。气态燃料是清洁燃料，燃烧完全，使用方便，是节约能源和减轻大气污染的较好燃料形式。天然燃气（如天然气、液化石油气等）和燃料气化气（如油制气、煤制气等）均可作为城市煤气的气源，因此在城市中应因地制宜广开气源，大力发展和普及城市煤气，这也是当前和今后解决煤烟型大气污染的有效措施。

3）普及民用型煤。烧型煤比烧散煤可节煤 20％，可减少烟尘排放量 50％～60％，在型煤中加入固硫剂还可减少 SO_2 排放量 30％～50％，因此普及民用型煤是解决分散的生活面源以及解决小城镇煤烟型大气污染的可行的有效措施。

4）积极开发清洁能源。在大力节能的同时，各城市要积极开发清洁能源，除大力普及和推广城市煤气外，还应因地制宜地开发水电、地热、风能、海洋能、核电以及充分利用太阳能等。

（4）综合防治汽车尾气。随着经济持续地高速发展，我国汽车的持有量急剧增加，特别是在大城市，表现得更为明显。目前我国机动车尾气的排放水平基本处于国外未控制时水平。因而汽车排气的污染危害日益明显，如 1995 年 5 月成都出现的光化学烟雾，6 月上海也相继出现了光化学烟雾。

1）加强立法和管理。首先应建立、健全机动车污染防治的法规体系并严格执行。由于我国经济、技术发展水平的限制，对机动车排气中有害物的允许排放浓度的限制是比较宽松的，且多年没有改变，因此需要随经济、技术水平的不断提高和环境质量的要求予以提高和完善。

另外应完善相应的配套管理措施，如健全车辆淘汰报废制度，杜绝超期服役车和病残车的污染。

2）技术措施。为在机动车的生产与使用中实现节能、降耗、减少污染物的排出量，应大力发展环保汽车。环保汽车概念是针对污染严重的传统汽车而言，从燃料、发动机结构、净化措施乃至车身用材及设计等都应与传统汽车不同，是能适应空气质量要求越来越严格、节能降耗、少污染甚至是零污染的清洁车辆。其中车用燃料是很关键的一条，因为车用燃料的燃烧是产生污染物的最主要根源。

a. 用无铅汽油代替含铅汽油，减少铅污染。1997 年 6 月 1 日北京率先开始了汽油无铅化工作，10 月上海、广州相继实施，到 2000 年 6 月底，中国已全面实现了汽油无铅化，汽油中的铅含量达标率为 99％ 以上。全国实现无铅化后，每年可减少环境中铅排放量 1500t 以上，城市环境空气中的铅浓度大幅度降低。

b. 研究开发替代燃料。替代燃料是指那些燃烧好、排污少的燃料，也可称为清洁燃料。可作为汽油替代品的清洁燃料主要有 H_2、天然气、液化石油气、甲醇、乙醇和电能等。

（5）完善城市绿化系统。城市绿化系统是城市生态系统的重要组成部分。完善的城市绿化系统可以调节城市小气候、防风沙、滞尘、降低地面扬尘；可以使空气增湿、降温、缓解"城市热岛"效应；可吸收有害气体和杀菌等。因此建立完善的城市绿化系统是大气污染综合防治具有长效能和多功能的战略性措施。

资料表明，$1m^2$ 林木可以有相当于 $75m^2$ 过滤粉尘的叶面积，其吸附烟灰烟尘的能力相当大。就吸收有毒气体来说，阔叶林强于针叶林：垂柳、悬铃木、夹竹桃吸收 SO_2 的能力很强；而泡桐、梧桐、女贞等树木不仅抗氟能力强，吸氟能力也强。由此可见，针对大气污染区的污染特点，结合各种绿色植物的特性，筛选各种对大气污染物有较强的抵抗和吸收能力的绿色植物，努力扩大绿化面积，既能美化居住环境，又能大大减少大气污染的危害。

（6）加强城市大气环境质量管理。大气污染综合防治的原则之一是技术措施必须与管理措施相结合，因此大气环境质量管理就成为了大气污染综合防治的重要环节。

1）强化对大气污染源的监控。大气污染物主要来自于各种类型的污染源，因此必须强化对大气污染源的监控。污染源管理的目标可分为三个层次，即：

a. 控制污染源污染物的排放必须达到国家或地方规定的浓度标准。

b. 在污染物排放浓度达标基础上实行污染物排放总量控制。

c. 容量总量控制，即环境容量所允许的污染物排放总量控制。在有条件的城市应逐渐由总量控制向容量总量控制过渡。

应建立城市烟尘控制区，即在以城市街道和行政区为单位划定的区域内，对各种生活源和工业源烟尘黑度或浓度进行定量控制，使其达到规定标准。

另外，应按城市划分的功能区实行总量控制并实施大气污染物排放许可证制度。

2）实施城市空气质量的周报或日报。强化城市大气环境质量管理的重要措施之一是在城市中开展空气污染周报或日报工作。

开展城市空气污染周报（或日报）工作，公布空气污染指数（API），是为了反映我国城市大气环境状况，提高群众环境保护意识，并使我国的环境保护工作尽快与国际接轨的重要战略步骤。表 4.8 列出了空气污染指数及相应的空气质量级别。

表 4.8　空气污染指数及相应的空气质量级别

空气污染指数	空气质量级别	空气质量描述	对应空气质量的适用范围
0～50	I	优	自然保护区、风景名胜区和其他需要特殊保护的地区
51～100	II	良	居住区、商业交通居民混合区、文化区、一般工业区和农村地区
101～200	III	轻度污染	特定工业区
201～300	IV	中度污染	
≥301	V	重度污染	

3）大气污染气象预报及大气污染预报。空气污染周报（日报）是针对城市空气质量的现状的报告，而大气污染预报则是对可能出现的污染状况的报告。

开展大气污染预报是为了更好地反映环境污染变化的态势，使社会有关各方及时了解可能出现的空气污染情况，使一些污染物排放量大的单位和对空气污染物敏感的人群能预先做准备，采取必要的应对措施，并可为环境管理决策提供及时、准确、全面的环境质量信息。预报制度的实行标志着城市大气质量管理水平提到了一个更高的层次。

城市大气环境质量除与污染源排放污染物及各种综合治理措施的净化能力有关外，还与当地的气候条件及气象变化趋势有关。因为污染物从污染源排出后，是经过在大气中的扩散、输送，最后到达受体的，影响这个过程的气象条件被称为污染气象。要做好空气污染的预报工作，同时也必须要做好大气污染的气象预报，经过对这些方面的科学分析才可能准确判断污染的未来状况。可以预见，不久的将来，大气污染气象预报和大气污染预报也将像今日的天气预报一样进入人们的日常生活，指导和影响着人们的生活和行动。

2. 区域大气污染综合防治

区域大气污染，目前最突出的问题是 SO_2 的大量排放所造成的污染以及由此而导致的大面积酸雨的发展，因此，在今后一个时期内，酸雨和 SO_2 的污染控制将是我国区域大气污染防治工作的一项重要内容。

（1）划分"两控区"，控制酸雨和 SO_2 污染。由于酸雨主要是由人为排放 SO_2 造成的，因此要治理我国的酸雨污染，就要控制住 SO_2 排放总量。

我国政府高度重视酸雨和 SO_2 污染防治，1990 年国务院环委会曾通过《关于控制酸雨发展的意见》，1992 年在 2 省 9 市进行了工业燃煤 SO_2 排污收费试点工作并逐步制定了 SO_2 工业排污排放限值，这些措施对酸雨控制和 SO_2 的污染治理均起到了推动作用。为比较彻底地解决酸雨和 SO_2 的污染问题，1996 年根据 1995 年修订的《中华人民共和国大气污染防治法》，在全国划定酸雨控制区和 SO_2 污染控制区（"两控区"），在"两控区"内强化对酸雨和 SO_2 的污染控制。

1）"两控区"划定的原则。

a. 酸雨控制区的划定。由于酸雨是发生在较大范围的区域性污染，因此酸雨控制区应包括酸雨污染最严重地区及其周边 SO_2 排放量较大的地区。因此确定酸雨控制区的划分基本条件为：①现状监测降水 $pH \leqslant 4.5$；②硫沉降超过临界负荷；③SO_2 排放量较大的区域。

b. SO_2 污染控制区的划定。我国环境空气 SO_2 污染集中于城市，且主要是由局部地区大量的燃煤设施排放的 SO_2 所致，受外来污染源影响较小，控制 SO_2 污染主要是控制局部地区的 SO_2 排放源。据此 SO_2 污染控制区的划分基本条件为：①近年来环境空气 SO_2 年平均浓度超过国家二级标准；②日平均浓度超过国家三级标准；③SO_2 排放量较大；④以城市为基本控制单元。

依此划定的"两控区"总面积约占国土面积的 11.4%，"两控区"内 SO_2 的排放量约占全国排放量的 60%，因此控制住"两控区"内 SO_2 的排放就可基本控制住全国酸雨和 SO_2 污染不断恶化的趋势。

2）"两控区"控制目标。根据我国经济承受能力和环境保护要求，本着突出重点、量力而行、循序渐进的原则，对"两控区"实行分阶段的目标控制。

从 2010 年应使酸雨和 SO_2 污染状况明显好转；控制区内所有城市环境空气 SO_2 浓度都达到国家环境质量标准；酸雨控制区降水 pH 值不大于 4.5 地区面积明显减少。

（2）综合防治的政策与措施。

为实现上述目标，除继续执行过去已有的法律、法规、政策和管理措施外，还应有针对性地进一步实施更有效的综合治理措施。

1）制定"两控区"综合防治规划并纳入当地国民经济和社会发展计划组织实施。

2）限用高硫煤，必须从源头抓起。限制高硫煤的开采、生产、运输和使用，推进高硫煤矿配套建设洗选设备，同时优先向"两控区"供应低硫煤和洗选动力煤。

3）重点治理火电厂污染，削减 SO_2 排放总量。

4）抓好其他工业 SO_2 排放控制工作，主要防治化工、冶金、有色、建材等行业生产过程排放的 SO_2。

5）大力研究开发 SO_2 污染防治技术和设备。成熟的 SO_2 污染控制技术和设备是实现"两控区"控制目标的关键因素。

6）加强环境管理，强化环保执法。除强化排污收费、运用经济手段促进治理外，还应强化"两控区"环境监督管理。

4.2　水污染与防治

水是一种宝贵的自然资源，是人类赖以生存和发展必不可少的物质。地球上任何一个地区，只要有人类的日常生活和生产活动存在，就需要从各种天然水体中取用大量的水，并经过一定的工艺处理后供生活和生产使用。这些水经过使用后，改变了其原来的物理或化学成分，甚至丧失了某种使用价值，成为含有不同种类杂质的污水。

污水中的污染物种类繁多，因原水使用方式的不同，或主要含有有机污染物，或主要含有无机污染物，抑或含有病原微生物等，更可能多种污染物并存。这些污水如果未经任何处理直接排放到水环境中，就不可避免地造成水环境不同性质或不同程度的污染，从而危害人类身心健康，妨碍工农业生产，制约人类社会和经济的可持续发展。因此，人类必须寻求各种办法来处理和回用污水，以解决水资源短缺和水环境污染加剧问题。

本节在介绍水资源及水环境的基础上，主要讨论水污染及污染源，水体中主要污染物及危害，污水出路与排放，污水处理基本原则与方法等。

4.2.1　水资源及水环境

4.2.1.1　水资源概况

水是地球上最丰富的化合物，全球约有 3/4 的面积覆盖着水，地球上水的总量约有 $13.8 \times 10^8 \, \text{km}^3$，其中 97.5％是海水，海水含有大量的矿物质盐类，不宜直接被人类使用。地球的淡水资源仅占其总水量的 2.5％，而在这极少的淡水资源中，又有 70％以上被冻结在南极和北极的冰盖中，加上难以利用的高山冰川和永冻积雪，有 87％的淡水资源难以利用。人类真正能够利用的淡水资源是江河湖泊和地下水中的一部分，约占地球总水量的 0.26％。由于世界各地的水文、气象条件的差异，造成全球淡水资源不仅短缺而且地区分布极不均衡。巴西、俄罗斯、加拿大、中国、美国、印度尼西亚、印度、哥伦比亚和刚果等 9 个国家的淡水资源占了世界淡水资源的 60%，约占世界人口总数 40% 的 80 个国家和地区严重缺水。

地球上可用的水资源是基本不变的，而随着工农业生产的发展和人类生活水平的提高，全世界的用水量迅速增加。同时许多水资源污染严重，致使水资源越来越紧张。21世纪水资源正在变成一种宝贵的稀缺资源，水资源问题已不仅仅是资源问题，更成为关系到国家经济、社会可持续发展和长治久安的重大战略问题。

我国水资源的主要特点如下：

（1）总量大，人均量少。我国每年降水总量约为 6×10^{12} m³，其中约有 56% 的水量为植物蒸腾或地表水分蒸发所消耗，只有 44% 形成径流。全国河川年均径流量约为 2.6×10^{12} m³，加上冰川融雪和地下水补给，初步估算全国水资源总量约为 2.7×10^{12} m³。

与世界各国相比，我国河川年径流总量居第 6 位，但如果按人均占有径流量计算，每人年平均约为 2400m³，只相当于世界人均占有量的 1/4，居世界第 88 位，因此，我国水资源并不丰富。目前全国 600 多个城市中，400 多个缺水，其中 100 多个严重缺水，缺水问题比较突出。

（2）水量在地区上分布不平衡。我国地域辽阔，地形复杂，南北、东西气候差异大，水资源的分布特点与水量的分布和降水分布基本一致，呈东南多、西北少，由东南沿海地区向西北内陆递减，分布呈现不均匀的状态。

（3）水量在时空上分配不均匀。由于受季风气候影响，降水量在年内分配不均，年际变化很大。我国大部分地区冬春少雨，多春旱；夏秋多雨，多洪涝。全年降水多集中在夏季。此外，年际变化也很大，丰水年和枯水年降水量可相差五六倍之多。

（4）水土资源组合不相适应。东北、西北、黄淮河流域径流量只占全国总量的 17%，但土地面积却占全国的 65%；长江以南江河径流量占全国的 83%，土地面积仅占 35%。此外，对水资源的开发利用各地也很不平衡，南方多水地区水的利用程度较低，北方少水地区地表水、浅层地下水开发利用程度较高。

4.2.1.2 我国水环境现状

据国家环保总局环境公报数据显示，2015 年长江、黄河、珠江、松花江、淮河、海河、辽河等七大流域，Ⅰ类水质占 2.7%，Ⅱ类水质占 38.1%，Ⅲ类水质占 31.3%，Ⅳ类水质占 14.3%，Ⅴ类水质占 4.7%，劣Ⅴ类水质占 8.9%，劣Ⅴ类水质主要集中在海河、淮河、辽河和黄河流域。主要污染指标为化学需氧量、五日生化需氧量和总磷。其中水质状况：优为Ⅰ类水质和Ⅱ类水质，良好为Ⅲ类水质，轻度污染为Ⅳ类水质，中度污染为Ⅴ类水质，重度污染为劣Ⅴ类水质。

全国 62 个重点湖泊（水库）中，其中：5 个湖泊（水库）的水质为Ⅰ类；13 个为Ⅱ类；25 个为Ⅲ类；10 个为Ⅳ类；4 个为Ⅴ类；5 个为劣Ⅴ类。主要污染指标为总磷、化学需氧量和高锰酸盐指数。2015 年，开展营养状态监测的 61 个湖泊（水库）中，贫营养化的 6 个，中营养化的 41 个，轻度富营养化的 12 个，中度富营养化的 2 个。

北方平原区 17 个省（自治区、直辖市）的重点地区开展了地下水水质监测，监测井主要分布在地下水开发利用程度较大、污染较严重的地区。监测对象以浅层地下水为主，易受地表或土壤水污染下渗影响，水质评价结果总体较差。2103 个测站数据评价结果显示：水质优良、良好、较差和极差的测站比例分别为 0.6%、19.8%、48.4% 和 31.2%，无水质较好的测站。"三氮"污染较重，部分地区存在一定程度的重金属和有毒有机污染物。湖泊、水库重要渔业水域主要污染指标为总氮、总磷、高锰酸盐指数、石油类和铜，其中总磷、总氮和高锰酸盐指数的超标相对较重。

2015 年，中国管辖海域海水中无机氮、活性磷酸盐、石油类和化学需氧量等指标的监测结果显示，近岸局部海域海水环境污染依然严重，近岸以外海域海水质量良好。污染海域主要分布在辽东湾、渤海湾、莱州湾、江苏沿岸、长江口、杭州湾、浙江沿岸和珠江口等近岸海域。

水资源的不足，加上地表水、浅层地下水的污染又减少了可供利用水资源的数量，形成了污染性缺水，水污染已经对人体健康及工农业生产的持续发展带来了很大的危害。

4.2.2　水污染及污染源

4.2.2.1　水体污染与自净

水污染是指水体因某种物质的介入，而导致其物理、化学、生物或者放射性等方面特性的改变，从而影响水的有效利用，危害人体健康或者破坏生态环境，造成水质恶化的现象。

水体一般是指河流、湖泊、沼泽、水库、地下水、海洋的总称；在环境科学领域中则把水体当作包括水中的悬浮物、溶解物质、底泥和水生生物等完整的生态系统或完整的综合自然体来看。

水体按类型可划分为海洋水体和陆地水体，其中陆地水体又包括地表水体（如河流、湖、泊等）和地下水体；按区域划分是按某一具体的被水覆盖的地段而言的，如长江、黄河、珠江。在研究环境污染时，区分"水"与"水体"的概念十分重要。例如，重金属污染物易于从水中转移到底泥中，水中重金属的含量一般都不高，若只着眼于水，似乎未受到污染，但从水体看，可能受到较严重的污染。因此，研究水体污染主要研究水污染，同时也研究底质（底泥）和水生生物体污染。

各类天然水体都有一定的自净能力。污染物质进入天然水体后，经过一系列物理、化学及生物的共同作用，会使污染物在水中的浓度降低，经过一段时间后，水体往往能恢复到受污染前的状态，这种现象称为水体自净。水体自净作用按其机理可划分如下：

1）物理净化。天然水体通过扩散、稀释、沉淀和挥发等物理作用，使污染物质浓度降低的过程。

2）化学净化。天然水体通过分解、氧化还原、凝聚、吸附、酸碱反应等作用，使污染物质的存在形态发生变化或浓度降低的过程。

3）生物净化。天然水体中的生物，尤其是微生物在生命活动过程中不断将水中有机物氧化分解成无机物的过程。

物理净化和化学净化只能使污染物的存在场所与形态发生变化，从而使水体中的存在浓度降低，但并不能减少污染物的总量，而生物净化作用则不同，可使水体中有机物无机化，降低污染物总量，真正净化水体。

影响水体自净的因素很多，其中主要因素有受纳水体的地理与水文条件、微生物的种类与数量、水温、复氧能力及水体和污染物的组成、污染物浓度等。

虽然天然水体有一定的自净能力，但是在一定时间和空间范围内，如果污染物质大量进入天然水体并超过了其自净能力，就会造成水体污染。

4.2.2.2 水污染源

向水体排放或释放污染物的来源或场所，称为水污染源。通常是指向水体排入污染物或对水体产生有害影响的场所、设备和装置。水污染源可分为自然污染源和人为污染源两大类。自然污染源是指自然界自发向环境排放有害物质、造成有害影响的场所；人为污染源则是指人类社会经济活动所形成的污染源。

随着人类活动范围和强度的不断扩大与增强，人类生产、生活活动已成为水污染的主要来源。人为污染源又可按照排放方式的不同分为点源污染和面源污染。

（1）点源污染。点源污染的排污形式为集中在一点或一个可当作一点的小范围，最主要的点源污染有工业废水和生活污水。

工业废水是水体最重要的一个大点污染源。随着工业的迅速发展，工业废水的排放量大，污染范围广，排放方式复杂，污染物种类繁多，成分复杂，在水中不易净化，处理也比较困难。表4.9给出了一些工业废水中所含的主要污染物及废水特点。

表 4.9　　　　　　　　　一些工业废水中的主要污染物及废水特点

工业部门	废水中主要污染物	废 特 点
化学工业	各种盐类、Hg、As、Cd、氰化物、苯类、酚类、醛类、醇类、油类、多环芳香烃化合物等	有机物含量高,pH 变化大在,含盐量高
石油化学工业	油类、有机物、硫化物	有机物含量高,成分复杂,水量大,毒性交强
冶金工业	酸、重金属 Cu、Pb、Zn、Hg、Cd、As 等	有机物含量高,酸性强,水量大,有放射性,有毒性
纺织印染工业	染料、酸、碱、硫化物、各种纤维素悬浮物	带色,pH 变化大在,有毒性
制革工业	铬、硫化物、盐、硫酸、有机物	有机物含量高,含盐量高,水量大,有恶臭
造纸工业	碱、木质素、酸、悬浮物等	碱性强,有机物含量高,水量大在,有恶臭
动力工业	冷却水的热污染、悬浮物、放射性物质	高温,酸性,悬浮物多,水量大,有放射性
食品加工工业	有机物、细菌、病毒	有机物含量高,致病菌多,水量大,有恶臭

城市生活污水是另一个大点源污染，主要来自家庭、商业、学校、旅游、服务行业及其他城市公用设施，包括粪便水、洗浴水、洗涤水和冲洗水等。生活污水中物质组成不同于工业废水，99.9%以上为水，固体物质小于0.1%，污染物质主要是悬浮态或溶解态的有机物（如纤维素、淀粉、脂肪、蛋白质及合成洗涤剂等）、氮、磷营养物质、无机盐类、泥沙等，其中的有机物质在厌氧细菌的作用下，易生成恶臭物质，如 H_2S、硫醇等。此外，生活污水中还含有多种致病菌、病毒和寄生虫卵等。

（2）面源污染。面源污染指溶解的和固态的污染物从非特定的地点，在降水（或融雪）冲刷作用下，通过径流过程而汇入受纳水体（包括河流、湖泊、水库和海湾等）并引起水体的富营养化或其他形式的污染。面源污染的排放一般分散在一个较大的区域范围，多为人类在地表上活动所产生的水体污染源。面源污染又称为非点源，其分布广泛，物质构成与污染途径十分复杂，如地表水径流、农村中分散排放的生活污水及乡镇工业废水、含有农药化肥的农田排水、畜禽养殖废水以及水土流失等；又如城市交通中，汽车尾气排放出的重金属物质，随降雨或融雪后的地面径流，经城市排水系统而进入河流，造成水体污染。与点源污染相比，面源污染具有很大的随机性、不稳定性和复杂性，受外界气候、水文条件的影响很大。根据面源污染发生区域和过程的特点，一般将其分为农业面源污染和城市面源污染两大类。

农业面源污染是指在农业生产活动中，农田中的泥沙、营养盐、农药及其他污染物，在降水或灌溉过程中，通过农田地表径流、壤中流、农田排水和地下渗漏，进入水体而形成的面源污染。这些污染物主要来源于农田施肥、农药、畜禽及水产养殖和农村居民。农业面源污染是最为重要且分布最为广泛的面污染源，农业生产活动中的氮素和磷素等营养物、农药以及其他有机或无机污染物，通过农田地表径流和农田渗漏形成地表和地下水环境污染。土壤中未被作物吸收或土壤固定的 N 和 P 通过人为或自然途径进入水体是引起水体污染的一个因素。农业面源污染是目前我国农村环境质量下降的主要原因，对生态系统功能、人类健康和经济发展等造成了严重的后果，尤其是导致流域水环境和水资源的恶化，从而影响到人类赖以生存的淡水资源。因为农业面源污染随机性大、时空范围广、潜伏周期长、成因复杂，其成为近年来国内环境领域普遍关注的一个重要问题。

城市面源污染主要是由降雨径流的淋洗和冲刷作用产生的，特别是在暴雨初期，由于降雨径流将地表的、沉积在排水管网的污染物在短时间内突发性冲刷汇入受纳水体而引起水体污染。据观测，在暴雨初期（降雨前 20min）污染物浓度一般都超过平时污水浓度，城市面源具有突发性、高流量和重污染等特点。

目前，随着点源控制力度的加大，面源对水体的污染已逐渐成为水体水质恶化的主要原因。

4.2.3 水体中的主要污染物及其危害

4.2.3.1 水体中主要污染物

1. 悬浮物

悬浮物是指悬浮在水中的细小固体或胶体物质，颗粒直径为 $0.1\sim1.0\mu m$ 的称为细分散性悬浮物，粒径在 $1.0\mu m$ 以上的称为粗分散性悬浮固体。这些微粒主要是由泥沙、黏土、原生动物、藻类、细菌、病毒，以及高分子有机物等组成，常常悬浮在水流之中，水产生的浑浊现象，也都是由此类物质所造成。主要来自水力冲灰、矿石处理、建筑、冶金、化肥、化工、纸浆和造纸、食品加工等工业废水和生活污水。

悬浮物除了使水体浑浊，从而影响水生植物的光合作用外，悬浮物的沉积还会窒息水底栖息生物，淤塞河流或湖库。此外，悬浮物中的无机和有机胶体物质较容易吸附营养物、有机毒物、重金属、农药等，形成危害更大的复合污染物。

2. 耗氧有机物

天然水中的有机物一般指天然的腐殖质及水生生物的生命活动产物。生活废水、食品加工和造纸等工业废水中，含有大量的有机物，如碳水化合物、蛋白质、油脂、木质素、纤维素等。有机物的共同特点是这些物质直接进入水体后，通过微生物的生物化学作用而分解为简单的无机物质 CO_2 和水，在分解过程中需要消耗水中的溶解氧，而在缺氧条件下污染物就发生腐败分解、恶化水质，因此常称这些有机物为耗氧有机物。水体中耗氧有机物越多，耗氧量越大，水质也越差，说明水体污染越严重。

在标准状况下，水中溶解氧约 9mg/L，当溶解氧降至 4mg/L 以下时，将严重影响鱼类和水生生物的生存；当溶解氧降低到 1mg/L 时，大部分鱼类会窒息死亡；当溶解氧降至 0 时，水中厌氧微生物占据优势，有机物将进行厌氧分解，产生 CH_4、H_2S、NH_3 和硫醇等难闻、有毒气体，造成水体发黑发臭，影响城市供水及工农业生产用水和景观用水。耗氧有机物是当前全球最普遍的一种水污染物，清洁水体中耗氧有机物的含量应低于 3mg/L，耗氧有机物超过 10mg/L 则表明水体已受到严重污染。由于耗氧有机物成分复杂、种类繁多，一般常用综合指标如生化需氧量（BOD）、化学需氧量（COD）等表示。

耗氧有机物常出现在生活废水及部分工业废水中，如有机合成原料、有机酸碱、油脂类、高分子化合物、表面活性剂、生活废水等。它的来源多，排放量大，所以污染范围广。

3. 植物营养物

植物营养物主要是指 N、P 及其化合物。从农作物生长的角度看，适量的 N、P 为植物生长所必需，但过多的营养物质进入天然水体，将使水体质量恶化，影响渔业的发展和危害人体健康。

过量的植物营养物质主要来自以下途径：

1）来自化肥，也是主要方面。施入农田的化肥只有一部分为农作物所吸收，以氮肥为例。在一般情况下，未被植物利用的氮肥超过 50%，有的甚至超过 80%。这么多的未被植物利用的氮化合物绝大部分被农田排水和地表径流携带至地下水与地表水中。

2）来自生活污水的粪便（氮的主要来源）和含磷洗涤剂。由于近年来大量使用含磷洗涤剂，生活污水中含磷量显著增加，如美国生活污水中 50%～70% 的磷来自洗涤剂。

3）由于雨、雪对大气的淋洗和对磷灰石、硝石、鸟粪层的冲刷，使一定量的植物营养物质汇入水体。

过量的植物营养物质排入水体，刺激水中藻类及其他浮游生物大量繁殖，导致水中溶解氧下降，水质恶化，鱼类和其他水生生物大量死亡，称为水体的富营养化。当水体出现富营养化时，大量繁殖的浮游生物往往使水面呈现红色、棕色、蓝色等颜色，这种现象发生在海域时称为赤潮，发生在江河湖泊则称为水华。水体富营养化一般都发生在池塘、湖泊、水库、河口、河湾和内海等水流缓慢、营养物容易聚积的封闭或半封闭水域。

藻类死亡后，沉入水底，在厌氧条件下腐烂、分解。又将 N、P 等营养物重新释放进入水体，再供给藻类利用。这样周而复始，形成了 N、P 等植物营养物质在水体内部的物质循环，使植物营养物质长期保存在水体中。所以缓流水体一旦出现富营养化，即使切断外界营养物质的来源，水体还是很难恢复，这是水体富营养化的重要特征。

4. 重金属

作为水污染物的重金属，主要是指 Hg、Ge、Pb、Cr 以及类金属 As 等生物毒性显著的元素。

重金属以 Hg 毒性最大，Ge 次之，Pb、Cr、As 也有相当毒害，称之为"五毒"。采矿和冶炼是向环境水体中释放重金属的最主要污染源。

重金属污染物最主要的特性是：在水体中不能被微生物降解，而只能发生各种形态之间的相互转化，以及分散和富集的过程。

从毒性和对生物体、人体的危害方面看，重金属的污染有以下特点：

（1）在天然水体中只要有微量浓度即可产生毒性效应，如重金属 Hg、Ge 产生毒性的浓度范围为 $0.001 \sim 0.01 \text{mg/L}$。

（2）通过食物链发生生物放大、富集，在人体内不断积蓄造成慢性中毒。例如，日本的"骨痛病"事件就是由 Ge 积累过多引起的，其危害症状为关节痛、神经痛和全身骨痛，最后骨骼软化，饮食不进，在衰弱疼痛中死去。此病潜伏期很长，可达 $10 \sim 30$ 年。

（3）水体中的某些重金属可在微生物的作用下转化为毒性更强的金属化合物，如 Hg 的甲基化（无机 Hg 在水环境或鱼体内由微生物的作用转化为毒性更强的有机 Hg——甲基汞）。著名的日本水俣病就是由甲基汞所造成的，主要是破坏人的神经系统，其危害症状为口齿不清，步态不稳，面部痴呆，耳聋眼瞎，全身麻木，最后精神失常。

5. 难降解有机物

难降解有机物是指难以被自然降解的有机物，它们大多为人工合成化学品，如有机氯化合物、有机芳香胺类化合物、有机重金属化合物以及多环有机物等。它们的特点是能在水中长期稳定地存留，并在食物链中进行生物积累，其中一部分化合物即使在十分低的含量下仍具有致癌、致畸、致突变作用，对人类的健康产生远期影响。

6. 石油类

水体中石油类污染物质主要来源于船舶排水、工业废水、海上石油开采及大气石油烃沉降。水体中油污染的危害是多方面的：含有石油类的废水排入水体后形成油膜，阻止大气对水的复氧，并妨碍水生植物的光合作用；石油类经微生物降解需要消耗 O_2，造成水体缺氧；石油类黏附在鱼鳃及藻类、浮游生物上，可致其死亡；石油类还可抑制水鸟产卵和孵化。此外，石油类的组成成分中含有多种有毒物质，食用受石油类污染的鱼类等水产品，会危及人体健康。

7. 酚类和氰化物

酚是一类含苯环化合物，可分单元酚和多元酚；也可按其性质分为挥发性酚和非挥发性酚。水中酚类主要来源是炼焦、钢铁、有机合成、化工、煤气、制药、造纸、印染以及防腐剂制造等工业排出的废水。

酚虽然易被分解，但水体中酚负荷超量时亦会造成水体污染。水体低浓度酚影响鱼类生殖回游，仅 $0.1 \sim 0.2 \text{mg/L}$ 时，鱼肉就有异味，降低食用价值；浓度高时可使鱼类大量死亡，甚至中毒。

氰化物分两类：一类为无机氰，如氢氰酸及其盐类（氰化钠、氰化钾）等；另一类为有机氰或腈，如丙烯腈、乙腈等。氰化物在工业中应用广泛，但由于是剧毒物质，因而其污染问题早已引起人们充分的重视。氰化物对鱼类及其他水生生物的危害较大，水中氰化物含量折合成氰离子（CN⁻），浓度达 0.04～0.1mg/L 时，就能使鱼类致死。对于浮游生物和甲壳类生物，氰离子最大容许浓度为 0.01mg/L。

8. 酸碱及一般无机盐类

酸性废水主要来自矿山排水、冶金、金属加工酸洗废水和酸雨等。碱性废水主要来自碱法造纸、人造纤维、制碱、制革等废水。酸、碱废水彼此中和，可产生各种盐类，它们分别与地表物质反应也能生成一般无机盐类，所以酸和碱的污染，也伴随着无机盐类污染。

酸、碱废水破坏水体的自然缓冲作用，消灭或抑制细菌及微生物的生长，妨碍水体的自净功能，腐蚀管道和船舶、桥梁及其他水上建筑。酸碱污染不仅能改变水体的 pH 值，而且可大大增加水中的一般无机盐类和水的硬度，对工业、农业、渔业和生活用水都会产生不良的影响。

9. 病原体

病原体主要来自生活污水和医院废水，制革、屠宰、洗毛等工业废水，以及牧畜污水。病原体有病毒、病菌、寄生虫三类，可引起霍乱、伤寒、胃炎、肠炎、痢疾及其他多种病毒传染疾病和寄生虫病。病原微生物的水污染危害历史悠久，至今仍是危害人类健康和生命的重要水污染类型。1848 年、1854 年英国两次霍乱流行，各死亡万余人；1892 年德国汉堡霍乱流行，死亡 7500 余人，都是由水中病原体引起的。洁净的天然水一般含细菌是很少的，病原微生物就更少，受病原微生物污染后的水体，微生物激增，其中许多是致病菌、病虫卵和病毒，它们往往与其他细菌和大肠杆菌共存，所以通常规定用细菌总数和菌指数为病原微生物污染的间接指标。

病原体的特点是数量大、分布广、存活时间较长、繁殖速度很快、易产生抗药性，很难消灭。因此，此类污染物实际上通过多种途径进入人体，并在体内生存，一旦条件适合，就会引起人体疾病。

10. 热污染

由工矿企业排放高温废水引起水体的温度升高，称为热污染。热污染的主要危害如下：

（1）由于水温升高，使水体溶解氧浓度降低，大气中的氧向水体传递的速率也减慢；另外，水温升高会导致生物耗氧速度加快，促使水体中的溶解氧更快被耗尽，水质迅速恶化，造成异色和水生生物因缺氧而死亡。

（2）水温升高会加快藻类繁殖，从而加快水体富营养化进程。

（3）水温升高可导致水体中的化学反应加快，使水体的物理和化学性质如离子浓度、电导率、腐蚀性发生变化，从而引起管道和容器的腐蚀。

（4）水温升高会加速细菌生长繁殖，增加后续水处理的费用。

11. 放射性物质

放射性物质主要来自核工业部门和使用放射性物质的民用部门。放射性物质污染地表水和地下水，影响饮水水质，并且通过食物链对人体产生内照射，可出现头痛、头晕、食欲下降等症状，继而出现白细胞和血小板减少，超剂量的长期作用可导致肿瘤、白血病和遗传障碍等。

4.2.3.2　主要污染物在水中的迁移转化及危害

1. 耗氧有机物

耗氧有机物进入水体会被微生物降解，其过程为：在细胞体外，经胞水解酶的作用，复杂的大分子化合物被分解成较简单的小分子化合物，然后小分子简单化合物再进入细胞内进一步分解，分解产物有两方面的作用，一是被合成为细胞材料，二是转换成能量供微生物维持生命活动。

(1) 碳水化合物的生物降解。碳水化合物生物降解如图 4.1 所示。

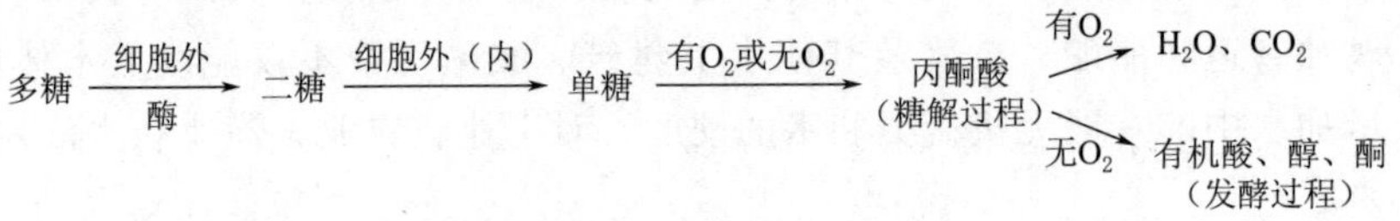

多糖
细胞外
酶
二糖
细胞外（内）
单糖
有O2或无O2
丙酮酸
（糖解过程）
有O2
H2O、CO2
无O2
有机酸、醇、酮
（发酵过程）

图 4.1　碳水化合物生物降解示意图

碳水化合物是 C、H、O 组成的不含氮的有机物，可分为多糖［$(C_6H_{10}O_5)_n$，如淀粉］、二糖（$C_{12}H_{22}O_{11}$，如乳糖）、单糖（$C_6H_{12}O_6$，如葡萄糖）。在不同酶的参与下，淀粉首先在细胞外水解成为乳糖，然后在细胞内或细胞外再水解成为葡萄糖。葡萄糖经过糖酵解过程转变为丙酮酸。在有氧条件下，丙酮酸完全氧化为水和 CO_2。在无氧条件下，丙酮酸不完全氧化，最终产物是有机酸、醇、酮，这部分产物对水环境的影响较大。

(2) 脂肪的生物降解。脂肪生物降解如图 4.2 所示。

脂肪
细胞外
甘油
细胞内、外
丙酮酸
有O2
H2O、CO2
无O2
有机酸
（发酵过程）
脂肪酸
细胞内、外
醋酸
有O2
H2O、CO2
无O2
有机酸
（发酵过程）

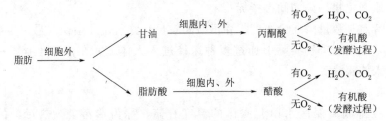

图 4.2　脂肪生物降解示意图

脂肪的组成与碳水化合物相同，由 C、H、O 组成。脂肪的降解步骤和最终产物比碳水化合物更具多样性。脂肪在细胞外水解，生成甘油和相应的脂肪酸。然后上述物质再分别水解成丙酮酸和醋酸。在有氧条件下，丙酮酸和醋酸完全氧化，生成水和 CO_2；在无氧条件下，完成发酵过程，生成各种有机酸。

(3) 蛋白质的生物降解。蛋白质生物降解如图 4.3 所示。

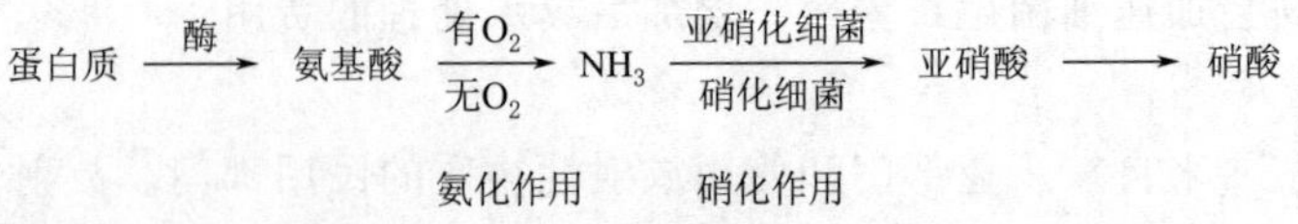

蛋白质
酶
氨基酸
有O2
无O2
NH3
亚硝化细菌
硝化细菌
亚硝酸
硝酸
氨化作用
硝化作用

图 4.3　蛋白质生物降解示意图

蛋白质的组成与碳水化合物和脂肪不同，除含有 C、H、O 外，还含有 N。蛋白质是由各种氨基酸分子组成的复杂有机物，含有氨基和羧基，并由肽键连接起来。蛋白质的生物降解首先是在水解的作用下脱掉氨和羧基，形成氨基酸。氨基酸进一步分解脱除氨基，生成 NH_3，通过硝化作用形成亚硝酸，最后进一步氧化为硝酸。如果在缺氧水体中硝化作用不能进行，就会在反硝化细菌作用下发生反硝化作用。

一般来说，含氮有机物的降解比不含氮的有机物难，而且降解产物、污染性强，同时与不含氮的有机物的降解产物发生作用，从而影响整个降解过程。

（4）耗氧有机物的降解与溶解氧平衡。

有机物排入河流后，在被微生物氧化分解的过程中要消耗水中的溶解氧（DO）。所以，受有机污染物污染的河流，水中溶解氧的含量受有机污染物的降解过程控制。溶解氧含量是使河流生态系统保持平衡的主要因素之一，溶解氧的急剧降低甚至消失，会影响水体生态系统平衡和渔业资源，当 $DO<1mg/L$ 时，大多数鱼类便窒息而死，因此研究 DO 变化规律具有重要的实际意义。

有机污染物排入河流后，经微生物降解而大量消耗水中的溶解氧，使河水亏氧；同时，空气中的氧通过河流水面不断地溶入水中，又会使溶解氧逐步得到恢复，所以耗氧与复氧同时存在。河水中的 DO 与五日生化需氧量（BOD_5）浓度变化曲线如图 4.4 所示。

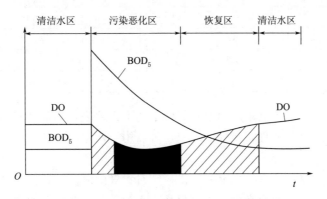

图 4.4 被污染河流中 BOD_5 和 DO 的变化曲线

将污水排入河流定为基点 O，向上游去的距离取负值，向下游去的距离取正值。在上游未受污染的区域，BOD_5 很低，DO 接近饱和值，在 O 点有污水排入。由溶解氧曲线可以看出：DO 和 BOD_5 有非常密切的关系。在污水未排入前，河水中的 DO 很高，污水排入后因有机物分解作用耗氧，耗氧速率大于大气复氧速率，DO 从 O 点开始向下游逐渐减低。从 O 点流经 2.5d，降至最低点，此点称为临界点，该点处耗氧速率等于复氧速率。临界点后，耗氧速率因有机物浓度降低而小于复氧速率，DO 又逐渐回升，最后恢复到近于污水注入前的状态。在污染河流中 DO 曲线呈下垂状，称为溶解氧下垂曲线（简称氧垂曲线）。

根据 BOD_5 和 DO 曲线，可以把该河划分为污水排入前的清洁水区、排入后的水质污染恶化区、恢复区和恢复后的清洁水区。图 4.4 中斜线部分表示受污染后低于正常值，黑影部分表示 DO 低于水体质量标准。

美国学者斯特里特·菲尔普斯对有机物进入河流的耗氧和复氧过程的动力学进行了分

析研究，认为河流中亏氧量的变化速率等于耗氧速率与复氧速率之和，从而推导出了河流中氧垂曲线方程为

$$D_t = \frac{k_1 L_0}{k_2 - k_1}(10^{-k_1 t} - 10^{-k_2 t}) + D_0 \cdot 10^{-k_2 t} \tag{4-1}$$

式中　D_t——t 时刻河流中产氧量，mg/L；

　　　L_0——有机污染物总量，即氧化全部有机物所需要的氧量，mg/L；

　　　k_1、k_2——耗氧速率常数，复氧速率常数，与水温及河流水文条件有关，其取值见表 4.10 与表 4.11。

表 4.10　　　　　　　　　　　　耗 氧 速 率 常 数 k_1 值

河水水温/℃	0	5	10	15	20	25	30
k_1	0.03999	0.0502	0.0632	0.0795	0.1	0.1260	0.1583

表 4.11　　　　　　　　　　　　复 氧 速 率 常 数 k_2 值

河流水文条件	水　温/℃			
	10	15	20	25
缓流水体	—	0.11	0.15	—
流速小于 1m/s 水体	0.17	0.185	0.20	0.215
流速大于 1m/s 水体	0.425	0.460	0.50	0.54
急流水体	0.684	0.740	0.80	0.865

由式（4-1）计算，在氧垂点的溶解氧含量达不到地表水最低溶解氧含量要求时，则应对排入河流的污水进行处理，故式（4-1）可以用于确定污水处理厂的处理程度。

2. 植物营养物

植物营养物进入水体的途径主要有：雨、雪对大气的淋洗，径流对地表物质淋溶与冲刷，农田施肥，农业生产的废弃物，城市生活污水和某些工业废水的带入。

（1）含氮化合物的转化。含氮化合物在水体中的转化分为两步：第一步是含氮化合物如蛋白质、多肽、氨基酸和尿素等有机氮转化为无机氨；第二步是氨氮的亚硝化和硝化。这两步转化反应都是在微生物作用下进行的。

有机氮在水体中的转化过程一般要持续若干天。从耗氧有机物在水体中的转化过程来看，"有机氮→NH_3→NO_2^-→NO_3^-"可作为耗氧物质自净过程的判断标志。但这一过程又是耗氧有机物向植物营养物污染的转化过程，也就是从一种污染方式向另一种污染方式转换，这一点值得注意。

（2）含磷化合物的转化。水体中的无机磷几乎都是以磷酸盐形式存在的包括：磷酸根，偏、正磷酸盐，聚合磷酸盐。

有机磷则多以葡萄糖—6—磷酸、2—磷酸甘油酸等形式存在。

水体中的可溶性磷很容易与 Ca^{2+}、Fe^{3+}、Al^{3+} 等离子生成难溶性沉淀物而沉积于水体底泥中。沉积物中的磷，通过湍流扩散再度稀释到上层水体中，或者当沉积物的可溶性磷大大超过水体中磷的浓度时，则可能再次释放到水体中。

（3）氮磷污染与水体富营养化。富营养化是湖泊分类和演化的一种概念，是湖泊水体老化的一种自然现象。在自然界物质的正常循环过程中，湖泊将由贫营养湖发展为富营养湖，进一步又发展为沼泽地和旱地。但这一历程需时很长，在自然条件下，需时几万年甚至几十万年，但富营养化将大大地促进这一进程。

如果氮、磷等植物营养物大量而连续地进入湖泊、水库及海湾等缓流水体，将促进各种水生生物（主要是藻类）的活性，刺激它们异常增殖，这样就会造成一系列的危害。

由于水温升高，使水体溶解氧浓度降低，大气中的氧向水体传递的速率也减慢；另外，水温升高会导致生物耗氧速度加快，促使水体中的溶解氧更快被耗尽，水质迅速恶化，造成异色和水生生物因缺氧而死亡。水温升高会加快藻类繁殖，从而加快水体富营养化进程。

1）藻类占据的空间越来越大，使鱼类活动的空间越来越小，衰死藻类将沉积水底。

2）藻类种类逐渐减少，并以硅藻和绿藻为主转为以蓝藻为主，蓝藻不是鱼类的良好饵料，而且增殖迅速，其中有一些是有毒的。

3）藻类过度生长，将造成水中溶解氧的急剧变化，能在一定时期内使水体处于严重缺氧状态，使鱼类大量死亡。

湖泊水体的富营养化与水体中的氮磷含量有密切关系，据瑞典 46 个湖泊的调查资料证实，一般总磷和无机氮浓度分别为 0.022mg/L 和 0.3mg/L 时，就可以认为水体处于富营养化状态。

近年来又有人认为，富营养化问题的关键不是水中营养物质的浓度，而是营养物质的负荷量。据研究，贫营养湖与富营养湖之间的临界负荷量为：总磷为 0.2～0.5mg/(L·a)，总氮为 5～10mg/(L·a)。对发生富营养化作用来说，磷的作用远大于氮的作用，磷的含量不很高时就可以引起富营养化。

3. 石油类污染物质

石油中 90％是各种烃的复杂混合物，它的基本组成元素为 C、H、S、O 和 N。大部分石油含 84％～86％的 C，12％～14％的 H，1％～3％的 S、O 和 N。石油俗称"工业的血液"，其进入水体的途径相当广泛，但主要是通过工业废水。

石油类物质进入水体后发生一系列复杂的迁移转化过程，主要包括扩展、挥发、溶解、乳化、光化学氧化、微生物降解、生物吸收和沉积等。

（1）扩展过程。油在海洋中的扩展形态由其排放途径决定。船舶正常行驶时需要排放废油，属于流动点源的连续扩展；油从污染源（搁浅、触礁的船或陆地污染源）缓慢流出，属于点源连续扩展；船舶和储油容器损坏时，油立刻全部流出，属于点源瞬时扩展。扩展过程包括重力惯性扩展、重力黏滞扩展、表面张力扩展和停止扩展四个阶段。重力惯性扩展在 1h 内就可以完成，重力黏滞扩展大约需要 10h，而表面张力扩展要持续 100h。扩展作用与油类的性质有关，同时受到水文和气象等因素的影响。扩展作用的结果是：一方面扩大污染范围；另一方面使油—气、油—水接触面积增大，使更多的油污通过挥发、溶解、乳化作用进入大气和水体中，从而加强了油类的降解过程。

（2）挥发过程。挥发的速度取决于石油中各种烃的组分、起始浓度、面积大小和厚度及气象状况等。挥发模拟实验结果表明：石油中低于 C_{15} 的所有烃类（例如石油醚、汽油、煤油等），在水体表面很快挥发掉。$C_{15} \sim C_{25}$ 的烃类（例如柴油、润滑油、凡士林等），在水中挥发较少；大于 C_{25} 的烃类，在水中极少挥发，挥发作用是水体中油类污染物质自然消失的途径之一，它可去除海洋面积约 50％的烃类。

（3）溶解过程。与挥发过程相似，溶解过程取决于烃类中碳数目的多少，石油在水中的溶解度实验表明，在蒸馏水中的一般规律是：烃类中每增加 2 个碳，溶解度下降 90％，在海水中也服从此规律，但其溶解度比蒸馏水中低 12％～30％，溶解过程虽然可以减少水体表面的油膜，但却加重了水体的污染。

（4）乳化过程。油—水通过机械振动（海流、潮汐、风浪等），形成微粒，互相分散在对方介质中，共同组成一个相对稳定的分散体系，乳化过程包括水包油和油包水两种乳化作用，顾名思义，水包油乳化是把油膜冲击成很小的涓滴分布于水中；而油包水乳化是含沥青较多的原油将水吸收，形成一种褐色的黏滞的半固体物质。乳化过程可以进一步促进生物对油类的降解作用。

（5）光化学氧化过程。主要指石油中的烃类在阳光（特别是紫外线）照射下，迅速发生光化学反应，先离解生成自由基，接着转变为过氧化物，然后再转变为醇等物质，该过程有利于消除油膜，减少海洋水面污染。

（6）微生物降解过程。与需氧有机物相比，石油的生物降解较困难，但比化学氧化作用快 10 倍，微生物降解石油的主要过程有：烷烃的降解，最终产物为 CO_2 和水；烯烃的降解，最终产物为脂肪酸；芳烃的降解，最终产物为琥珀酸或丙酮酸和 CH_3CHO；环己烷的降解，最终产物为己二酸，石油的降解速度受油的种类、微生物群落、环境条件的控制，同时，水体中的溶解氧含量对其降解也有很大的影响。

（7）生物吸收过程。浮游生物和藻类可直接从海水中吸收溶解的石油烃类，而海洋动物则通过吞食、呼吸、饮水等途径将石油颗粒带入体内或直接吸附于其体表，生物吸收石油的数量与水中石油的浓度有关，而进入体内各组织的浓度还与脂肪含量密切相关，石油烃在动物体内的停留时间取决于石油烃的性质。

（8）沉积过程。沉积过程包括两方面：一是石油烃中较轻的组分被挥发、溶解，较重的组分便被进一步氧化成致密颗粒而沉降到水底；二是分散状态存在于水体中的石油，也可能被无机悬浮物吸附而沉积，这种吸附作用与物质的粒径有关，同时也受盐度和温度的影响，即随盐度的增加而增加，随温度升高而降低，沉积过程可以减轻水中的石油污染，沉入水底的油类物质，可能被进一步降解，但也可能在水流和波浪作用下重新悬浮于水面造成二次污染。

4. 重金属

重金属是地球上最为普遍、具有潜在生态危害的一类污染物。与其他污染物相比，重金属不但不能被微生物分解，反而能够富集于生物体内，并可以将某些重金属转化为毒性更强的重金属有机化合物。

（1）重金属在环境中的行为和主要影响。

1）重金属是构成地壳的元素，在自然界分布非常广泛，它遍布于土壤、大气、水体和生物体中。

2）重金属作为有色金属，在人类的生产和生活中有着广泛的应用，各种各样的重金属污染源由此而存在于环境中。

3）重金属大多数属于过渡元素，在自然环境中具有不同的价态、活性和毒性效应，通过水解反应，重金属易生成沉淀物，重金属还可以与无机、有机配位体反应，生成络合物或螯合物。

4）重金属对生物体和人体的危害特点在于：①毒性效应；②生物不能降解，却能将某些重金属转化为毒性更强的金属有机化合物；③食物链的生物对重金属有富集放大作用，最终危害人类健康；④通过多种途径进入人体，并积蓄在某些器官中，造成慢性中毒。

（2）重金属在水体中的迁移转化。重金属迁移指重金属在自然环境中空间位置的移动和存在形态的转化，以及由此引起的富集与分散问题。

重金属在环境中的迁移，按照物质运动的形式可分为机械迁移、物理化学迁移和生物迁移三种基本类型。

1）机械迁移。机械迁移是使重金属离子以溶解态或颗粒态的形式被水流机械搬运，机械迁移过程服从水力学原理。

2）物理化学迁移。物理化学迁移是指重金属以简单离子、络离子和可溶性分子的形式，在环境中通过一系列物理化学作用（水解、氧化、还原、沉淀、溶解、络合、螯合、吸附作用等）所实现的迁移与转化过程。这是重金属在水环境中的重要迁移转化形式。这种迁移转化的结果决定了重金属在水环境中的存在形式、富集状况和潜在生态危害程度。

重金属在水环境中的物理化学迁移包括下述几种作用：

a. 沉淀作用。重金属在水中可经过水解反应生成氢氧化物，也可以同相应的阴离子生成硫化物和碳酸盐，这些化合物的溶解度都很小，容易生成沉淀物。沉淀作用的结果使重金属污染物在水体中的扩散速度和范围受到限制，从水质自净方面看这是有利的，但大量重金属沉积于排污口附近的底泥中，当环境条件发生变化时有可能重新释放出来，成为二次污染源。

b. 吸附作用。天然水体中的悬浮物和底泥中含有丰富的无机胶体和有机胶体，由于胶体有巨大的比表面、表面能和带大量的电荷，因此能强烈地吸附各种分子和离子，无机胶体主要包括各种黏土矿物和各种水合金属氧化物，其吸附作用主要分为表面吸附、离子交换吸附和专属吸附，有机胶体主要是腐殖质，胶体的吸附作用对重金属离子在水环境中的迁移有很大影响，是使许多重金属离子从不饱和的溶液中转入固相的主要途径。

c. 络合作用。天然水体中存在着许多天然和人工合成的无机与有机配位体，它们能与重金属离子形成稳定度不同的络合物和螯合物，无机配位体主要有 Cl^-、OH^-、CO_3^{2-}、SO_4^{2-}、HCO_3^-、F^-、S^{2-} 等，有机配位体是腐殖质，腐殖质能起络合作用的是各种含氧官能团，如—COOH、—OH 等，各种无机、有机配位体与重金属生成的络合物和螯合物可使重金属在水中的溶解度增大，导致沉淀物中重金属重新释放，重金属的次生污染在很大程度上与此有关。

d. 氧化还原作用。氧化还原作用在天然水体中有较重要的地位。由于氧化还原作用的结果，使得重金属在不同条件下的水体中以不同的价态存在，价态不同，其活性与毒性也不同。

3）生物迁移。生物迁移指重金属通过生物体的新陈代谢、生长、死亡等过程所进行的迁移。这种迁移过程比较复杂，它既是物理化学问题，也服从生物学规律，所有重金属都能通过生物体迁移，并由此在某些有机体中富集起来，经食物链的放大作用，对人体构成危害。

4.2.4 污水出路与排放

4.2.4.1 污水出路

随着我国社会经济的快速发展，城镇化水平不断提高，城镇污水排放量持续增加，科学合理地处理好城镇污水的出路是生态环境可持续发展的重要保障。城镇污水经过处理后的最终出路是返回到自然水体，或者经过深度处理后再生利用。

1. 污水经处理后排入水体

排放水体是污水净化后的传统出路和自然归宿，也是目前最常用的方法。污水直接排入水体会破坏水体的环境功能。为了避免污水对水体的污染，保护水生生态，污水必须经过处理达到排放标准后才能排入水体。但通常经处理净化后的污水仍有少量污染物，排入水体后有一个逐步稀释、降解的自然净化过程。污水处理厂的排放口一般设在城镇江河的下游或海域，以避免污染城镇给水厂水质，影响城镇水环境质量。

2. 污水的再生利用

我国水资源十分短缺，人均水资源只有世界平均水平的 1/4，水已成为未来制约国民经济发展和人民生活水平提高的重要因素。大量处理后的城镇污水直接排放，既浪费了资源，又增加水体环境负荷。

与城镇供水量几乎相等的城镇污水中，经城镇污水处理厂处理后的出水水质水量相对稳定，不受季节、洪枯水等因素影响，是可靠的潜在水资源，经适当的深度处理后回用于水质要求较低的市政用水、工业冷却水等，是解决城镇水资源短缺的有效途径。这不仅可以减少城镇对优质饮用水水资源的消耗，更重要的是可以缓解干旱地区城镇缺水的窘迫状态。因此，城镇污水的再生利用是开源节流、减轻水体污染程度、改善生态环境、解决城镇缺水问题的有效途径之一。

污水再生利用应满足下列要求：①对人体健康不应产生不良影响；②对环境质量和生态系统不应产生不良影响；③对产品质量不应产生不良影响；④应符合应用对象对水质的要求或标准；⑤应为使用者和公众所接受；⑥回用系统在技术上可行、操作简便；⑦价格应比自来水低廉；⑧应有安全使用的保障。

4.2.4.2 污水排放标准

1. 水环境质量标准

天然水体是人类的重要资源，为了保护天然水体的质量，不因污水的排入而导致恶化甚至破坏，在水环境管理中需要控制水体水质分类达到一定的水环境标准要求。水环境质量标准是污水排入水体时采用排放标准等级的重要依据，我国目前水环境质量标准主要有 GB 3838—2002《地表水环境质量标准》、GB 3097—1997《海水水质标准》、GB/T

14848—2017《地下水质量标准》。

依据地表水水域环境功能和保护目标，GB 3838—2002《地表水环境质量标准》按功能高低依次将水体划分为五类：Ⅰ类主要适用于源头水、国家自然保护区；Ⅱ类主要适用于集中式生活饮用水地表水源地一级保护区、珍稀水生生物栖息地、鱼虾类产卵场、幼鱼的索饵场等；Ⅲ类主要适用于集中式生活饮用水地表水源地、二级保护区、鱼虾类越冬场洄游通道、水产养殖区等渔业水域及游泳区；Ⅳ类主要适用于一般工业用水区及人体非直接接触的娱乐用水区；Ⅴ类主要适用于农业用水区及一般景观要求水域。

GB 3097—1997《海水水质标准》按照海域的不同使用功能和保护目标，将海水水质分为四类：第一类适用于海洋渔业水域、海上自然保护区和珍稀濒危海洋生物保护区；第二类适用于水产养殖区、海水浴场、人体直接接触海水的海上运动或娱乐区，以及与人类食用直接有关的工业用水区；第三类适用于一般工业用水区，滨海风景旅游区；第四类适用于海洋港口水域，海洋开发作业区。

国家 GB 8978—1996《污水综合排放标准》规定地表水Ⅰ类、Ⅱ类、Ⅲ类水域中划定的保护区和海洋水体中第一类海域，禁止新建排污口，现有排污口应按水体功能要求，实行污染物总量控制，以保证受纳水体水质符合规定用途的水质标准。

2. 污水排放标准

污水排放标准根据控制形式可分为浓度标准和总量控制标准。

（1）浓度标准。浓度标准规定了排出口向水体排放污染物的浓度限值，其单位一般为 mg/L。我国现有的国家标准和地方标准基本上都是浓度标准。浓度标准的优点是指标明确，对每个污染指标都执行一个标准，管理方便。但由于未考虑排放量的大小，接受水体的环境容量大小、性状和要求等，因此不能完全保证水体的环境质量。当排放总量超过水体的环境容量时，水体水质不能达到质量标准。另外企业也可以通过稀释来降低排放水中的污染物浓度，造成水资源浪费，水环境污染加剧。

（2）总量控制标准。总量控制标准是以与水环境质量标准相适应的水环境容量为依据而设定的。水体的水环境质量要求高，则水环境容量小。水环境容量可采用水质模型法等方法计算。这种标准可以保证水体的质量，但对管理技术要求高，需要与排污许可证制度相结合进行总量控制。我国重视并已实施总量控制标准，CJ 343—2010《污水排入城市下水道水质标准》也提出在有条件的城市，可根据标准采用总量控制。

根据地域管理权限可分为国家排放标准、行业排放标准、地方排放标准。

（1）国家排放标准。国家排放标准按照污水排放去向规定了水污染物最高允许排放浓度，适用于排污单位水污染物的排放管理，以及建设项目的环境影响评价、建设项目环境保护设施设计、竣工验收及其投产后的排放管理。我国现行的国家排放标准主要有 GB 8798—1996《污水综合排放标准》、GB 18918—2002《城镇污水处理厂污染物排放标准》、CJ 343—2010《污水排入城市下水道水质标准》及 GB 18486—2001《污水海洋处置工程污染控制标准》等。

（2）行业排放标准。根据部分行业排放废水的特点和治理技术发展水平，国家对部分行业制定了国家行业排放标准，如 GB 3544—2008《制浆造纸工业水污染物排放标准》、GB 4286—84《船舶工业污染物排放标准》、GB 4914—85《海洋石油开发工业含油污水排放标准》、GB 4287—2012《纺织染整工业水污染物排放标准》、GB 15581—95《烧碱、聚氯乙烯工业水污染物排放标准》、GB 13457—92《肉类加工工业水污染物排放标准》、GB 13458—2013《合成氨工业水污染物排放标准》、GB 13456—2012《钢铁工业水污染物排放标准》及 GB 15580—2011《磷肥工业水污染物排放标准》等。

（3）地方排放标准。省、自治区、直辖市等根据经济发展水平和管辖地水体污染控制需要，可以依据《中华人民共和国环境保护法》《中华人民共和国水污染防治法》制订地方污水排放标准。地方污水排放标准可以增加污染物控制指标数，但不能减少；可以提高对污染物排放标准的要求，但不能降低标准。

4.2.5　污水处理基本原则与方法

4.2.5.1　基本原则

1. 水污染综合防治基本原则

水污染综合防治是综合运用各种措施以防治水体污染的措施，主要有：①减少废水和污染物排放量，包括节约生产废水，规定用水定额，改善生产工艺和管理制度、提高废水的重复利用率，采用无污染或少污染的新工艺，制定物料定额等，对缺水的城市和工矿区，发展区域性循环用水、再生利用系统等；②发展区域性水污染防治系统，包括制定城市水污染防治规划、流域水污染防治管理规划，实行水污染物排放总量控制制度，发展污水经适当人工处理后用于灌溉农田和回用于工业，在不污染地下水的条件下建立污水库，枯水期储存污水减少排污负荷、洪水期内进行有控制地稀释排放等；③发展效率高、能耗低的污水处理等技术来治理污水。

2. 污水的处理方法

污水处理是通过各种污水处理技术和措施，将污水中所含的污染物质分离、回收利用，或转化为无害和稳定的物质，使污水得到净化。污水处理技术按原理及单元可分为物理处理法、化学及物理化学处理法、生物处理法。

（1）物理处理法。利用物理原理和方法分离污水中的污染物，在处理过程中一般不改变水的化学性质。物理处理法包括筛滤法、重力沉淀法、过滤法、离心分离法和气浮法等。

（2）化学及物理化学处理法。利用化学反应的原理和方法，分离回收污水中的污染物，使其转化为无害或可再生利用的物质。化学及物理化学处理法包括中和、混凝、氧化还原、萃取、吸附、离子交换、电渗析等，这些处理方法更多地用于工业废水处理和污水的深度处理。

（3）生物法。利用微生物的新陈代谢功能，使污水中呈溶解和胶体状态的有机污染物被降解并转化为无害物质。按微生物对氧的需求，生物处理法可分为好氧处理法和厌氧处理法两类。按微生物存在的形式，可分为活性污泥法、生物膜法等类型。

由于污水中的污染物形态和性质是多种多样的，一般需要几种处理方法组合成处理工艺，达到对不同性质的污染物的处理效果。

3. 污水的处理程度

污水按照处理的目标和要求，其处理程度一般可分为一级处理、二级处理和三级处理

（深度处理）。

（1）一级处理。一级处理主要去除污水中呈悬浮状态的固体污染物，主要技术为物理法。城镇污水处理厂中，一级处理去除率一般为20％～30％，故一级处理一般作为二级处理的前处理。

（2）二级处理。污水经过一级处理后，再用生物方法进一步去除污水中的胶体和溶解性污染物的过程是二级处理，其去除率在90％以上，主要采用生物法。

（3）三级处理。三级处理也可称深度处理，一般以更高的处理与排放要求，或以污水的回用为目的，在一级、二级处理后增加的处理过程，以进一步去除污染物，其技术方法更多地采用物理法、化学法及物理化学法等，与前面的处理技术形成组合处理工艺。一般三级处理是二级处理后以达到排放标准为目标增加的工艺过程，而深度处理更多地指以污水的再生回用为目标。

4.2.5.2 处理方法

1. 物理法

通过物理方面的重力或机械力作用使污水水质发生变化的处理过程，统称为物理法，它的实质就是利用污染物与水的物理性质差异，通过相应的物理作用将污染物与水分离。物理法是最早采用的污水处理方法，目前，它已经成为大多数污水处理流程的基础。一般来说，采用物理法分离的对象是水中呈悬浮状态的污染物，即悬浮物及漂浮物。污水处理最常用的物理单元操作包括筛滤法、重力法、离心法、气浮法等。

（1）筛滤法。筛滤法针对污染物具有一定形状及尺寸大小的特性，利用筛网、多孔介质或颗粒床层机械截留作用，将其从水中去除，常用于悬浮物含量较高时污水的预处理。筛滤法有以下方式：

1）在水泵之前或污水渠道内设置带孔眼的金属板、金属网、金属栅，过滤水中的漂浮物和各种固体杂质，有用的截留物可用水冲洗回收。

2）在过滤机上装上帆布、尼龙布或针刺毡过滤水中较细小的悬浮物，如造纸、纺织废水中的微粒、细毛等。

3）以石英砂、无烟煤、磁铁矿等颗粒为介质可组成单层、双层和多层过滤床，它们可以有效地截留细小的颗粒、矾花、藻类、细菌及病毒。

（2）重力法。重力法是利用悬浮物与水密度的差异，使悬浮物在水中自然沉降或上浮，从而将其去除的方法。污染物的沉降和上浮的速度除了与其密度有关外，还与其尺寸大小及水箱的性质有关，计算公式为

$$v = \frac{g}{18\mu}(\rho_s - \rho_1)d^2 \qquad (4-2)$$

式中　v——沉降或上浮速度，cm/s；

　　　g——重力加速度，9.8m/s²；

　　　μ——水的动力黏滞系数，g/（cm·s）；

　　　ρ_s——悬浮固体密度，g/cm³；

　　　ρ_1——废水的密度，g/cm³；

　　　d——悬浮固体直径，cm。

　　生活污水中的悬浮物、选矿厂废水中的微细矿粒、洗煤厂废水的煤泥、肉类加工厂和制革厂等污水中的有机悬浮物、石油化工厂废水中的漂油等都可以利用重力法，使其沉降或上浮而加以分离。用沉降和上浮法处理废水，不仅可使废水得到一定程度的净化，而且有时可回收其中的有价值成分。重力法在污水处理过程中占据极为重要的地位，许多其他污水处理方法最后也要联合重力法才能将水体中的污染物完全去除。

　　利用重力法处理废水的设备形式有多种，如沉淀池、浓缩池、隔油池等。其中，沉淀池是分离悬浮物的一种常用处理构筑物，在污水处理中广为应用。它的形式很多，按池内水流方向可分为平流式沉淀池、竖流式沉淀池和辐流式沉淀池 3 种。通常在 1.5～2h 的沉淀时间里，悬浮物的去除率可达 50%～60%。沉淀池由 5 个部分组成，即进水区、出水区、沉淀区、储泥区及缓冲区。进水区和出水区的功能是使水流的进入与流出保持均匀平稳，以提高沉淀效率；沉淀区是池子的主要部位；储泥区是存放污泥的地方，它起到储存、浓缩与排放的作用；缓冲区介于沉淀区和储泥区之间，其作用是避免水流带走沉在池底的污泥。沉淀池的运行方式有间歇式与连续式两种。在间歇运行的沉淀池中，其工作过程大致分为 3 步：进水、静置及排水。污水中可沉淀的悬浮物在静置时完成沉淀过程，然后由设置在沉淀池壁不同高度的排水管排出。在连续运行的沉淀池中，污水连续不断地流入与排出。污水中可沉颗粒的沉淀在流过水池时完成。图 4.5 是三种常见的沉淀形式。

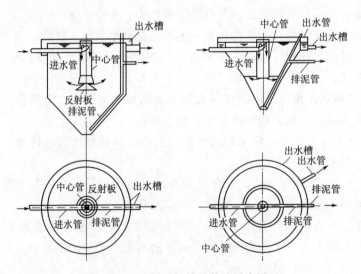

图 4.5　竖流式沉淀池构造示意图

　　(3) 离心法。离心法是重力法的一种强化，即用离心力场取代重力场来提高悬浮物与水分离的效果或加快分离过程。在离心设备中，污水与设备作相对旋转运动，形成离心力场，由于污染物与同体积的水的质量不一样，所以在运动中受到的离心力也不同。在离心力场的作用下，密度大于水的固体颗粒被甩向外侧，污水向内侧运动（或污水向外侧，密度小于水的有机物如油脂类等向内侧运动），分别将它们从不同的出口引出，便可达到分离的目的。

　　用离心法处理污水设备有两类：一类是设备固定，具有一定压力的污水沿切线方向进入设备容器内，产生旋转，形成离心力场，如钢铁厂用于除铁屑等物的旋流沉淀池和水力旋流器等；另一类是设备本身旋转，使其中的污水产生离心力，如常用于分离乳浊液和油脂等物的离心机。

（4）气浮法。气浮就是往水中通入空气，并使其以微小气泡形式析出，黏附水中微细悬浮物，形成整体密度小于水的气—液—固三相混合体，上浮至水面从而得以与水分离。为了提高气泡与悬浮污染物的黏附强度和效率，往往需要根据水质情况投加混凝剂或浮选剂。根据通入空气的方式不同，气浮处理又可分为加压溶气气浮法、叶轮搅拌气浮法和射流气浮法。气浮法常用来从污水中分离那些密度接近于水的微小颗粒状污染物质（包括油珠），例如炼油厂含油废水、含大量纤维、填料、松香胶状物的造纸废水及染色废水等常采用气浮法来净化处理。

2. 化学法

污水的化学处理法就是根据污染物的化学活性，通过添加化学试剂进行化学反应来分离、回收污水中的污染物，或使其转化为无毒、无害的物质。污水的化学处理法主要用来去除污水中溶解性的污染物，属于化学处理法的有中和法、化学沉淀法、氧化还原法、电解法、混凝法等。

（1）中和法。根据酸性物质与碱性物质反应生成盐的基本原理，去除废水中过量的酸和碱，使其 pH 值达到中性或接近中性的方法称中和法。

对于酸性废水常采用的中和方法有：用碱性废水和废渣进行中和，向废水中投放碱性中和剂进行中和，通过碱性滤料层过滤中和，用离子交换剂进行中和等。对于碱性废水常用的方法有：用酸性废水进行中和，向废水中投加酸性中和剂进行中和，利用酸性废渣或烟道气中的 SO_2、CO_2 等酸性气体进行中和。常用的碱性中和剂有石灰、电石渣和石灰石、白云石。常用的酸性中和剂有废酸、粗制酸和烟道气。

（2）化学沉淀法。化学沉淀法是往废水中投加某种化学药剂，使之与水中的溶解性物质发生反应，生成难溶于水的盐类，形成沉渣，从而降低水中的溶解物质的含量。这种方法多用于去除废水中的 Hg、Ni、Cr、Pb、Zn 等重金属离子。根据沉淀剂的不同，可分为：①氢氧化物沉淀法，即中和沉淀法，是从废水中除去重金属的有效而经济的方法；②硫化物沉淀法，能更有效地处理含金属废水，特别是经氢氧化物沉淀法处理仍不能达到排放标准的含 Hg、含 Cd 废水；③钡盐沉淀法，常用于电镀含 Cr 废水的处理。化学沉淀法是一种传统的水处理方法，广泛用于水质处理中的软化过程，也常用于工业废水处理，以去除重金属和氰化物。选择化学沉淀剂的依据包括生成沉积物的溶度积和经济成本。

（3）氧化还原法。废水中呈溶解态的有机和无机污染物，在投加氧化剂和还原剂后，由于电子的得失迁移而发生氧化还原反应，使污染物转化成无害的物质。常用的氧化剂有空气、漂白粉、Cl_2、液氯、O_3 等，含有硫化物、氯化物、苯酚及色、臭、味的废水常用氧化法处理。常用的还原剂有铁屑、硫酸亚铁、硫酸氢钠等，含 Cr、含 Hg 的废水常用还原法处理。氧化剂或还原剂的选择应考虑：对废水中特定的污染物有良好的氧化作用，反应后的生成物应是无害的或易于从废水中分离，价格便宜，来源方便，常温下反应速度较快，反应时不需要大幅度调节 pH 值等。氧化处理法几乎可处理一切工业废水，特别适用于处理废水中难以被生物降解的有机物，如绝大部分农药和杀虫剂，酚、氰化物，以及引起色度、臭味的物质等。

（4）电解法。电解质溶液在电流的作用下发生电化学反应的过程称为电解。在电解过程中，溶液与电源的正负极接触部分同时发生氧化还原反应。当对某些废水进行电解时，废水中的污染物在阳极失去电子（或在阴极得到电子）而被氧化（或还原）成新的产物。这些新产物可能沉淀在电极表面或沉淀到反应槽底部，也可能在某些情况下形成气体逸出，从而降低了废水中污染物的浓度。这种利用电解的原理来处理某些废水的方法，即为废水处理中的电解法。目前，电解法主要用于处理含 Cr 及含氰废水。

（5）混凝法。混凝法就是通过添加混凝剂使水中的胶体杂质和细小悬浮物脱稳并聚结成可以与水分离的絮凝体的过程。水中的胶体和微细粒子通常表面都带有电荷（荷负电居多），如天然水中的黏土类胶体微粒、废水中的胶态蛋白质和淀粉微粒都带有负电荷。带有同种电荷的胶体颗粒之间相互排斥，能在水中长期保持分散悬浮状态，即使静置数十小时以后，也不会自然沉降。为了使胶体颗粒沉降，就必须破坏胶体的稳定性，促使胶体颗粒相互聚集成为较大的颗粒。混凝法就是通过混凝剂的电性中和、吸附架桥、网捕卷扫等作用使污水中的胶体颗粒失稳，进而凝聚成大颗粒而沉降去除。常用的混凝剂有硫酸铝、碱式氯化铝、硫酸亚铁、三氯化铁、聚合硫酸铁等。很多情况下为了加速沉降和提高处理效果，还可投加一些高分子繁凝剂，如聚丙烯酰胺等。

3. 物理化学法

物理化学法分为吸附法、离子交换法、萃取法、膜分离法等。

（1）吸附法。吸附是一种物质附着在另一种物质表面上的过程，它可以发生在气—液、气—固、液—固两相之间。吸附法处理废水就是将废水通过多孔性固体吸附剂，使废水中溶解性有机或无机污染物吸附到吸附剂上。常用的吸附剂为活性炭，通过吸附剂的吸附可去除污水中的酚、Hg、Cr、氰等有害物质和水中的色、臭等。目前吸附法多用于水的深度处理，根据其操作过程又可分为静态吸附和动态吸附两种。所谓静态吸附是在污水不流动的条件下操作；动态吸附则是污水以流动状态不断经过吸附剂层，污染物不断被吸附的操作过程。大多数情况下，污水处理都采用动态吸附操作，常用的吸附设备有固定床、移动床和流化床三种。

（2）离子交换法。离子交换法与吸附法类似，所不同的是离子交换树脂在吸附水中欲去除离子时，同时也向水中释放出等当量的交换离子，此方法是硬水软化的传统方法，在污水处理中常用于深度处理。可去除的物质主要有 Cu、Ni、Cd、Zn、Hg、H_3PO_4、HNO_3、NH_3 和一些放射物质等。离子交换剂有无机离子交换剂和有机离子交换剂（树脂）两大类，采用此法处理污水必须考虑离子交换剂的选择性即交换能力的大小。离子交换剂的选择性主要取决于各种离子对该种离子交换剂亲和力的大小。

（3）萃取法。萃取的实质是利用溶质（一般污染物）在水中和溶剂（萃取剂）中的溶解度差异进行的一种分离过程。将不溶于水或难溶于水的溶剂投入污水中，由于溶解度的差异，溶质则转移溶解于溶剂中，然后利用溶剂与水的密度差，将溶解有溶质的溶剂分离出来便可达到净化的目的。一般情况下，萃取剂是要再生循环使用的，再生的方法主要有蒸馏法，即利用溶质与溶剂的沸点不同来进行分离，此外，也可投加化学药剂使溶质生成不溶于溶剂的盐来进行分离。萃取法用得较多的是含酚废水的处理，例如可采取醋酸丁酯、重质苯、异丙醇等萃取回收水中的酚，常用的萃取设备有脉冲筛板塔、离心萃取机等。

（4）膜分离法。膜分离法是利用特殊的薄膜对污水中的污染物进行选择性透过的分离技术，根据膜的性质及分离过程的推动力，可将其分为电渗析、扩散渗析、反渗透和超滤等 4 种方法。

1）电渗析。在直流电场的作用下，废水中的离子朝相反电荷的极板方向迁移，由于离子交换膜的选择性透过作用，使阳离子穿透阳离子交换膜而被阴离子交换膜所阻隔。同样，阴离子穿透阴离子交换膜而被阳离子交换膜所阻隔。由于离子的定向运动及离子交换膜的阻挡作用，当污水通过由阴、阳离子父换膜所组成的电渗器时，污水中的阴阳离子便可得以分离而浓缩，水得以净化。此法可以用于酸性废水、含重金属离子废水及含氰废水处理等。

2）扩散渗析。扩散渗析是使高浓度溶液中的溶质透过薄膜向低浓度溶液中迁移的过程。与电渗析不同的是推动力不是电场力，而是膜两侧的溶液浓度差。此法主要用于分离废水中的电解质，例如酸碱废液的处理、废水中的金属离子的回收等。

3）反渗透。反渗透是以压力为推动力的膜分离过程，即溶液中的水在压力作用下透过特殊的半渗透膜，污染物则被膜所截留。这样污水得以浓缩，透过半透膜的水得以净化。此法主要用在海水淡化、高纯水的制取和废水的深度处理及去除细菌、病毒、有害离子等。

4）超滤。超滤又称超过滤，其作用原理与反渗透类似，所不同的是其所用的超滤膜孔径较反渗透膜要大，主要用于去除废水中的大分子物质和微粒。超滤膜截留大分子物质和微粒的机理是利用膜表面的孔径机械筛分、阻滞作用和膜表面及膜孔对杂质的吸附作用，其中主要是机械筛分作用，所以膜的孔隙大小是分离杂质的主要控制因素。

4. 生物法

污水生物处理是通过微生物的新陈代谢作用，将污水中有机物的一部分转化为微生物的细胞物质，另一部分转化为比较稳定的无机物和有机物的过程。自然界存在大量可分解有机物的微生物，实际上废水的生物处理方法就是自然界微生物分解有机物的人工强化，即通过创造有利于微生物生长、繁殖的环境，使微生物大量繁殖，以提高其分解有机物的效率。当所采取的人工强化措施不起实质性作用时，可尝试采用自然生物处理法。一般情况下，人们习惯根据废水处理的生化反应过程需氧与否，把废水的生物处理分为好氧生物法和厌氧生物法两大类。

（1）好氧生物法。在对污水好氧生物的处理过程中，氧是有机物氧化时的最后氢受体，正是由于这种氢的转移才使能量释放出来，成为微生物生命活动和合成新细胞物质的能源，所以，必须不断地供给足够的溶解氧。

对好氧生物处理时，一部分被微生物吸收的有机物质氧化分解成简单无机物（如有机物中的碳被氧化成 CO_2，氢与氧化合成水，氮被氧化成 NH_3、亚硝酸盐被氧化成硝酸盐，磷被氧化成磷酸盐，硫被氧化成硫酸盐等），同时释放出能量，作为微生物自身生命活动的能源；另一部分有机物则作为其生长繁殖所需的构造物质，合成新的原生质。

有机物氧化分解（有氧呼吸）的化学反应式为

$$C_x H_y O_z + \left(x + \frac{1}{4}y - \frac{1}{2}z\right)O_2 \xrightarrow{\text{酶}} xCO_2 + \frac{1}{2}y H_2O + 能量 \qquad (4-3)$$

原生质同化合成（以 NH_3 为 NH_3 源）的化学反应式为

$$nC_x H_y O_z + NH_3 + \left(nx + \frac{n}{4}y - \frac{n}{2}z - 5\right)O_2 \xrightarrow{\text{酶}} C_5 H_7 NO_2 + (nx-5)CO_2 + \frac{n}{2}(y-4)H_2O \qquad (4-4)$$

原生质氧化分解（内源呼吸）的化学反应式为

$$C_5 H_7 NO_2 + 5O_2 \xrightarrow{\text{酶}} 5O_2 + 2H_2O + NH_3 + 能量 \qquad (4-5)$$

由此可见，当污水中营养物质充足时，微生物既能获得足够的能量，又能大量合成新的原生质 $C_5 H_7 NO_2$ 为细菌的组成的化学式，这里用以指代原生质，微生物就不断增长；当废水中营养物质缺乏时，微生物只能依靠分解细胞内储藏的物质，甚至把原生质也作为营养物质利用，以获得生命活动所需的最低限度的能量，在这种情况下，微生物无论重量还是数量都是不断减少的。在好氧处理过程中，有机物用于氧化与合成的比例随废水中有机物性质而异。对于生活污水或与之相类似的工业废水，BOD_5 中有 $50\% \sim 60\%$ 转化为新的细胞物质。

好氧生物法又分为活性污泥法和生物膜法等。

1）活性污泥法。这是当前使用最广泛的一种生物处理方法。将空气连续注入曝气池的污水中，经过一段时间，水中即形成繁殖有大量好氧微生物的絮凝体——活性污泥。活性污泥能够吸附水中的有机物，生活在活性污泥中的微生物以有机物为食料，获得能量并不断生长繁殖，有机物被去除，污水得以净化。从曝气池流出并含有大量活性污泥的污水混合液，经沉淀分离，水被净化排放沉淀，分离后的污泥作为种泥，部分回流曝气池。活性污泥法基本工艺流程如图 4.6 所示。

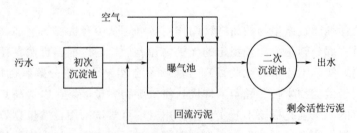

图 4.6　活性污泥法基本工艺流程

活性污泥工艺对水质水量具有广泛适应性、运行方式灵活多样、可控制性良好，通过厌氧或缺氧区的设置便可具有脱氮除磷的效能，是一种广泛应用而行之有效的传统污水生物处理法，也是一项极有发展前景的污水处理技术。

活性污泥法经不断发展已有多种运行方式，如传统活性污泥法、阶段曝气法、生物吸附法、完全混合法、延时曝气法、纯氧曝气法、深井曝气法、氧化沟法、二段曝气法（AB 法）、缺氧/好氧活性污泥法（A/O 法）、序批式活性污泥法等。活性污泥法是城市生活污水处理的主要方法。

2）生物膜法。生物膜法是与活性污泥法并列的一类废水好氧生物处理技术，是一种固定膜法，是土壤自净过程的人工化和强化。它利用天然材料（如卵石）、合成材料（如纤维）为填料，微生物在填料表面聚附，从而形成生物膜，图4.7是生物膜基本结构。经过充氧的污水以一定的流速流过填料时，生物膜中的微生物吸收分解水中的有机物，使污水得到净化，同时微生物也得到增殖，生物膜随之增厚。当生物膜增长到一定厚度时，向生物膜内部扩散的氧受到限制，其表面仍是好氧状态，而内层则会呈缺氧甚至厌氧状态，并最终导致生物膜的脱落。随后，填料表面还会继续生长新的生物膜，周而复始，使污水得到净化。生物膜有多种处理构筑物，如生物滤池、生物转盘、生物接触氧化及生物流化床等。

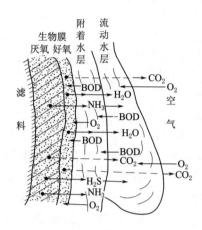

图 4.7　生物膜基本结构

生物膜降解有机物的过程为：污水同生物膜接触后，溶解的有机污染物被微生物吸附转化为 H_2O、CO_2、NH_3 和微生物细胞物质，污水得到净化，所需 O_2 一般直接来自大气。污水如含有较多的悬浮固体，应先用沉淀池去除大部分悬浮固体后再进入生物膜法处理构筑物，以免引起堵塞，并减轻其负荷。老化的生物膜不断脱落下来，随水流入二次沉淀池被沉淀去除。

与传统活性污泥法相比，生物膜法处理污水技术因为操作方便、剩余污泥少、抗冲击负荷等特点，适合于中小型污水处理工程。

（2）厌氧生物法。厌氧生物法在早期又被称为厌氧消化、厌氧发酵，是指在厌氧条件下由多种（厌氧或兼性）微生物的共同作用下，使有机物分解并产生 CH_4 和 CO_2 的过程。

有机物的厌氧分解过程分为以下三个阶段：

（1）第一阶段为水解发酵阶段。在该阶段，复杂的有机物在厌氧菌胞外酶的作用下，首先被分解成简单的有机物，如纤维素经水解转化成较简单的糖类，蛋白质转化成较简单的氨基酸，脂类转化成脂肪酸和甘油等。继而这些简单的有机物在产酸菌的作用下经过厌氧发酵和氧化转化成乙酸、丙酸、丁酸等脂肪酸和醇类等。参与这个阶段的水解发酵菌主要是厌氧菌和兼性厌氧菌。

（2）第二阶段为产氢产乙酸阶段。在该阶段，产氢产乙酸菌把除乙酸、甲酸、甲醇以外的第一阶段产生的中间产物，如丙酸、丁酸等脂肪酸和醇类等转化成乙酸和 H_2，并有 CO_2 产生。

（3）第三阶段为产 CH_4 阶段。在该阶段中，产 CH_4 菌把第一阶段和第二阶段产生的乙酸、H_2 和 CO_2 等转化为 CH_4。有机物厌氧分解过程如图4.8所示。厌氧生物法具有处理过程消耗的能量少，有机物的去除率高，沉淀的污泥少且易脱水，可杀死病原菌，不需投加 N、P 等营养物质等优点。但是，厌氧菌繁殖较慢，对毒物敏感，对环境条件要求严格，最终产物尚需需氧生物处理。

厌氧生物过程广泛地存在于自然界中，但人类第一次有意识地利用厌氧生物过程来

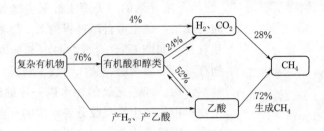

图 4.8　有机物厌氧分解过程

处理废弃物则是在 1881 年，由法国的 LOuis MOuras 发明了"自动净化器"，随后人类开始较大规模地应用厌氧消化过程来处理城市污水（如化粪池、双层沉淀池等）和剩余污泥（如各种厌氧消化池等）。这些厌氧反应器现在通称为"第一代厌氧生物反应器"，它们的共同特点是：①水力停留时间（HRT）很长，有时在污泥处理时，污泥消化池的 HRT 会长达 90 天，即使是目前在很多现代化城市污水处理厂内所采用的污泥消化池的 HRT 也仍长达 20～30 天；②虽然 HRT 相当长，但处理效率仍十分低，处理效果并不好；③具有浓臭的气味，因为在厌氧消化过程中原污泥中含有的有机氮或硫酸盐等会在厌氧条件下分别转化为氨氮或 H_2S，产生十分强烈的臭味。这些特点影响了人们对于进一步开发和利用厌氧生物过程的兴趣，而此时利用活性污泥法或生物膜法处理城市污水已经十分成功。

进入 20 世纪 50—60 年代，特别是 70 年代的中后期，随着世界范围内的能源危机的加剧，人们对利用厌氧消化过程处理有机废水的研究得以强化，相继出现了一批被称为现代高速厌氧消化反应器的处理工艺，从此厌氧消化工艺开始大规模地应用于废水处理，真正成为一种可以与好氧生物处理工艺相提并论的废水生物处理工艺。这些被称为现代高速厌氧消化反应器的厌氧生物处理工艺又被统一称为"第二代厌氧生物反应器"，它们的主要特点有：①HRT 大大缩短，有机负荷大大提高，处理效率大大提高；②设备组成主要包括厌氧接触法、厌氧滤池（AF）、上流式厌氧污泥床（UASB）反应器、厌氧流化床（AFB）、AAFEB、厌氧生物转盘（ARBC）和挡板式厌氧反应器等；③HRT 与 SRT 分离，SRT 相对很长，HRT 则可以较短，反应器内生物量很高。这些特点彻底改变了原来人们对厌氧生物过程的认识，因此其实际应用也越来越广泛。

进入 20 世纪 90 年代以后，随着以颗粒污泥为主要特点的 UASB 反应器的广泛应用，在其基础上又发展起来了同样以颗粒污泥为根本的颗粒污泥膨胀床（EGSB）反应器和厌氧内循环（IC）反应器。其中 EGSB 反应器利用外加的出水循环可以使反应器内部形成很高的上升流速，提高反应器内的基质与微生物之间的接触和反应，可以在较低温度下处理较低浓度的有机废水，如城市废水等；而 IC 反应器则主要应用于处理高浓度有机废水，依靠厌氧生物过程本身所产生的大量沼气形成内部混合液的充分循环与混合，可以达到更高的有机负荷。这些反应器又被统一称为"第三代厌氧生物反应器"。

厌氧分解过程中，由于缺乏 O_2 作为氢受体，因而对有机物分解不彻底，代谢产物中包括了众多的简单有机物。

利用兼性厌氧菌和专性厌氧菌的新陈代谢功能净化污水，尚可产生沼气，该法过去主要用于污泥的厌氧消化。经过多年的发展，现在成为污水处理的方法之一。它不但可用于处理高浓度和中浓度的有机污水，还可以用于低浓度有机污水的处理。

厌氧生物法的处理工艺设备有普通消化池、厌氧消化池、厌氧接触消化、上流式厌氧污泥床（UASB）、厌氧附着膜膨胀床（AAFEB）、厌氧流化床（AFB）、升流式厌氧污泥床-滤层反应器（UBF）等。

1）厌氧生物处理的主要特征。与废水的好氧生物处理工艺相比，废水的厌氧生物处理工艺具有以下主要优点：

a. 能耗大大降低，而且还可以回收生物能（沼气）。因为厌氧生物处理工艺无需为微生物提供 O_2，所以不需要鼓风曝气，减少了能耗，而且厌氧生物处理工艺在大量降低废水中的有机物的同时，还会产生大量的沼气，其中主要的有效成分是 CH_4，是一种可以燃烧的气体，具有很高的利用价值，可以直接用于锅炉燃烧或发电。

b. 污泥产量很低。这是由于在厌氧生物处理过程中废水中的大部分有机污染物都被用来产生沼气 CH_4 和 CO_2 了，用于细胞合成的有机物相对来说要少得多；同时，厌氧微生物的增殖速率比好氧微生物低得多，产酸菌的产率 Y 为 0.15～0.34kgVSS/kgCOD，产甲烷菌的产率 Y 为 0.03kgVSS/kgCOD 左右，而好氧微生物的产率为 0.25～0.6kgVSS/kgCOD。

c. 厌氧微生物有可能对好氧微生物不能降解的一些有机物进行降解或部分降解；因此，对于某些含有难降解有机物的废水，利用厌氧工艺进行处理可以获得更好的处理效果，或者可以利用厌氧工艺作为预处理工艺，可以提高废水的可生化性，提高后续好氧处理工艺的处理效果。

与废水的好氧生物处理工艺相比，废水厌氧生物处理工艺也存在着以下的明显缺点：

a. 厌氧生物处理过程中所涉及的生化反应过程较为复杂，因为厌氧消化过程是由多种不同性质、不同功能的厌氧微生物协同工作的一个连续的生化过程，不同种属间细菌的相互配合或平衡较难控制，因此在运行厌氧反应器的过程中需要很高的技术要求。

b. 厌氧微生物特别是其中的产 CH_4 细菌对温度、pH 值等环境因素非常敏感，也使得厌氧反应器的运行和应用受到很多限制。

c. 虽然厌氧生物处理工艺在处理高浓度的工业废水时常常可以达到很高的处理效率，但其出水水质仍通常较差，一般需要利用好氧工艺进行进一步的处理。

d. 厌氧生物处理的气味较大。

e. 对氨氮的去除效果不好，一般认为在厌氧条件下氨氮不会降低，而且还可能由于原废水中含有的有机氮在厌氧条件下的转化导致氨氮浓度的上升。

2）厌氧生物处理技术是我国水污染控制的重要手段。我国高浓度有机工业废水排放量巨大，这些废水浓度高、多含有大量的碳水化合物、脂肪、蛋白质、纤维素等有机物，因此我国当前的水体污染物还主要是有机污染物以及营养元素 N、P 的污染，加之目前能源昂贵、土地价格剧增、剩余污泥的处理费用也越来越高，在这种形势下，厌氧工艺仍具有突出优点，包括：①能将有机污染物转变成沼气并加以利用；②运行能耗低；③有机负荷高，占地面积少；④污泥产量少，剩余污泥处理费用低等。

3）厌氧消化过程中沼气产量的估算。糖类、脂类和蛋白质等有机物经过厌氧消化能

转化为 CH_4 和 CO_2 等气体，即沼气。产生沼气的数量和成分取决于被消化的有机物的化学组成，估算公式为

$$C_nH_aO_b + \left(n - \frac{a}{4} - \frac{b}{2}\right)H_2O \longrightarrow \left(\frac{n}{2} - \frac{a}{8} + \frac{b}{4}\right)CO_2 + \left(\frac{n}{2} + \frac{a}{8} - \frac{b}{4}\right)CH_4 \quad (4-6)$$

理论上认为，1gCOD 在厌氧条件下完全降解可以生成 0.25g CH_4，相当于标准状态下的 CH_4 气体体积为 0.35L。沼气中 CO_2 和 CH_4 的百分含量不仅与有机物的化学组成有关，还与其各自的溶解度有关。由于一部分沼气（主要是其中的 CO_2）会溶解在出水中而被带走，同时，一小部分有机物还会被用于微生物细胞的合成，所以实际的产气量要比理论产气量小。

4）厌氧生物处理的影响因素。产 CH_4 反应是厌氧消化过程的控制阶段，因此，一般来说，在讨论厌氧生物处理的影响因素时主要讨论影响产甲烷菌的各项因素，即主要影响因素有温度、pH 值、氧化还原电位、营养物质、F/M 比、有毒物质等。

a. 温度。温度对厌氧微生物的影响尤为显著。厌氧细菌可分为嗜热菌（或高温菌）、嗜温菌（中温菌），相应地，厌氧消化也可分为高温消化（55℃左右）和中温消化（35℃左右）。高温消化的反应速率约为中温消化的 1.5～1.9 倍，产气率也较高，但气体中 CH_4 含量较低。当处理含有病原菌和寄生虫卵的废水或污泥时，高温消化可取得较好的卫生效果，消化后污泥的脱水性能也较好。随着新型厌氧反应器的开发研究和应用，温度对厌氧消化的影响不再非常重要（新型反应器内的生物量很大），因此可以在常温条件下（20～25℃）进行，以节省能量和运行费用。

b. pH 值。pH 值是厌氧消化过程中的最重要的影响因素。产 CH_4 菌对 pH 值的变化非常敏感，一般认为，其最适 pH 值范围为 6.8～7.2，在小于 6.5 或大于 8.2 时，产 CH_4 菌会受到严重抑制，而进一步导致整个厌氧消化过程的恶化。厌氧体系中的 pH 值受进水 pH 值、进水水质（有机物浓度、有机物种类等）、生化反应、酸碱平衡、气固液相间的溶解平衡等多种因素的影响。厌氧体系是一个 pH 值的缓冲体系，主要由碳酸盐体系所控制。一般来说，系统中脂肪酸含量的增加（累积），将消耗 HCO_3^-，使 pH 值下降；但产 CH_4 菌的作用不但可以消耗脂肪酸，而且还会产生 HCO_3^-，使系统的 pH 值回升。

碱度曾一度在厌氧消化中被认为是一个至关重要的影响因素，但实际上其作用主要是保证厌氧体系具有一定的缓冲能力，维持合适的 pH 值。厌氧体系一旦发生酸化，则需要很长的时间才能恢复。

c. 氧化还原电位。严格的厌氧环境是 CH_4 菌进行正常生理活动的基本条件。非产 CH_4 菌可以在氧化还原电位为 $-100～100MV$ 的环境正常生长和活动，其最适氧化还原电位为 $-400～150MV$，在培养产 CH_4 菌的初期，氧化还原电位不能高于 $-330MV$。

d. 营养物质。厌氧微生物对 N、P 等营养物质的要求略低于好氧微生物，其要求 COD：N：P＝200：5：1。多数厌氧菌不具有合成某些必要的维生素或氨基酸的功能，所以有时需要投加：①K、Na、Ca 等金属盐类；②微量元素 Ni、CO、MO、Fe 等；③有机微量物质：酵母浸出膏、生物素、维生素等。

e. F/M 比。厌氧生物处理的有机物负荷较好氧生物处理更高，一般可达 5～

$10kgCOD/(m^3 \cdot d)$，甚至可达 $50\sim80kgCOD/(m^3 \cdot d)$，无传氧的限制，可以积聚更高的生物量。

产酸阶段的反应速率远高于产 CH_4 阶段，因此必须十分谨慎地选择有机负荷。高的有机容积负荷的前提是高的生物量，而相应较低的污泥负荷。高的有机容积负荷可以缩短 HRT，减少反应器容积。

f. 有毒物质。常见的抑制性物质有硫化物、氨氮、重金属、氰化物及某些有机物。

a. 硫化物和硫酸盐。硫酸盐和其他硫的氧化物很容易在厌氧消化过程中被还原成硫化物。可溶的硫化物达到一定浓度时，会对厌氧消化过程主要是产 CH_4 过程产生抑制作用；投加某些金属如 F_e 可以去除 S^{2-}，或从系统中吹脱 H_2S 可以减轻硫化物的抑制作用。

b. 氨氮。氨氮是厌氧消化的缓冲剂，但浓度过高，则会对厌氧消化过程产生毒害作用。抑制浓度为 $1500\sim3000mg/L$，但驯化后，适应能力会得到加强。

c. 重金属。使厌氧细菌的酶系统受到破坏。

（3）自然生物处理法。利用天然的水体和土壤中的微生物来净化污水的方法称为自然生物处理。水体自净过程、稳定塘和污水土地处理法等都是最常用的污水自然生物处理方法。

稳定塘是一种大面积、敞开式的污水处理系统，其净化机理与活性污泥法相似。废水在稳定塘中停留一段时间，利用藻类的光合作用产生 O_2 及从空气溶解 O_2，以微生物为主的生物对废水中的有机物进行生物降解。根据稳定塘的水深及生态因子的不同可分为兼性塘、曝气塘、好氧塘、厌氧塘和水生植物塘 5 类。稳定塘在小城镇污水处理方面应用较为广泛。

污水土地处理系统是指利用土地来处理污水，即利用土壤生态系统中土壤的过滤、截留、物理和化学吸附、化学分解、生物氧化及微生物和植物的吸收等作用来净化污水、改善水质。

自然生物处理法的优点是：基建投资省、运行费用低、管理方便，且对难以生物降解的有机物和 N、P 营养物等的去除率较高。此外，在一定条件下，稳定塘还能作为养殖塘加以利用，污水灌溉则可将污水和其中的营养物质作为水肥资源利用。但是，污水自然生物处理法需要占用一定的土地资源，设计和处理不当会恶化公共卫生状况。

4.3 土壤污染与防治

人类从一诞生就与能源密不可分，能源对人类社会的进步起到了巨大的推动作用。人类在享受能源带来的经济发展、科技进步等利益的同时，也遇到一系列无法避免的能源安全挑战，能源短缺、资源争夺以及过度使用能源造成的环境污染等问题威胁着人类的生存与发展。

土壤是组成环境的主要部分，是人类生存的基础和活动的场所。土壤有两个重要功能：一是对植物生长提供机械支撑能力，并同时能不断地供应和协调植物生长发育所需要的水、肥、气、热等肥力要素和土壤环境条件的能力；二是从环境科学的角度看，土壤具有同化和代谢外界环境进入到土体物质的能力，即土壤能使输入的物质经过在土壤内的迁移转化，然后变为土体的组成部分或再向外界环境输出。所以土壤是保护环境的重要净化剂。人类在生产活动中，从自然界取得资源和能源，经过加工、调配、消费，最终再以"三废"形式直接向土壤或通过大气、水体和生物向土壤中排放和转化。当输入的污染物质数量超过土壤的容量和自净能力时，必然引起土壤恶化，发生土壤污染。而污染了的土壤又向环境输出污染物质，便引起大气、水体和生物的进一步污染，从而使环境状态发生变化，环境质量下降，造成环境污染，因此土壤污染是环境污染的重要组成部分。

由于土壤的组成成分、结构、功能、特性以及土壤在环境生态系统中的特殊地位和作用，使得土壤污染既不同于大气污染，也不同于水污染，而比它们要复杂得多。土壤是植物，特别是作物的生活环境，作为人类主要食物来源的粮食、蔬菜、家畜、家禽等农副产品都直接或间接地来自土壤，污染物在土壤中的富集必然引起食物污染，进而危害人体健康。

4.3.1　土壤在环境中的重要性

4.3.1.1　土壤是植物生长繁育和生物生产的基础

绿色植物生长发育的 5 个基本要素为光能、热量、空气、水和养分。其中养分和水分通过根系从土壤中吸取。植物能立足自然界，能经受风雨的袭击而不倒伏，则是由于根系伸展在土壤中，获得土壤的机械支撑的作用。土壤在植物生长繁育中有不可取代的特殊作用。

1. 营养库的作用

植物需要的营养元素除 CO_2 主要来源于空气外，N、P、K 及微量营养元素和水分则主要来自土壤。

2. 养分转化和循环作用

土壤中存在一系列的物理、化学、生物化学作用，在养分元素的转化中，既包括无机物的有机化，又包括有机物的矿质化。既有营养元素的释放和散失，又有元素的结合、固定和归还。在地球表层系统中通过土壤养分元素的复杂转化过程，实现着营养元素与生物之间的循环和周转，保持生命周期的生息与繁衍。

3. 水源涵养作用

土壤是地球陆地表面具有生物活性和多孔结构的介质，具有很强的吸水和持水能力。土壤水源涵养功能与土壤总空隙度、有机质含量等土壤理化性质和植被覆盖度有密切的关系。植物枝叶对于水的截流和对地表径流的阻滞，根系的穿插和腐殖质形成，能大大增加土壤涵养水源、防止水土流失的能力。

4. 稳定和缓冲环境变化的作用

土壤处于大气圈、水圈、岩石圈和生物圈的交界面，是地球表面各种物理、化学、生物化学过程的反应界面，是物质与能量交换、迁移等过程最复杂、最频繁的地带。这使得土壤具有抗外界温度、湿度、酸碱性、氧化还原性变化的缓冲能力，对进入土壤的污染物能通过土壤生物进行代谢、降解、转化、清除或降低毒性，起着"过滤器"和"净化器"的作用，为地上部分的植物和地下部分的微生物的生长繁衍提供一个相对稳定的环境。

5. 生物的支撑作用

土壤不仅是陆地植物的基础营养库，还是绿色植物在土壤中生根发芽，根系在土壤中伸展和穿插的基础，为植物提供机械支撑，保证绿色植物地上部分能稳定地站立于大自然之中。

4.3.1.2　土壤在地球表层环境系统中的地位和作用

土壤是地球表层系统自然地理环境的重要组成部分。土壤圈在地球表层环境系统中位于大气圈、水圈、岩石圈和生物圈的界面交接地带，是最活跃、最富生命力的圈层。土壤圈的物质循环是全球变化中物质循环的重要内容，是无机界和有机界联系的纽带，是生命和非生命联系的中心环境，是地球表层环境系统中物质与能量迁移和转化的重要环节。

从土壤圈与整个系统关系看，其功能有以下方面：

（1）对生物圈支持和调节生物过程，提供植物生长的养分、水分与适宜的物理条件，决定自然植被的分布与演替。但土壤圈的各种限制因素对生物也起不良影响。

（2）对大气圈影响大气圈化学组成，水分与热量平衡；吸收 O_2，释放 CO_2、CH_4、H_2S、N_2O 等，对全球大气环境变化有明显影响。

（3）对水圈影响降水在陆地和水体的重新分配，影响元素的地球化学行为，影响水分平衡、分异、转化及水圈的化学组成。

（4）作为地球的"皮肤"，对岩石圈具有一定的保护作用，以减少其遭受各种外力破坏，与岩石圈进行互为交换与地质循环。

土壤不仅是维持地球上大多数动物、植物生长发育的基础，也是人类生存和发展所必需的条件。人们不仅向土壤索取了大量的粮食，还利用土壤的净化能力消纳了各种污染物质，使其成为处理和处置各种废物的场所。因此，土壤对维护和保持地球表层环境系统的自然生态平衡和环境质量具有不容忽视的重要作用。

4.3.2　土壤污染

4.3.2.1　土壤环境元素背景值与土壤环境容量

1. 土壤环境元素背景值

土壤环境元素背景值，简称土壤环境背景值，是指未受或很少受人类活动，特别是人为污染影响的土壤化学元素的自然含量。土壤环境背景值是在自然成土因素和成土过程综合作用下的产物。不同土壤类型的土壤环境背景值差别较大，是统计性的范围值、平均值，而不是简单的一个确定值。

目前在全球范围内已很难找到绝对不受人类活动影响的地区和土壤，现在所获得的土壤环境背景值只代表着远离污染源、尽可能少的受人类活动影响的有相对意义的数值。尽管如此，土壤环境背景值仍然是研究土壤环境污染、土壤生态，进行土壤环境质量评价与管理，确定土壤环境容量、环境基准，制定土壤环境标准时重要的参考标准或本底值。

2. 土壤环境容量

所谓土壤环境容量是在人类生存和自然生态不致受害的前提下，土壤环境所能容纳的污染物的最大负荷量。在一定的土壤环境单元和一定的时限内，遵循环境质量标准，应能维持土壤生态系统的正常结构与功能，保证农产品生物学的产量和质量，且不能使环境系统承受土壤环境所能容纳污染物的最大负荷量。土壤环境容量是制定土壤环境标准的重要依据。

4.3.2.2 土壤污染的概念与特点

1. 土壤污染的概念

土壤污染是指人类活动所产生的污染物通过各种途径进入土壤，其数量和速度超过了土壤的容纳能力和净化速度，从而使土壤的性质、组成及性状等发生变化，并导致土壤的自然功能失调和土壤质量恶化的现象。

目前，衡量土壤污染与否有如下指标：

（1）土壤背景值。

（2）植物体污染物的含量。植物体污染物的含量和土壤的污染物含量之间存在着一定的关系，因而可以作为土壤污染指标之一。

（3）生物指标。染物进入土体后，通过土体对悬浮污染物质的物理机械吸收、阻留、胶体的物理化学吸附、化学沉淀、生物吸收等过程，污染物质不断在土壤中累积，当达到一定数量的时候，就会导致土壤中可溶性元素失去平衡，土壤组成、结构、酸碱度改变，土壤供应植物营养物质的功能发生变化，使土壤生产力下降，影响植物的生长发育。通过植物吸收，污染物经食物链传递、迁移和转化，最终影响到人体。所以植物生长发育是否受到抑制，生态环境有无变异，微生物群体有无变化，以及植物性食物对人体健康的危害程度也是衡量土壤污染的一个指标。

2. 土壤污染的特点

（1）土壤污染具有不可逆转性。重金属对土壤的污染基本上是一个不可逆转的过程，许多有机化学物质的污染也需要较长的时间才能降解。譬如：被某些重金属污染的土壤可能要 100～200 年时间才能够恢复。

（2）土壤污染隐蔽性和潜伏性。水和大气的污染比较直观，有时通过人的感觉器官也能发现。土壤污染往往是先通过农作物，如粮食、蔬菜、水果等，以及家畜、家禽等食物污染，再通过人食用后身体的健康情况来反映。从开始污染到导致后果，有一段很长的间接、逐步、积累的隐蔽过程。如日本的镉米事件，当查明事件原因时，造成公害事件的那个矿已经被开采完了。

3. 土壤污染很难治理

如果大气和水体受到污染，切断污染源之后通过稀释作用和自净化作用有可能使污染问题不断逆转，但是积累在污染土壤中的难降解污染物则很难靠稀释作用和自净化作用来消除。土壤污染一旦发生，仅仅依靠切断污染源的方法则往往很难恢复，有时要靠换土、淋洗土壤等方法才能解决问题，其他治理技术见效也较慢。因此，治理污染土壤通常成本较高、治理周期较长。

4. 土壤污染的累积性

污染物质在大气和水体中一般都比在土壤中更容易迁移。这使得污染物质在土壤中并不像在大气和水体中那样容易扩散和稀释，因此容易在土壤中不断积累而超标，同时也使土壤污染具有很强的地域性。

5. 污染后果严重

土壤污染物会通过食物链富集而对动物和人体健康造成严重危害。

4.3.2.3 土壤中主要污染物类型及土壤污染源

1. 土壤中主要污染物类型

通过各种途径输入土壤中的物质种类十分繁多，有的是有益的，有的是有害的。通常，把输入土壤中的足以影响土壤正常功能、降低作物产量和生物学质量、有害于人体健康的那些物质统称为土壤污染物。土壤污染物主要来自工业和城市废水、固体废弃物、农药和化肥、牲畜排泄物、生物残体以及大气沉降物等。根据污染物质的性质不同，土壤污染物分为无机污染物和有机污染物两类。

（1）无机污染物。主要有重金属 Hg、Cr、Pb、Cd、Cu、Zn 等和 As、Se 等非金属、放射性元素、氟、酸、碱、盐等，其中尤其以重金属和放射性物质的污染危害最为严重。

（2）有机污染物。主要有酚类物质、有机农药、石油、苯并芘类、氰化物、稠环芳烃和洗涤剂类，以及有害微生物和高浓度耗氧有机物等。其中尤以有机氯农药、有机汞制剂、稠环芳烃等，性质稳定，难降解，在土壤环境中易累积，造成严重污染危害。

2. 土壤污染源

土壤的污染，一般通过大气与水污染的转化而产生，它们可以单独起作用，也可以相互重叠和交叉进行，属于点源污染的一类。随着农业现代化，特别是农业化学化水平的提高，大量化学肥料及农药散落到环境中，土壤遭受非点污染的机会越来越多，其程度也越来越严重。在水土流失和风蚀作用等影响下，污染面积不断地扩大。

（1）污水灌溉对土壤的污染。生活污水和工业废水中，含有 N、P、K 等许多植物所需要的养分，合理使用污水灌溉农田，一般有增产效果。但污水中还含有重金属、酚、氰化物等许多有毒有害的物质，如果污水没有经过必要的处理而直接用于农田灌溉，会将污水中有毒有害的物质带至农田，污染土壤。例如冶炼、电镀等工业废水能引起 Cd、Hg、Cr、Cu 等重金属污染；石油化工、肥料、农药等工业废水会引起酚、三氯乙醛、农药等有机物的污染。

（2）化肥、农药对土壤的污染。农业生产中，化肥和农药使用不当或用量过多也会造成土壤污染。化学肥料中，某些粗制磷肥和磷矿粉含有较高的 F、As 和 Cd 等有毒物质，可引起土壤污染。有的肥料本身含有有毒物质，如土壤大量施用石灰氮（氰化钙），可产生双氰胺、氰酸和氰化氢等有毒物质，能抑制土壤中的硝化作用，并损害马铃薯、大豆、芹菜、稻、棉、甘薯、菠菜、烟草等作物。长期大量使用氮肥，会破坏土壤结构，造成土壤板结，生物学性质恶化，影响农作物的产量和质量。过量地使用硝态氮肥，会使饲料作物含有过多的硝酸盐，妨碍牲畜体内 O_2 的输送，使其患病，严重的导致死亡。

农药污染土壤主要是通过防治病菌、害虫和杂草等直接将农药施入土壤内。国内外曾经使用的农药中包括有机氯、有机磷及含 As、含 Hg 制剂，一般毒性很强。农药进入土壤后，虽然有部分被分解转化，但仍有不少残留，被作物吸收后，农药可进入作物的籽实和茎叶，人和牲畜食用后可引起慢性和急性中毒。此外，农药在杀虫、防病的同时，也使有益于农业的微生物、昆虫、鸟类遭到伤害，破坏了生态系统，使农作物遭受间接损失。

（3）大气污染对土壤的污染。大气中的有害气体主要是工业排出的有毒废气，它的污染面大，会对土壤造成严重污染。工业废气的污染大致分为两类：一是气体污染，如 SO_2、氟化物、O_3、NO_x、碳氢化合物等；二是气溶胶污染，如粉尘、烟尘等固体粒子及烟雾，雾气等液体粒子，它们通过沉降或降水进入土壤，造成污染。例如，有色金属冶炼厂排出的废气中含有 Cr、Pb、Cu、Cd 等重金属，对附近的土壤造成污染；生产磷肥、氟化物的工厂会对附近的土壤造成粉尘污染和氟污染。

（4）固体废物对土壤的污染。由于工业的发展和人口向大城市集中，大量的工业废渣和城市垃圾得不到处理，被排放到附近农田，使得土壤严重污染。各种农用塑料薄膜作为大棚、地膜覆盖物被广泛使用，如果管理、回收不善，大量残膜碎片散落田间，会造成农田"白色污染"。这样的固体污染物既不易蒸发、挥发，也不易被土壤微生物分解，是一种长期滞留土壤的污染物。

（5）放射性物质对土壤的污染。放射性物质的来源主要是大气层中核爆炸降落的裂变产物和部分原子能科研机构等排出的液体和固体的放射性废弃物。它们都能被土壤无机胶体吸附，也能与土壤中的胡敏酸形成结合物。放射性污染物可通过土壤—植物而进入人体，当其超过一定量时，可危害人体健康。

4.3.2.4　土壤污染现状与发展趋势

1. 土壤污染的现状

土壤是人类赖以生存的主要自然资源之一，也是人类生态环境的重要组成部分。随着工业、城市污染的加剧和农用化学物质种类、数量的增加，土壤重金属污染日益严重。

目前，全世界平均每年排放 Hg 约 1.5 万 t，Cu 340 万 t，Pb 500 万 t，Mn 1500 万 t，Ni 100 万 t。据我国农业部进行的全国污灌区调查，在约 140hm² 的污水灌区中，遭受重金属污染的土地面积占污水灌区面积的 64.8%，其中轻度污染的占 46.7%，中度污染的占 9.7%，严重污染的占 8.4%。全国受有机污染物污染的农田已达 3600 万 hm²，污染物类型包括石油类、多环芳烃、有机氯农药等；石油化工业也使大面积土地受到污染，因油田开采造成的严重石油污染土地面积达 1 万 hm²；在沈抚石油污水灌区，表层和底层土壤多环芳烃含量均超过 600mg/kg，造成农作物和地下水的严重污染。全国受重金属污染土地达 2000 万 hm²，严重污染土地超过 70 万 hm²，其中 13 万 hm² 土地因镉含量超标而被迫弃耕。天津近郊因污水灌溉导致 2.3 万 hm² 农田受到污染。广州近郊因为污水灌溉而污染农田 2700hm²，因施用含污染物的底泥造成 1333hm² 的土壤被污染，污染面积占郊区耕地面积的 46%。20 世纪 80 年代中期对北京某污灌区进行的抽样调查表明，大约 60% 的土壤和 36% 的糙米存在污染问题。

同时，全国有 1300 万～1600 万 hm² 耕地受到农药的污染。除耕地污染之外，我国的工矿区、城市也还存在土壤（或土地）污染问题。

2. 土壤污染的发展趋势

目前，土壤污染呈现如下趋势：

（1）污染面积增加明显。一些地区的土壤污染由局部趋向连续分布。

（2）污染物种类增加。复合污染的特点日益突出。

（3）污染物含量呈增加趋势。在一些传统农业区，土壤重金属 Cd 超过国家二类土壤标准的面积达 35.9%，超过国家一类土壤标准的面积竟达 89.4%，且部分污染物来源尚未查清。

（4）城市土壤污染严重，我国西南某城市土壤中 Hg 含量已超过国家标准 100 倍；在东北某城市的工厂废弃地，土壤 Cd、Pb 含量也严重超标达数百倍。

4.3.2.5　土壤污染的危害

1. 土壤污染导致严重的直接经济损失

全国每年因重金属污染而减产粮食 1000 多万 t，另外被重金属污染的粮食每年也多达 1200 万 t，合计经济损失至少 200 亿元。

对于农药和有机物污染、放射性污染、病原菌污染等其他类型的土壤污染所导致的经济损失，目前尚难以估计。但是，这些类型的污染问题在国内确实存在，甚至也很严重。例如：我国天津蓟运河畔的农田，曾因引灌三氯乙醛污染的河水而导致数万亩小麦受害。

2. 土壤污染导致生物品质不断下降

我国大多数城市近郊土壤都受到了不同程度的污染，有许多地方粮食、蔬菜、水果等食物中 Cd、Cr、As、Pb 等重金属含量超标和接近临界值。据报道，1992 年全国有不少地区已经发展到生产"镉米"的程度，每年生产的"镉米"多达数亿公斤。仅沈阳某污灌区一处，被污染的耕地已多达 2500 多 hm^2，致使粮食遭受严重的镉污染，稻米的含 Cd 浓度高达 0.4～1.0mg/kg（已经达到或超过诱发"痛痛病"的平均含 Cd 浓度）。江西省某县多达 44% 的耕地遭到污染，并形成 670hm^2 的"镉米"区。

3. 土壤污染危害人体健康

土壤污染会使污染物在植（作）物体中积累，并通过食物链富集到人体和动物体中，危害人畜健康，引发癌症和其他疾病等。

20 世纪 50—60 年代是日本战后经济腾飞时期。由于日本片面追求工业和经济的发展，加之当时对环境问题缺乏应有的认识。因此，在日本曾出现过一系列由于环境问题所导致的污染公害事件，1955 年至 20 世纪 70 年代初，在日本富山市神通川流域曾出现过一种称为"痛痛病"的怪病。其症状表现为周身剧烈疼痛，甚至连呼吸都要忍受巨大的痛苦。后来的研究证实，这种所谓的"痛痛病"实际上是由于 Cd 污染所引起的。其主要原因是由于当地居民长期食用被 Cd 污染的大米。到 1979 年为止，这一公害事件先后导致 80 多人死亡，直接受害者则人数更多，赔偿的经济损失也超过 20 多亿日元（1989 年的价格）。至今，还有人不断提出起诉和索赔的要求。

目前，我国对这方面的情况仍缺乏全面的调查和研究，对土壤污染导致污染疾病的总体情况并不清楚。但是，从个别城市的重点调查结果来看，情况并不乐观。我国的研究表明，土壤和粮食污染与一些地区居民的健康状况之间有明显的关系。广西某矿区因污灌而使稻米的含镉浓度严重超标。当地居民长期食用这种"镉米"后已经开始出现腰酸背疼和骨节痛等"痛痛病"的症状。经过骨骼透视后确定，已经达到"痛痛病"的第三阶段。广州市某污灌区的癌症死亡率比对照区（清水灌溉区）高 10 多倍。沈阳某污灌区的癌症发病率比对照区（清水灌溉区）也高 10 多倍。其他城市也有类似的零星报道。

4. 土壤污染导致其他环境问题

土地受到污染后，含重金属浓度较高的污染表土容易在风力和水力的作用下分别进入到大气和水体中，导致大气污染、地表水污染、地下水污染和生态系统退化等其他次生生态环境问题。

北京市的大气扬尘中，有一半来源于地表。表土的污染物质可能在风的作用下，作为扬尘进入大气中，并进一步，通过呼吸作用进入人体。这一过程对人体健康的影响可能有些类似于食用受污染的食物。因此，美国、澳大利亚、奥地利、香港等国际和地区的科学家已经注意到，城市的土地污染对人体健康也有直接影响。由于城市人口密度大，而城市的土地污染问题又比较普遍，因此，国际上对城市土地污染问题开始予以高度重视。

上海川沙污灌区的地下水检测出 F、Hg、Cd 和 As 等重金属。成都市郊的农村水井也因土壤污染而导致井水中 Hg、Cr、酚、氰等污染物超标。

4.3.3 主要污染物在土壤中的迁移转化机理

4.3.3.1 重金属在土壤中的迁移转化机理

1. 重金属在土壤中的迁移转化类型

重金属在土壤中的一般迁移转化的形式是复杂多样的，并且往往以多种形式错综复杂地结合在一起。它们在土壤中的迁移转化，可以概括为以下几种类型。

（1）机械迁移和转化。重金属的机械搬运，主要形式是重金属被包含于矿物颗粒或有机胶体内，或被吸附于无机、有机悬浮物上，随土壤水分流动而被迁移转化，也有随土壤空气而运动的，如元素 Hg 可转化为 Hg 蒸气扩散。

（2）化学、物理化学迁移和转化。重金属在土壤中通过吸附与解离、沉淀与溶解、氧化与还原、络合、螯合、水解等一系列化学、物理化学作用迁移和转化。这些过程决定了重金属在土壤中存在的形态、积累的状况和污染的程度，是重金属在土壤中最重要的运动形式。

土壤中的重金属污染物能以吸附或络合（螯合物）形式和土壤胶体结合而发生迁移转化。重金属在土壤中的迁移转化受 pH 值、E_h（氧化还原电位）和土壤中存在的其他物质的显著影响。从它们和 pH 值的关系来看，可分为下面几种情况：在 pH<6 时，迁移能力强的主要是在土壤中以阳离子形态存在的重金属；在 pH>6 时，迁移能力强的主要是以阴离子形态存在的重金属；碱金属阳离子和卤素阴离子的迁移能力在广泛的 pH 值范围内都是很高的。从 E_h 的影响看，有的重金属随 E_h 的降低，其随水迁移的能力和对作物可能造成的危害便随之减小，如 Cd、Zn、Cu 等，有的具有相反的趋势，如 As 等。

（3）生物迁移和转化。土壤中重金属的生物迁移主要是指植物通过根系从土壤中吸收某些化学形态的重金属，并在其体内积累起来。一方面，这种含有一定量重金属的植物如被食用，就有可能通过食物链对人体健康造成危害；另一方面，如果这种植物残体再进入土壤，会使土壤表层进一步富集。除植物吸收外，动物啃食重金属含量较高的表土也是使重金属发生生物迁移的一种途径。所有重金属均能通过生物体迁移、富集，和食物链相互联系。

2. 重金属形态及迁移转化

（1）Cd 的形态及迁移转化。世界土壤中 Cd 的含量为 0.01～0.7mg/kg，平均为 0.5mg/kg。我国土壤 Cd 的含量为 0.017～0.230mg/kg，Cd 的背景值为 0.079mg/kg。由

于表层土壤对 Cd 的吸附和化学固定，使土壤中 Cd 的分布集中于最表层几厘米内。土壤中 Cd 的存在形态很多，大致可分为水溶性 Cd、吸附性 Cd 和难溶性 Cd。水溶性 Cd 为离子态和络合态，易迁移转化，可以被植物吸收，对生物危害大。胶体吸附态和难溶络合态的 Cd 不易移动，植物难以吸收，但两者在一定条件下可相互转化。

土壤中存在的无机镉化合物主要有 CdS、$CdCO_3$、$CdSO_4$、$CdCl_2$、$Cd(NO_3)_2$ 等。其中以 $CdCO_3$（多在石灰性土壤中）和 CdS（多在水淹土壤中）溶解度小，是 Cd 在土壤中主要的化学沉淀形式，而 $CdSO_4$、$CdCl_2$、$Cd(NO_3)_2$ 的溶解度较高，尤其是在酸件条件下，溶解度提高，迁移强，易被植物吸收。在碱件条件下，这些可溶性镉化合物也可以沉淀析出，降低活性。Cd 在土壤中的固定，主要由于黏土矿物和腐殖质的吸附。一般土壤胶体越多或胶体上的负电荷越多，对 Cd 的吸附能力越强。

（2）Cr 的形态及迁移转化。Cr 在土壤中形态有 Cr^0、Cr^{2+}、Cr^{3+}、Cr^{5+} 和 Cr^{6+}。主要以正三价（Cr^{3+}、CrO^{2-}）和正六价（$Cr_2O_7^{2-}$、CrO_4^{2-}）的形式存在。其中以正三价 $[如 Cr(OH)_3]$ 为最稳定，在土壤中最常见的 pH 值和 E_h 范围内，Cr^{6+} 都可迅速还原为 Cr^{3+}。

土壤胶体对 Cr 的强烈吸附作用，使 Cr^{3+} 甚至可置换铝硅酸盐中的 Al^{3+}，而成为矿物结构中的一部分。土壤胶体对 $Cr_2O_7^{2-}$ 的吸附力大于 Cl^-、SO_4^{2-}、NO_3^-。另外，氧化铁对 Cr 的吸附力也很大。

由于 Cr 在土壤中多呈难溶性化合物状态存在，难以迁移。因此，施用含 Cr 的污水灌溉，几乎其中 $85\%\sim90\%$ 的 Cr 将残留在土壤中，并主要积累在土壤表层，向下层迁移较少。

（3）As 的形态及迁移转化。As 的化学性质与 P 相似，但仍为金属元素，同时 As 和其他重金属一样，是引起土壤污染的主要无机物，残留量较高，故一般把 As 包括在重金属之内。

As 主要以三价态或五价态在土壤中存在。水溶性部分多为 AsO_4^{3-}、AsO_2^{3-} 等阴离子形式，水溶性 As 可以与土壤中的 Fe、Al、Ca 等离子生成难溶性的砷化合物，是固定态的，不能被作物吸收，一般只占全 As 的 $5\%\sim10\%$。土壤中大部分 As 以与土壤胶体及有机物相结合的形式存在。土壤胶体对 As 的吸附主要为黏土矿物，其次为有机胶体。含 As 污染物进入土壤主要积累于土壤表层，很难向下移动。

As 被土壤吸附或转化与土壤 pH 值有关，一般 pH 值高，As 的吸收量减少。As 在碱性环境易变成可溶性。同时，As 的转化与 E_h 也有关系，一般旱地土壤中的 As 主要为砷酸，易被土壤固定；灌水后，随着 E_h 降低，As 可转变为可溶性的亚砷酸。

（4）Hg 的形态及迁移转化。Hg 主要分布于土壤表层 $0\sim20cm$ 处。土壤中的 Hg 以多种形态存在，常见的无机 Hg 除水溶性和代换性的各种离子态 Hg 外，主要是金属 Hg、HgO、HgS，土壤无机、有机胶体吸附的 Hg，以及和腐殖质整合的 Hg 等。

土壤中的无机汞化合物少部分以 $HgCl_2$、$Hg(NO_3)_2$ 等形态存在。它们具有一定的溶解度，可以迁移转化进入水体或生物体中，绝大部分进入土壤迅速被土壤吸持或固定。土壤中存在的无机汞化合物多数是难溶的，如 HgO、HgS、$HgCO_3$、$HgHPO_4$、$HgSO_4$ 等，其中以 HgS 最为稳定。

进入土壤的有机 Hg 主要是有机的含 Hg 农药，在土壤中同时进行着化学分解和微生物分解。其分解产物有的被土壤固定，有的进一步转移。微生物对有机 Hg 的迁移转化有重要意义，并可以使无机 Hg 转化为有机 Hg。如无机 Hg 在嫌气条件下，可在细菌作用下生成甲基汞。甲基汞具有水溶性，可以进入生物体，毒害很大。

（5）Pb 的形态及迁移转化。土壤中 Pb 主要以二价态难溶性化合物存在，如 Pb（OH）$_2$、PbCO$_3$ 和 Pb$_3$（PO$_4$）$_2$。在土壤溶液中，Pb 的含量一般很低，并且大部分是被土壤固定的。Pb 在土壤中的迁移力十分微弱，主要集中于表层，随淋溶作用有轻度下移。

在矿区附近严重污染的土壤中，Pb 含量可高达 5000mg/kg。由于燃烧汽油而使 Pb 进入土壤时，可以有卤化物和氯溴化物形态的 Pb 存在，但它们很可能转化为难溶性的化合物，像 PbCO$_3$、Pb$_3$（PO$_4$）$_2$和 PbSO$_4$ 等。使 Pb 的移动性相对作物的有效性都较低。当 pH 值降低时，部分被固定的 Pb 可以释放出来。

土壤中的黏土矿物和有机质对 Pb 的吸附力很强。土壤中有机 Pb 螯合物的溶解度很低，植物难以吸收。作物吸取的 Pb 一般只积累在根部和茎部，很少向其他部分输送。

4.3.3.2　有机污染物在土壤环境中的迁移转化机理

1. 多环芳烃（PAH）在土壤环境中的迁移、转化

由于 PAH 主要来源于各种矿物燃料及其他有机物的不完全燃烧和热解过程。这些高温过程（包括天然的燃烧、火山爆发）形成的 PAH 大都随着烟尘、废气被排放到大气中。释放到大气中的 PAH 总是和各种类型的固体颗粒物及气溶胶结合在一起。因此，大气中 PAH 的分布、滞留时间、迁移、转化，进行干、湿沉降等都受其粒径大小、大气物理和气象条件的支配。在较低层的大气中直径小于 1nm 的粒子可以滞留几天到几周，而直径为 1~10nm 的粒子则最多只能滞留几天。大气中 PAH 通过干、湿沉降进入土壤和水体以及沉积物中，并进入生物圈，如图 4.9 所示。

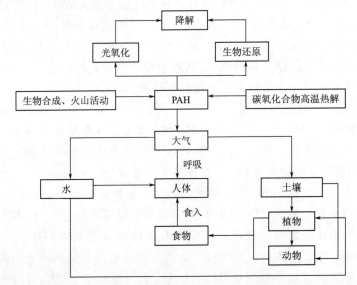

图 4.9　PAH 在环境中的迁移、转化

（1）酚在环境中的迁移、转化。

1）酚的微生物降解。酚对微生物虽具有一定毒害作用，但在适当条件下仍可被分解。土壤、污水中均发现一些能降解酚类的微生物。有人曾研究300个菌株，其中约有42％的菌株具有解酚的能力。

中国科学院武汉微生物研究所曾分离得到两种解酚能力强的细菌：食酚假单孢菌和解酚假单孢菌，两者都能在0.2％酚液中生长并分解酚。

酚类化合物的分解主要依靠生物化学氧化。而酚的分解速度决定于酚化合物的结构、起始浓度、微生物条件、温度条件等一系列因素。

从酚化合物的结构看，羟基的数目具有重要意义。单元酚易于生化分解，二元酚又较三元酚易于生化分解，但二元酚及萘酚对生化分解已有较大稳定性。据实验，在25℃的条件下，起始浓度为1mg/L的挥发酚在不到3h内就生化分解99％以上。而在同样条件下β—萘酚经过13d才分解完毕，邻苯三酚经过21d还没有充分分解。

不仅羟基的数目，而且羟基的位置也影响化合物的分解速度。在25℃条件下，起始浓度为5mg/L的间苯二酚经过25d分解了近90％，而在同样条件下，对苯二酚经过30d只分解了50％，对苯二酚只有在嫌气条件下分解；在好气条件下，相当一部分对位酚，如对苯二酚、对甲酚、对乙基酚对生物化学分解都有抑制作用。

2）酚的化学氧化。除了生物分解外，也存在空气中O_2对酚化合物的氧化过程，即所谓酚的化学氧化。酚的化学氧化需要"起曝作用"，如在紫外照射或过氧化物参与下，这一反应在自然条件下是可能发生的。酚的化学氧化过程有两个主要氧化方向，或者形成一系列循序的氧化物，最终分解为碳酸、水和脂肪酸，或者由于缩合和聚合反应的结果，形成胡敏酸或其他更复杂更稳定的有机化合物。自然界存在着酚的化学氧化，但其氧化速度极为缓慢。

3）酚的挥发作用。挥发酚的挥发作用在含酚废水的自净过程中有重要意义。曾有人进行过一组实验，分别对灭菌含酚废水和未灭菌含酚废水进行曝气，将曝气过程中挥发出来的酚导入含碱的吸收管中进行测定。测定结果表明，曝气过程中挥发出来的酚量占灭菌废水酚自净量的100％，占未灭菌废水酚的自净量的近40％，这说明了挥发作用在酚的自净过程中有重要作用。

（2）苯并芘在土壤中的降解。土壤中的苯并芘具有相当的稳定性，实验证明，经120d后，土壤中的苯并芘为最初加入量的25％～50％。土壤中的苯并芘可被植物吸收而累积于植物体内。实验证明，生长在实验性土壤（含BaP，$150\mu g/kg$，干土）上的紫菀和金莲花，所含BaP即比对照组高出6倍多。植物死亡，BaP又可以回到土壤中去。

关于土壤中苯并芘的去向，最重要的发现是苯并芘可被土壤微生物所降解，如图4-10所示。苯并芘被微生物氧化可以生成7，8—二羟基—7，8—二氢—苯并芘及9，10—二羟基—9，10—二氢—苯并芘。在自然条件下，翻耕土地，土壤微生物的活动就更为旺盛。经过一年后，使土壤中的BaP减少了80％～90％。

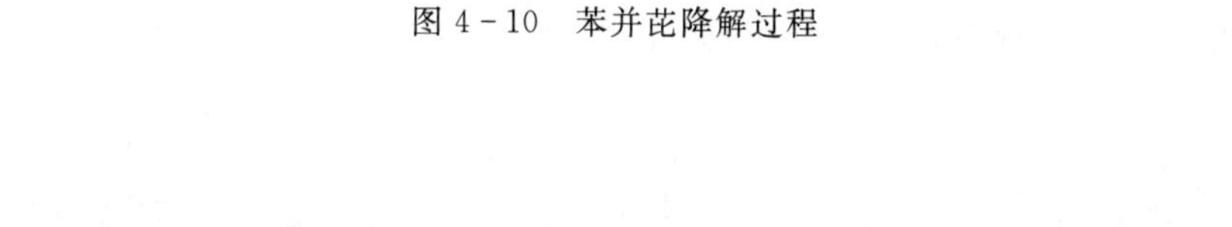

图4-10　苯并芘降解过程

2. 多氯联苯在环境中的迁移与转化

多氯联苯（PCBs）是由 Cl 置换联苯分子中的 H 原子而形成的化合物，随其含 Cl 原子的多少，可能为液态、浆态或树脂态。PCBs 的物理化学性质极为稳定，高度耐酸碱和抗氧化。它对金属无腐蚀，具有良好的电绝缘性和良好的耐热性，完全分解需 1000～1400℃。除一氯化物和二氯化物外均为不燃物质。

PCBs 主要在使用和处理过程中通过挥发进入大气，然后经干、湿沉降转入湖泊和海洋。转入水体的 PCBs 极易被颗粒物所吸附，沉入沉积物，使 PCBs 大量存在于沉积物中。虽然近年来 PCBs 的使用量大大减少，但沉积物中的 PCBs 仍然是今后若干年内食物链污染的主要来源。

土壤中的 PCBs 可通过挥发而损失，其挥发速率随联苯的氯化程度增多而降低，但随温度升高而增高，也可借助土壤微生物的作用，使低氯联苯得以分解。

关于 PCBs 降解的途径，从一些研究结果来看，可以认为 PCBs 的分解也和苯环分解一样，首先形成二羟基化合物，然后再进一步降解。对于 PCBs 的降解来说，只要 PCBs 发生脱卤作用，那么羟基即加入到苯环上之后再降解。由于高氯加入羟基较难，所以不易降解。不过，随着研究的不断深入，不久的将来也会找到降解高氯 PCBs 的微生物。

PCBs 由于化学惰性而成为环境中的持久性污染物，在环境中的主要转化途径是光化学分解和生物转化。

（1）光化学分解。Safe 等人研究了 PCBs 在波长 280～320nm 的紫外光下的光化学分解及其机理，认为由于紫外光的激发使碳氯键断裂，产生芳基自由基和氯自由基，自由基从介质中取得质子，或者发生二聚反应。他们还观察到 2，2'，6，6'邻位上氯碳键断裂会优先发生。这是由于联苯分子的共轭平面几何结构，在受光激发后，Cl 原子的空间效应破坏了联苯的平面结构，使其激态分子变得不稳定，邻位碳氯键断裂后，恢复了联苯分子的共轭平面结构，故邻位碳氯键优先断裂。

PCBs 的光化学分解过程及主要产物以 2，2'，4，4'，6，6'为主，以六氯联苯为例，如图 4-11 所示：

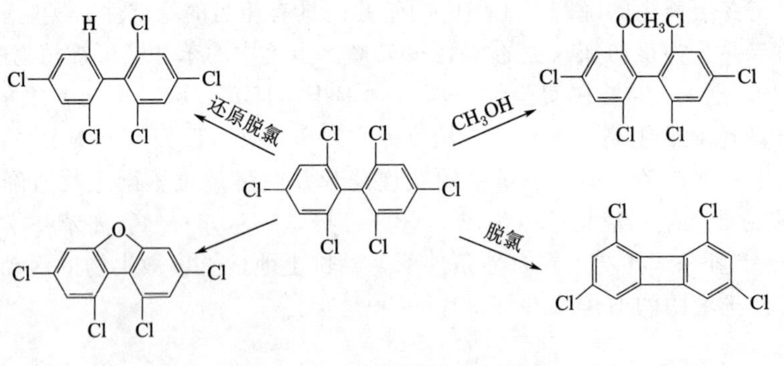

图 4-11　六氯联苯光分解过程

PCBs 的光解反应与溶剂有关。如 PCBs 用甲醇作溶剂光解时，除生成脱氯产物外，还有氯原子被甲氧基取代的产物生成；而用环己烷作溶剂时，只有脱氯的产物。此外，PCBs 光降解时，还发现有氯化氧芴和脱氯偶联产物生成。

（2）生物转化。经研究表明，PCBs 的细菌降解顺序为：联苯＞PCBs1221＞PCBs1016＞PCBs1254。从此可以看出从单氯到四氯代联苯均可被微生物降解。高取代的 PCBs 不易被生物降解。有研究认为，PCBs 的生物降解性能主要决定于化合物中碳氢键数量。相应的未氯化碳原子数越多，也就是含 Cl 原子数量越少，越容易被生物降解。

另外，研究发现，从活性污泥中分离出来的假单胞菌属 7509 降解 PCBs1221 的速度比单纯用污水降解快 10 倍，而且该菌种即使在 4℃ 时也可氧化降解 PCBs1221，N、P 营养物的存在不影响微生物的降解。

PCBs 除了可在动物体内积累外，还可以通过代谢作用发生转化。其转化速率随分子中 Cl 原子的增多而降低。含四个 Cl 以下的低氯 PCBs 几乎都可被代谢为相应的单酚，其中一部分可进一步形成二酚。如图 4.12 所示。

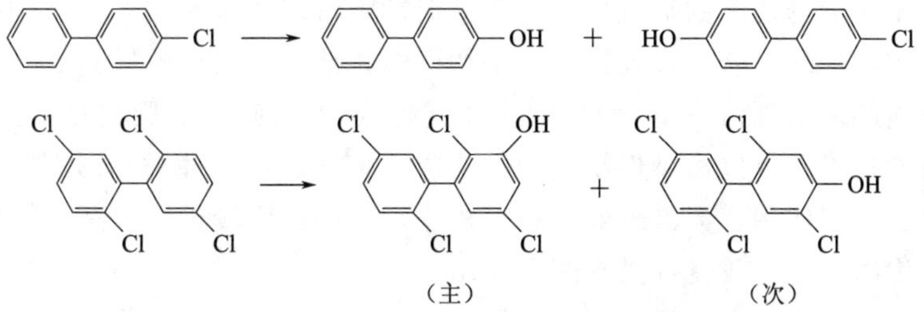

图 4-12 低氯 PCBs 转化过程

含五个 Cl 或六个 Cl PCBs 同样可被氧化为单酚，但速度相当慢。含七个 Cl 以上的高氯 PCBs 则几乎不被代谢转化。

4.3.4 土壤污染防治与生物修复

对于土壤污染必须贯彻以"预防为主，防治结合"的方针。一是控制和消除污染源，先弄清楚污染源，然后采取切实有效的措施切断污染源，这是防止土壤遭受污染的最基本也是最重要的原则，此外，还需要建立控制废气、粉尘、废水、污泥垃圾等固体废弃物的排放标准，制定相应的法规和监督体制，严格执行农田灌溉水质标准，发展清洁工艺，严格执行农药管理法，制定农药在农产品中的最大残留量等；二是对已经污染的土壤进行改良、治理。

4.3.4.1 土壤污染防治

1. 土壤污染防治方法

对于已污染的土壤，目前国内外采用的治理方法可概括为工程措施、施用改良剂措施、农业措施和生物措施 4 类。

（1）工程措施。工程措施一般是指用物理或物理化学原理治理污染土壤且工程数量较大的一类方法，具体的工程措施包括客土法、清洗法、隔离法、热解法和电化法等。

1）客土法。客土法是在被污染的土壤中加入大量非污染的干净土壤，覆盖在污染土壤表层或混匀，使土壤中污染物浓度降低，从而减轻污染危害。客土应选择土壤有机质含量丰富的黏质土壤，这样有利于增加土壤环境容量，减少客土工程数量。

2）清洗法。清洗法也称水洗法，就是采用清水灌溉、稀释或洗去土壤中污染物质，污染物被冲至根外层。同时，要采取稳定络合或沉淀固定措施，以防止污染地下水，并且这种方法只适用于小面积严重污染土壤的治理。

3）隔离法。隔离法就是用各种防渗材料，如水泥、黏土、石板、塑料等，把污染土壤就地与非污染土壤或水体分开，以阻止污染物扩散到其他土壤和水体的方法。

4）热解法。热解法就是把污染土壤加热，使土壤中污染物采取热分解的方法。这种方法常用于能够热分解的有机污染物，如石油污染等。

5）电化法。电化法也称电动力学法，就是应用电动力学方法去除土壤中污染物的方法。国外已有电化法净化土壤中重金属及部分有机污染物的应用。这种方法适用于其他方法难以处理的透水性差的黏质土壤，对砂性土壤污染治理不宜采用这种方法。

（2）施用改良剂措施。施用改良剂治理土壤污染的主要作用是降低土壤污染物的水溶性、扩散性和有效性。具体技术措施包括：①加入钝化剂使污染物沉淀；②加入抑制剂或吸附剂；③利用污染物之间的拮抗作用。改良剂措施治理效果及费用都适中，比较适于中等程度污染土壤的治理，若与农业措施和生物措施相结合，治理效果会更佳。

（3）农业措施。治理污染土壤的农业措施包括：①增施有机肥料；②控制土壤水分；③改变耕作制度；④选择抗污染作物品种；⑤选择合适的化肥种类和形态。一般来说，农业措施投资少、无副作用，但治理效果相对较差，周期也比较长，仅适于轻度污染土壤的治理，最好与生物措施、改良剂措施配合使用。

（4）生物措施。生物措施就是利用生物包括某些特定的动、植物和微生物较快地吸走或降解净化土壤中的污染物质，从而使污染土壤得到治理的技术措施。在现有的土壤污染治理技术中，生物措施也称生物修复技术措施，被认为是最有生命力的方法。生物修复措施包括以下几种类型：

1）利用微生物作用分解降低土壤中污染物毒性。已有研究表明不少细菌产生的特殊酶能还原土壤中重金属等污染物，并且对 Mn、Zn、Pb、Cu、Cd、Ni 等具有一定的亲和力。如柠檬酸细菌属产生的酶能使 Pb、Cd 形成难溶性磷酸盐。BartOn 等人分离出来的嗜温假单胞菌和嗜麦芽假单胞菌菌种能将硒酸盐和亚硒酸盐还原为胶态硒，将二价 Pb 转化为胶态 Pb，胶态 Se 和胶态 Pb 不具有毒性且结构稳定。

2）利用植物对污染土壤进行修复。某些植物对土壤中某种或某些污染物具有特别强的吸收能力，可利用它们来降低土壤污染物浓度。例如英国发现某些植物（如高山萤属类等）可吸收高浓度的 Cu、CO、Cd、Zn、Mn、Pb 等重金属元素。据现有的研究资料发现，禾本科、石竹科、茄科、十字花科、蝶形花科、杨柳科等科中的部分植物种具有这一特性。

3）通过基因工程的新方法来获得超量积累、生长迅速的植物种类（芸薹属植物）。例如通过引入金属硫蛋白基因或引入编码汞离子还原酶的半合成基因以及其他与重金属耐性有关的基因，以此来提高植物对金属的耐受性，最后通过这些超量积累植物体来回收污染土壤中的重金属元素，从而达到对重金属污染土壤的治理。因植物根系通常含较高浓度的重金属，所以割除植物时应尽量连根收走，对收获的植物应妥善处理。

2. 土壤重金属污染防治

（1）镉（Cd）污染防治。土壤 Cd 污染的防治对策重点在于防，而不在于治。因为进入土壤中的 Cd 常常累积于表层土壤，而很少发生输出迁移，也不可能像有机污染物那样可能发生降解作用。对被 Cd 污染的土壤，迄今还没有发现经济有效的改造措施。这是一个严峻的事实。因此，控制 Cd 污染源，减少 Cd 污染物的排放是最中心和最关键的对策。

1) 客土或换土，使高背景或污染区土壤中 Cd 的浓度下降，但这种措施的成本太高。

2) 使用有机肥料，可以增加土壤中腐殖质含量，使土壤对 Cd 的吸持能力增强，增加土壤容量，提高土壤自净能力，从而减少植物的吸收。同时腐殖酸是重金属的螯合剂，在一定条件下能和 Cd 结合固定，从而降低土壤中 Cd 元素含量和毒害。研究发现，在 Cd 污染土壤中施入不同量的有机肥并配合淋洗措施，可使 Cr^{6+} 转化为 Cr^{3+}，降低毒性。但土壤中有效态 Cd 的含量明显降低。淋洗后土壤中 Cd 总量减少显著，能够显著减轻 C_d^{2+} 对作物的毒害程度（华洛等，1998）。

3) 在土壤中加入石灰性物质，提高环境 pH 值，形成氢氧化隔（Cd（OH）$_2$）沉淀，最终降低 Cd 金属在土壤中的有效态含量。如中国科学院林业土壤研究所试验结果表明，当土壤含 Cd 量在 $4\sim10mg/kg$ 中度和重度污染区，每亩施石灰 $75\sim125kg$，可使水稻籽实含 Cd 量从 $1mg/kg$ 降至 $0.4mg/kg$ 左右。土壤污染水平在 $4mg/kg$ 以下的中度和轻度污染区，每亩施石灰 150 斤，可使水稻籽实含 Cd 量降至 $0.1mg/kg$ 以下。

4) 在 Cd 污染的土壤中加入磷酸盐类物质使之生成磷酸隔沉淀，适用于水田 Cd 污染治理。

5) 清洗法改良土壤。清洗就是用清水或加入含有重金属水溶性的某种化学物质的水把污染物冲至根外层，再用含有一定配体水的化合物或阴离子与重金属形成较稳定的络合物或生成沉淀，以防止污染地表水。日本用稀盐酸或 EDTA 淹水清洗土壤重金属，用 EDTA 撒在稻田或旱地淹水或小雨淋洗，清洗 $1\sim2$ 次，一次可使耕作层土壤 Cd 含量降低 50%，二次使 Cd 从 $1.7mg/kg$ 降到 $0.33mg/kg$，降低了 81%。

6) 种植富 Cd 植物如苋科植物，以吸收污染土壤中的 Cd。通过收获而带走一部分 Cd，为一种尝试性的 Cd 污染防治对策。在污染土壤上种树，不失为一个较有用的方法。

（2）砷（As）污染防治。

1) 切断污染源。从引起土壤 As 异常的原因着手，首先要切断土壤 As 的输入途径，尤其对人为活动引起的土壤 As 污染，其次应加强各种污染源的治理，杜绝污染物进入土壤之中。

2) 提高土壤对 As 的吸附和固定能力。施加 As 的吸附剂，促使土壤对 As 的吸附，减少植物对 As 的吸收。如在旱田使用堆肥、在桃树果园中施加硫酸铁，都可提高土壤吸附 As 的能力，减少 As 的危害。在土壤中施加硫粉，降低土壤 pH 值，加强土壤排水。采用畦田耕作，促进土壤通气，提高土壤 E_h 均能提高土壤固 As 能力，降低 As 的活性。

3) 降低 As 活性。施加使 As 沉淀为不溶物的物质，如施 $MgCl_2$ 可使土壤污染性 As 形成 $Mg(NH_4)AsO_4$ 沉淀，从而降低 As 的活性。施用抗 As 害的物质如施用 P 肥，由于 P 与 As 有拮抗作用，两者共存，可减少砷害。有人试验，土壤 As 浓度为 $12mg/kg$ 情况下，当 As/P=1 时，作物枯死，而当 As/P 为 0.2 时，几乎不出现砷害。

4) 施用客土或换土法。采用客土或换土法来改良被 As 严重污染的土壤。客土法就是向 As 污染土壤中加入大量的干净土壤，覆盖在表层或混匀，使污染物浓度降低或减少污染物与植物的接触，从而达到减轻危害的目的。换土法就是把 As 污染土壤取走，换入新的干净的土壤。对换出的土壤必须深埋，妥善处理，以防止二次污染。

（3）汞（Hg）污染防治。

1）对已受 Hg 污染的土壤，可施用石灰—硫黄合剂，其中的硫是降低 Hg 由土壤向作物迁移的一种有效方法。在施入硫以后，Hg 被更牢固地固定在土壤中。

2）施用石灰以中和土壤的酸性，可降低作物根系对 Hg 的吸收。当土壤 pH 值提高到 6.5 以上时，可能形成难溶解的 Hg 化合物——碳酸汞、氢氧化汞或水合碳酸汞。石灰的施入不仅能将 Hg 变成难溶性的化合物，而且钙离子能与任何微量的 Hg^+ 争夺植物根际表面的交换位，从而降低了 Hg 向作物内的迁移。

3）施用磷肥，由于 Hg 的正磷酸盐较其氢氧化物或碳酸盐的溶解度小，所以施用磷肥也是降低土壤中 Hg 化合物毒害作用的一种有效方法。

4）施入硝酸盐，可使土壤内 Hg 化合物的甲基化过程减弱。因高浓度的硝酸盐能抑制甲基化微生物的生长，从而减少 Hg 向作物体内的迁移及毒害。

5）水田改旱田，从一些地区的污染调查结果来看，土壤含 Hg 量对水稻糙米中 Hg 的残留量影响较大，而对一些旱田作物如小麦、大豆、麻等的影响较小。贵州省环保所进行的研究表明，将污染稻田改成旱地，土壤自净能力增强，土壤总 Hg 残留系数由 0.94 降到 0.59。改种苎麻后，土壤总 Hg 自净恢复年限可缩短 8.5 倍。如含 Hg 82mg/kg 的稻田土壤，若继续栽水稻，恢复到背景含量水平需 86 年，改为旱田种植苎麻后，恢复到背景含量需要 10 年。因此，对已污染的土壤可采取水田改旱田的方式，提高土壤的自净能力，使植物受害程度降低（王云等，1995）。

（4）铅（Pb）污染防治。Pb 在土壤中的移动性差，外源 Pb 在土壤中的滞留期可达上千年。随着人们对 Pb 对环境生态和人体健康影响的研究深入及环境意识的增强，土壤 Pb 污染的防治已在世界各国受到了普遍重视。

1）切断污染源。土壤 Pb 污染主要是通过空气、水等介质形成的二次污染。因加 Pb 汽油的使用是形成全球性 Pb 污染的重要原因，故近年来不少国家已在着手减少或区域性禁止使用加 Pb 汽油。无疑，这一措施的推广，将明显减少全球环境中 Pb 的排放量，有效地改善环境中 Pb 的含量水平。通过大气传输、沉降形成区域性土壤 Pb 污染的另一主要来源是冶炼厂或矿区的烟囱和其他设施排放高浓度含 Pb 尘埃。由于含 Pb 尘埃中细微颗粒可在空中停留几小时到几天，从而使 Pb 尘可远距离传输，扩大污染区域。据报道在距冶炼厂 30km 的地方尚可发现土壤含 Pb 量升高现象。采用具有减尘措施的排放设施，严格按照空气质量标准改善并控制污染源区空气环境质量，是防止形成厂、矿区域性土壤环境污染的重要保证。不合理的污水灌溉可形成灌区大面积土壤 Pb 污染。我国已颁布了农田灌溉水水质标准，严禁未经处理或处理但不符合灌溉水标准的污水灌田，这是防止污灌区土壤 Pb 污染的重要途径。

2）换土法。对于严重污染土壤，利用外源 Pb 主要分布在表层的特点，国外有采取换土清污的办法。这种消除 Pb 污染的方法，耗资太大，不宜大面积应用。

3）调节土壤酸碱性。土壤体系的酸碱度总体上对 Pb 的吸收和迁移影响明显，不但影响土壤 Pb 对植物的有效性，而且可能影响 Pb 在植物体内的存在形态及转移机理。土壤 pH 值愈低，土壤 Pb 的有效含量愈高，愈有利于植物吸收。这可能是低 pH 值有利于 Pb^{2+} 通过自由扩散出入根部及自由空间，而在高 pH 值条件下 Pb^{2+} 很容易与根系表面及内部的有效阴离子形成沉淀。例如施用熟石灰提高土壤 pH 值，莴苣各器官的含 Pb 量随土壤 pH 值增加均明显下降，在土壤 pH 值由对照的 6.86 升至 8.00 时，叶、根、茎的 Pb 含量分别下降为对照的 32.8%、58.0%、59.0%。由于我国 Pb 污染区酸性土占比较大，利用加熟石灰减少 Pb 污染土壤对作物的毒性有一定的实用价值。pH 值也影响土壤黏土矿物对 Pb 的吸附能力，pH＞6 时，重金属离子很易被黏土矿物吸附。另外，土壤体系 pH 值还可影响 Pb 化合物的溶解度及 Pb 的络合物的稳定常数等。这些因素均使得土壤 pH 值升高，可有效阻止植物对 Pb 的吸收。

4）施有机与无机肥料。土壤中某些元素在生物化学作用中与 Pb 的抗性可显著地影响植物对 Pb 的吸收。土壤贫磷、硫时，植物对 Pb 的吸收明显增加。有人认为在施磷肥情况下，土壤及植物中形成磷酸铅沉淀，可降低土壤 Pb 的有效性及其在植物体内的毒性。周鸿在 Pb 污染土壤改良研究中，采用施用 Ca、Mg、P 肥等无机肥料改良污染土壤，白菜叶 Pb 量可明显下降，特别是心叶 Pb 含量比对照可下降 70% 以上。施用腐殖酸肥料对于改良 Pb 污染土壤也是一种较为理想的方法。试验表明，施用腐殖酸类肥料，不但使萝卜各器官 Pb 含量比对照明显下降，且生物产量较对照高，土壤物理性质也有所改善。

5）植物措施。植物对 Pb 的吸收转化能力随植物种类而异，主要取决于植物的遗传因素。在环境 Pb 污染监测中，已发现水生、陆生植物中均有某些属种对 Pb 有特殊富集功能，这些植物已被成功地用作环境 Pb 污染的"生物监测器"。陆生植物如马尾种的 *Equisetum*、*LOblOlly* 松树及红枫，特别是遍布全球的苔藓对 Pb 有明显的富集作用。在暖温带地区西班牙苔藓（*Tillandsia usneOides*）就是一个有用的环境 Pb 生物监测器。

4.3.4.2 生物修复

生物修复（biOremediatiOn）是指利用生物的生命代谢活动，减少土壤环境中有毒有害物的浓度或使其完全无害化，从而使污染了的土壤环境能够部分地或完全地恢复到初始状态的过程。

生物修复与传统的化学修复、物理和工程修复等技术手段相比，其具有投资和维护成本低、操作简便、不造成二次污染、具有潜在或直接经济效益等优点。

由于植物修复更适应环境保护的要求，因此越来越受到世界各国政府、科技界和企业界的高度重视和青睐。自 20 世纪 80 年代以来，生物修复已成为国际学术界研究的热点问题，并且开始进入产业化初期阶段。美国、英国、德国、荷兰等国家已经把治理土壤污染问题摆在与大气污染和水污染问题同等重要的位置，而且已从政府角度制定了相关的修复工程计划。但是，目前我国对土壤污染的严重性和治理工作的紧迫性尚未引起足够的重视。典型地区的调查结果表明，我国的土壤污染问题已经相当严重，并且对水环境质量和农产品质量构成明显的威胁。无论是从投资成本还是管理等多方面考虑，采用生物修复技术都是一条非常适合我国国情的土壤污染治理途径。

1. 土壤微生物修复

土壤中的微生物具有范围很宽的代谢活性，因此消除污染物的一个简单方法就是将污染物或含有这些污染物的物质加到土壤中去，依靠土壤中的土著微生物群落降解。反过来，对于被污染的土壤，也可以通过提高土壤微生物的代谢条件，人为增加有效微生物的生物量和代谢活性或添加有针对性的高效微生物来加速土壤中污染物的降解过程。

生物修复中可以用来接种的微生物从其来源可分为土著微生物、外来微生物和基因工程菌，从其微生物物种类型可分为细菌和真菌。通常土著微生物与外来微生物相比，在种群协调性、环境适应性等方面都具有较大的竞争优势，因而常作为首选菌种。国外在特定污染土壤中进行有针对性的土著降解菌的筛选和应用已进行了多年，特别是在油田及石油类污染土壤的微生物降解技术的研究与应用方面取得了很大进展。如海湾战争期间，科威特被破坏的油田流出的原油使 20％的国土受到了污染。日本大林组公司 1994 年开始赴科威特，与该国科研人员一起进行生物净化修复的应用实验。其主要技术为：通过向含油（TPH）2％～40％的土壤中添加 N、P 等微生物营养要素及木屑等添加物，并通过土地耕耘、大面积翻地、大面积强制通风等措施，同时适当管理土壤的水分和氧气，并且每月进行一次化学及微生物监测并进行调整。经过 15 个月的处理，取得了良好效果，采用耕耘法，可使土壤中所含油分（TPH）分解 85％，其他两种方法也可分解 75％。国内林力（2000）等人从被石油污染的包气带土层中，分离出 159 株烃降解细菌和真菌，其中 17 株可以不同程度地分别利用烷烃（nC9～nC18）和芳烃（酚、萘、甲苯和二甲苯）作为唯一碳源生长。在最适氮源和磷源的条件下，假单孢细菌 52 在 7d 内可利用石蜡作为碳源，生物量连续增加；3d 内可将初始浓度为 500mg/L 机油降解 99％。投加选育的混合菌株，进行原油污染的土壤的模拟降解实验，25d 内可将油污的矿化作用提高 1 倍。如同时补充 N、P 营养可使石油降解效果大幅度提高。陈晓东（2001）等人利用从石油污染土壤中分离得到的有效土著菌，通过增加、调整土壤有效微生物含量，添加 N、P 等营养物质，30d 内使其土壤中石油污染浓度下降了 70％。

对于某些被重金属污染的土壤，可以利用微生物来降低重金属的毒性。重金属污染的微生物修复含两方面的技术：生物吸附和生物氧化还原。前者是重金属被活的或死的生物体所吸附的过程；后者则是利用微生物改变重金属离子的氧化还原状态来降低环境和水体中的重金属水平（沈振国等，2000）。在有毒金属离子中，以 Cr 污染的微生物修复研究较多。在好气或嫌气条件下，有许多异养微生物催化 Cr^{6+} 转化为 Cr^{3+} 的还原反应，而 Cr^{3+} 的可溶性和毒性比 Cr^{6+} 低。而最近发现的一些还原细菌对 Cr^{6+} 有较高的耐性，能在好气条件下进行还原作用。微生物还可通过产生还原态产物如 Fe^{2+} 和硫化物而间接促进 Cr^{6+} 的还原。

一些微生物可把 Hg^{2+} 还原成挥发性的 Hg^0（LOvley，1995）。Bizily 等报道编码有机 Hg 裂解酶［OrganOmercurial lyase(MerB)］的基因在拟南芥中的表达可提高植株对有机 Hg 毒害的耐性。MerB 可分解有机 Hg 释放出 Hg^{2+}，而 Hg^{2+} 在土壤中的移动性很小。同时利用 Hg 还原酶［mercuric reductase(merA)］，使 Hg^{2+} 还原成为挥发态的分子 Hg。

2. 植物修复

（1）植物修复概念。植物修复是利用植物及其根际圈微生物体系的吸收、挥发和转化、降解的作用机制来清除环境中污染物质的一项新兴的污染环境治理技术。具体地说，利用植物本身特有的利用污染物、转化污染物，通过氧化—还原或水解作用，使污染物得以降解和脱毒的能力；利用植物根际圈特殊的生态条件加速土壤微生物的生长，显著提高根际圈微环境中微生物的生物量和潜能，从而提高对土壤有机污染物的分解作用的能力，以及利用某些植物特殊的积累与固定能力去除土壤中某些无机和有机污染物的能力，被称为植物修复。

植物对土壤重金属污染的修复多为原位生物修复，其机理包括植物的萃取、根际的过滤以及植物的固化作用。植物萃取是利用植物的积累或超积累功能，将土壤中的重金属萃取出来，富集并搬运至植物可收获部分。根际过滤作用则是利用超积累植物或耐重金属植物，从土壤溶液中吸收沉淀和富集有毒重金属。植物固化是利用植物降低重金属的活性，从而减少其二次污染。至于植物的耐重金属原因可能包括回避、吸收排除、细胞壁作用、重金属与各种有机酸络合、酶适应、渗透调节等机制。影响植物修复的首要因素是土壤重金属的特性。重金属在土壤中一般以多种形态赋存，不同的化学形态对植物的有效性（或可利用性）是不同的；其次是植物本身，包括植物的抗逆能力和植物的耐重金属能力。当然影响植物生长的土壤与环境条件如有机质、酸碱度、CEC、水分、土壤肥力等都将影响植物对重金属污染的修复。

植物对有机污染土壤的生物修复作用主要表现在植物对有机污染物的直接吸收，植物释放的各种分泌物或酶类促进了有机污染物生物降解及强化有机污染物在根际微域的矿化作用等方面。植物根对有机物的吸收近乎直接与有机物的相对亲脂性有关。在有机质很少的砂质土壤中，利用根吸收和收获进行植物修复的计划证明是可行的。如利用胡萝卜吸收二氯二苯基—三氯乙烷，然后收获胡萝卜，集中处理。在这个过程中，亲脂性污染物离开土壤基质进入脂含量高的胡萝卜中。一些有机污染物被植物或与之有关的微生物降解甚至矿化。植物的根和茎有相当的代谢活性，即使在植物根以外或根际，其中一些代谢酶在植物修复过程中也发挥重要作用。如某些杀虫剂成分，如三氯乙烯和石油醚等已能在根际快速降解，但在土体中降解过程的总体速度和数量都相对较慢。最近已有关于利用硝基还原菌降解 TNT，利用脱卤素酶和漆酶来降解含氯有机物等的报道。

（2）植物修复的优缺点。植物修复是近年来世界公认的非常理想的污染土壤原位治理技术，它具有物理修复和化学修复所无法比拟的优势，具体表现在如下方面：

1）修复植物的稳定作用可以绿化污染土壤，使地表稳定，防止污染土壤因风蚀或水土流失而带来的污染扩散问题。

2）利用修复植物的提取、挥发、降解作用可以永久性地解决土壤污染问题。

3）修复植物的蒸腾作用可以防止污染物质对地下水的二次污染。

4）植物修复是可靠的、环境相对安全的技术。重金属超积累植物所积累的重金属在技术成熟时可进行回收，从而也能创造一些经济效益。

5）植物修复成本低、技术操作比较简单，容易在大范围内实施。

6）经植物修复过的土壤，其有机质含量和土壤肥力都会增加，一般适用于农作物种植，符合可持续发展战略。

植物修复作为一项技术总有它的缺点与局限性，尤其对尚未成熟的植物修复技术来说更是如此，主要表现在如下方面：

1）修复植物对污染物质的耐性是有限的，超过其忍耐程度的污染土壤并不适合于植物修复。

2）污染土壤往往是有机、无机污染物共同作用的复合污染，一种修复植物或几种修复植物相结合往往也难以满足修复要求，而且修复植物生长周期一般较长，难以满足快速修复污染土壤的需求。

3）虽然有的植物根系最深处可达地面以下几米深，但大多数植物根系的大部分集中在土壤表层，如草本植物多数集中在0～50cm范围内，对于超过修复植物根系作用范围的污染土壤或不利于修复植物生长的土层，如山区碎石较多的污染土壤，修复则比较难以奏效。

4）植物生长需要适宜的环境条件，在温度过低或其他生长条件难以满足的地区就难以生存，因而植物修复受季节变化等环境因素的限制，在世界范围内引种修复植物可能比较困难。

5）缺乏行之有效的筛选修复植物的手段，同时对已筛选出来的修复植物的生活习性也了解较少，这也在一定程度上限制了植物修复技术的应用。

思　考　题

1. 大气中主要的污染源和污染物有哪些？

2. 何谓大气污染？大气污染对人体健康有何危害？

3. 温室气体有哪些？引起臭氧层破坏的物质主要有哪些？

4. 酸雨中主要成分有哪些？对环境的危害有哪些？如何防治？

5. 什么是光化学烟雾？光化学烟雾形成的条件是什么？

6. 水体中主要的污染源和污染物有哪些？

7. 何谓水体污染？简述其对人体及环境造成的危害。

8. 水污染综合防治的基本原则是什么？

9. 污水的主要处理方法有哪些？各有什么特点？

10. 阐述重金属在水体中的迁移转化类型。

11. 比较污水好氧生物处理与厌氧生物处理的优缺点。

12. 试述土壤在地球表层环境系统中的地位和作用。

13. 简述土壤污染特点与污染源的来源有哪些？

14. 土壤重金属污染有哪些防治措施？

15. 试述植物修复优缺点。

参 考 文 献

［1］ 周国强，张青．环境保护与可持续发展概论［M］.北京：中国环境科学出版社，2010.

［2］ 朱焯炜．能源与可持续发展［M］.上海：上海科学普及出版社，2011.

［3］ 国家能源局．国家能源科技"十二五"规划（2011—2015）［R].2011.

［4］ BP（中国）投资有限公司.BP世界能源统计年鉴（2017版）［R].2017.

［5］ 《中国能源年鉴》编辑委员会．中国能源年鉴［M］.北京：科学出版社，2000—2011.

［6］ 林伯强．中国能源问题与能源政策选择［M］.北京：煤炭工业出版社，2007.

［7］ 中华人民共和国国务院新闻办公室．中国的能源政策（2012）白皮书［R].2012.

［8］ 黎永亮．基于可持续发展理论的能源资源价值研究［D］.哈尔滨：哈尔滨工业大学，2006.

［9］ 杨魁孚，田雪原．人口、资源、环境可持续发展［M］.杭州：浙江人民出版社，2001.

［10］ 张维庆，孙文盛，解振华．人口、资源、环境可持续发展干部读本［M］.杭州：浙江人民出版社，2004.

［11］ 赛迪顾问股份有限公司.2009—2011年中国新能源产业发展研究年度报告［R].2017.

［12］ 杨昭．能源环境技术［M］.北京：机械工业出版社，2012.

［13］ 周乃君．能源与环境［M］.长沙：中南大学出版社，2012.

［14］ 叶杭冶．风力发电机组监测与控制［M］.北京：机械工业出版社，2011.

［15］ 张希良．风能开发利用［M］.北京：化学工业出版社，2005.

［16］ 汪集暘，马伟斌，龚宇烈，等．地热利用技术［M］.北京：化学工业出版社，2005.

［17］ 李允武．海洋能源开发［M］.北京：海洋出版社，2008.

［18］ 袁振宏，吴创之，马隆龙，等．生物质能利用原理与技术［M］.北京：化学工业出版社，2014.

［19］ 孙艳，苏伟，周理．氢燃料［M］.北京：化学工业出版社，2005.

［20］ 李润东，可欣．能源与环境概论［M］.北京：化学工业出版社，2013.

［21］ 罗运俊，何梓年，王长贵．太阳能利用技术［M］.北京：化学工业出版社，2005.

［22］ 郭茶秀，魏新利．热能存储技术与应用［M］.北京：化学工业出版社，2005.

［23］ 森康夫．燃烧污染与环境保护［M］.蔡锐彬，等，译．广州：华南理工大学出版社，1989.

［24］ 孙胜龙，等．环境污染与控制［M］.北京：化学工业出版社，2001.

［25］ 刘涛，顾莹莹，赵由才．能源利用与环境保护能源结构的思考［M］.北京：冶金工业出版社，2011.

［26］ 陈英旭．环境学［M］.北京：中国环境科学出版社，2001.

［27］ 成岳．环境科学概论［M］.上海：华东理工大学出版社，2012.

［28］ 崔灵周，王传花，肖继波．环境科学导论［M］.北京：化学工业出版社，2014.

［29］ 邓仕槐．环境保护概论［M］.成都：四川大学出版社，2014.

［30］ 董世魁．环境与发展［M］.北京：中国环境科学出版社，2015.

［31］ 段昌群．环境生物学［M］.北京：科学出版社，2004.

［32］ 方叠，钱跃东，王勤耕，等．区域复合型大气污染调控模型研究［J］.中国环境科学，2013，33（7）：1215-1222.

［33］ 关伯仁．环境科学基础教程［M］.北京：中国环境科学出版社，1995.

［34］ 郭璐璐．环境化学［M］.武汉：武汉理工大学出版社，2015.

［35］ 国家统计局，环境保护部．中国环境统计年鉴［M］.北京：中国统计出版社，2014.

［36］ 环境保护部规划财务司，环境保护部环境规划院．全国环境保护"十二五"规划汇［G］．北京：中国环境科学出版社，2014.

［37］ 环境保护部政策法规司．新编环境保护法规全书［M］．北京：法律出版社，2015.

［38］ 蒋展鹏．环境工程学［M］.3 版．北京：高等教育出版社，2013.

［39］ 金以圣．生态学基础［M］．北京：中国人民大学出版社，1988.

［40］ 李博．生态学［M］．北京：高等教育出版社，2000.

［41］ 李国学．农村环保概论［M］．北京：中央广播电视大学出版社，1998.

［42］ 李永峰．环境管理学［M］．北京：中国林业出版社，2012.

［43］ 李元．农业环境学［M］．北京：中国农业出版社，2008.

［44］ 梁虹，陈燕．环境保护概论［M］．北京：化学工业出版社，2015.

［45］ 林肇信．环境保护概论［M］．北京：高等教育出版社，2000.

［46］ 林肇信，刘天齐，刘逸农．环境保护概论［M］.2 版．北京：高等教育出版社，1999.

［47］ 刘春光，莫训强．环境与健康［M］．北京：化学工业出版社，2014.

［48］ 刘培桐，王华东．环境学概论［M］．北京：高等教育出版社，2002.

［49］ 刘青松．环境保护法概论［M］．北京：中国环境科学出版社，2003.

［50］ 刘天齐．环境保护［M］.2 版．北京：化学工业出版社，2000.

［51］ 马桂铭．环境保护［M］．北京：化学工业出版社，2012.

［52］ 孟伟庆．环境管理与规划［M］．北京：化学工业出版社，2011.

［53］ 庞素艳，于彩莲，解磊．环境保护与可持续发展［M］．北京：科学出版社，2015.

［54］ 钱易，唐孝炎．环境保护与可持续发展［M］.2 版．北京：高等教育出版社，2010.

［55］ 钱瑜．环境影响评价［M］．南京：南京大学出版社，2009.

［56］ 乔玉辉．污染生态学［M］．北京：化学工业出版社，2010.

［57］ 曲向荣．环境保护概论［M］．北京：机械工业出版社，2014.

［58］ 孙儒泳，李博，诸葛阳，等．普通生态学［M］．北京：高等教育出版社，2000.

［59］ 唐丁丁．环境与可持续发展［M］．北京：中国环境科学出版社，2011.

［60］ 王焕校．污染生态学［M］．北京：高等教育出版社，2012.

［61］ 王家德，成卓韦．现代环境生物工程［M］．北京：化学工业出版社，2014.

［62］ 王权典．环境法［M］．北京：中国农业出版社，2005.

［63］ 魏振枢，杨永杰．环境保护概论［M］．北京：化学工业出版社，2003.

［64］ 吴彩斌．环境学概论［M］.2 版．北京：中国环境科学出版社，2014.

［65］ 徐慧，陈林．环境与可持续发展导论［M］．北京：中国铁道出版社，2014.

［66］ 杨京平．环境与可持续发展科学导论［M］．北京：中国环境科学出版社，2014.

［67］ 杨志峰．环境科学概论［M］.2 版．北京：高等教育出版社，2010.

［68］ 叶文虎．环境管理学［M］.3 版．北京：高等教育出版社，2013.

［69］ 张宝莉，徐玉新．环境管理与规划［M］．北京：中国环境科学出版社，2004.

［70］ 张军英，王兴峰．雾霾的产生机理及防治对策措施研究［J］．环境科学与管理，2013，38（10）：157－159，165.

［71］ 张文启，饶品华，潘健民．环境与安全工程概论［M］．南京：南京大学出版社，2012.

［72］ 张新民，柴发合，王淑兰，等．中国酸雨研究现状［J］．环境科学研究，2010，23（5）：527－532.

［73］ 张玉龙．农业环境保护［M］.2 版．北京：中国农业出版社，2004.

［74］ 中国大百科全书·环境科学编委会．中国大百科全书·环境科学［M］．北京：中国大百科全书出版社，2002.

［75］ 朱蓓丽．环境工程概论［M］.3 版．北京：科学出版社，2011.

［76］ 朱庚申．环境管理学［M］．北京：中国环境科学出版社，2002.

［77］ 左玉辉，孙平，华新，等．人与环境［M］．北京：高等教育出版社，2010.

［78］ 左玉辉．等．环境科学原理［M］．北京：科学出版社，2010.

［79］ 毕润成．土壤污染物概论［M］．北京：科学出版社，2014.

［80］ 曹心德，魏晓欣，代革联，等．土壤重金属复合污染及其化学钝化修复技术研究进展［J］．环境工程学报，2011.5（7）：1441－1453.

［81］ 陈英旭，等．农业环境保护［M］．北京：化学工业出版社，2007.

［82］ 国家环境保护总局．全国规模化畜禽养殖业污染情况调查及污染防治对策［M］．北京：中国环境科学出版社，2002.

［83］ 国家统计局，环境保护部．中国环境统计年鉴2014［M］．北京：中国统计出版社，2014.

［84］ 洪坚平．土壤污染与防治［M］．3版．北京：中国农业出版社，2011.

［85］ 环境保护部自然生态保护司．土壤修复技术方法与应用［M］．北京：中国环境科学出版社，2012.

［86］ 黄益宗，郝晓伟，雷鸣，等．重金属污染土壤修复技术及其修复实践［J］．农业环境科学学报，2013，32（3）：409－417.

［87］ 孙波，等．红壤退化阻控与生态修复［M］．北京：科学出版社，2011.

［88］ 孙儒泳，李博，诸葛阳，等．普通生态学［M］．北京：高等教育出版社，2000.

［89］ 孙岩，吴启堂，许田芬，等．土壤改良剂联合间套种技术修复重金属污染土壤［J］．中国环境科学，2014，（6）：19－21.

［90］ 王瑾，韩剑．饲料中重金属和抗生素对土壤和蔬菜的影响［J］．生态与农村环境学报，2008，24（4）：90－93.

［91］ 王敬国．资源与环境概论［M］．北京：中国农业大学出版社，2011.

［92］ 魏振枢，杨永杰．环境保护概论［M］．北京：化学工业出版社，2003.

［93］ 吴彩斌．环境学概论［M］．2版．北京：中国环境科学出版社，2014.

［94］ 吴启堂．环境土壤学［M］．北京：中国农业出版社，2015.

［95］ 徐慧，陈林．环境与可持续发展导论［M］．北京：中国铁道出版社，2014.

［96］ 易秀，杨胜科，胡安焱．土壤化学与环境［M］．北京：化学工业出版社，2008.

［97］ 张乃明．环境土壤学［M］．北京：中国农业大学出版社，2013.

［98］ 张颖，伍钧．土壤污染与防治［M］．北京：中国林业出版社，2012.

［99］ 张志强，李春花，黄绍文，等．农田系统四环素类抗生素污染研究现状［J］．辣椒杂志，2013.（2）：1－10.

［100］ 中国环境监测总站．土壤环境监测技术［M］．北京：中国环境科学出版社，2013.

［101］ 高廷耀，顾国维．水污染控制工程［M］．4版．北京：高等教育出版社，2015.

［102］ 孙体昌，娄金生．水污染控制工程［M］．北京：机械工业出版社，2009.

［103］ 苏娟．太阳能光热发电产业经济性分析及发展政策研究［D］．北京：华北电力大学，2017.

［104］ 雷鹏飞．光热发电的发展现状及前景分析［J］．科技经济导刊，2017（18）：51.

［105］ 张党振，金志成，李红果．浅谈新能源太阳能发电技术与发展［J］．工程建设与设计，2017（C1）：159－161.